なっとく!
並行処理
プログラミング

Grokking Concurrency

逐次処理の鳥籠から飛び立ち
スケールアウトを目指す
すべての開発者のために

Kirill Bobrov ＝著　株式会社クイープ ＝監訳

本書内容に関するお問い合わせについて

このたびは翔泳社の書籍をお買い上げいただき、誠にありがとうございます。弊社では、読者の皆様からのお問い合わせに適切に対応させていただくため、以下のガイドラインへのご協力をお願い致しております。下記項目をお読みいただき、手順に従ってお問い合わせください。

●ご質問される前に

弊社Webサイトの「正誤表」をご参照ください。これまでに判明した正誤や追加情報を掲載しています。

正誤表　　　https://www.shoeisha.co.jp/book/errata/

●ご質問方法

弊社Webサイトの「書籍に関するお問い合わせ」をご利用ください。

書籍に関するお問い合わせ　　https://www.shoeisha.co.jp/book/qa/

インターネットをご利用でない場合は、FAXまたは郵便にて、下記"翔泳社 愛読者サービスセンター"までお問い合わせください。
電話でのご質問は、お受けしておりません。

●回答について

回答は、ご質問いただいた手段によってご返事申し上げます。ご質問の内容によっては、回答に数日ないしはそれ以上の期間を要する場合があります。

●ご質問に際してのご注意

本書の対象を超えるもの、記述個所を特定されないもの、また読者固有の環境に起因するご質問等にはお答えできませんので、あらかじめご了承ください。

●郵便物送付先およびFAX番号

送付先住所　　〒160-0006　東京都新宿区舟町5
FAX番号　　　03-5362-3818
宛先　　　　　（株）翔泳社 愛読者サービスセンター

※本書に記載されたURL等は予告なく変更される場合があります。
※本書の出版にあたっては正確な記述につとめましたが、著者や出版社などのいずれも、本書の内容に対してなんらかの保証をするものではなく、内容やサンプルに基づくいかなる運用結果に関してもいっさいの責任を負いません。
※本書に掲載されているサンプルプログラムやスクリプト、および実行結果を記した画面イメージなどは、特定の設定に基づいた環境にて再現される一例です。

©Shoeisha Co., Ltd. 2024. Authorized translation of the English edition ©2023 Manning Publications. This translation is published and sold by permission of Manning Publications, the owner of all rights to publish and sell the same.

Japanese translation rights arranged with
MANNING PUBLICATIONS through Japan UNI Agency, Inc., Tokyo.

私という傑作を生み出した名コンビであり、私の両親である Elena と Andrey、
そしてバグや不具合だらけの世界で私が正気でいられるようにしてくれる妻 Katya に捧げる

まえがき

　カフェインを摂取したチーターをも凌ぐ速さでテクノロジーが進化し、効率的な並行処理プログラミングに対する需要が頂点をきわめた世界を想像してみよう。この世界では、ソフトウェアエンジニアは恐るべき難題に直面している。彼らは、膨大な量のデータに対処できるだけではなく、ユーザーのとどまることのない要求を満たしながら処理を高速に行うことができるシステムを構築している。並行処理は、魅力的であると同時に、解かなければならないパズルでもある。これが、私たちが今生きている世界である。

　筆者はかつて、この魅力の虜になってしまった。そして、**並行性**と**非同期性**という用語に出くわした。筆者が発見したのは秘密の宝 ── 眠っている偉大な力の源だった。その力を呼び覚ませば、どこにでもあるプログラムを、並外れた計算力を発揮するプログラムに変えることができる。しかし、この宝は複雑さで覆われており、並行処理、並列処理、スレッド、プロセス、マルチタスク、コルーチンなど、パズルのさまざまなピースが技術的な領域全体に散らばっていた。筆者には、ガイド、指導者、すべてをまとめて全体像を明らかにしてくれる人がどうしても必要だった。さまざまなプログラミング言語の理論と実践のギャップを埋めるリソースを見つけることができなかった筆者は、自分の手で何とかすることにした。そのようにして誕生したのが『Grokking Concurrency』である。本書は、あなたに秘密をささやきながら、この複雑な迷路を通り抜ける道を照らすガイドである。

　本書は普通の技術書とはちょっと違っている。逸話や文化論を織り交ぜながら、あなたの心を捉えて夢中にさせる本である。本書は、理論的なガイドから、ストーリー、文化論（全部数えてみよう！）、そして愉快なイラストが詰まった旅へと進化してきた。ユーモアと、小籠包とピザへの深い愛を惜しみなく盛り込んだ本である。並行処理の学習が退屈でつまらない経験である必要などないはずだ。

　筆者と一緒に、並行処理の複雑さに打ち勝ち、非同期性の謎を解き明かそう。並行処理の基

礎から、async と await の魅惑的な世界まで、我らが信頼できる友である Python を言語として使うことにする。あなたが主に使っている言語が Python でなくても心配はいらない。ここで取り上げる概念とテクニックは、特定の実装に囚われるものではない。

「でも、なぜ Python なのか」と考えているかもしれない。親愛なる読者よ、Python はシンプルさと表現力のバランスが絶妙であり、余計なことに気を散らされずに、並行処理の本質に集中できる。それに、筆者は単純に Python が好きであり、その事実を隠すつもりはない。

並行処理システムに対する理解を深めたい経験豊富な開発者も、並行処理の複雑な細部を理解しようと意気込んでいる未経験者も、本書から何か得るものがあるはずだ。ともに並行処理の秘密を解き明かし、どのような課題も乗り越える、スケーラブルで、効率的で、レジリエントなソフトウェアシステムを構築する力を手にしよう。

他に類を見ない旅に出かける準備はできただろうか。その旅では、時間と空間の境界がおぼろげになり、プログラムがタコのようなリズムに合わせて踊る。聞き間違いではない。タコである。8 本の触手がよどみなく調和しながら渦を巻く、この深海の愉快な生き物は、これから一緒に探究する並行処理システムの複雑で魅惑的な性質を象徴している。さあ、冒険の始まりだ！

謝辞

　並行処理にどっぷり浸かる前に、本書の出版を可能にしてくれたすばらしい人々に感謝の意を表したい。本の執筆はマラソンに例えられるが、私に言わせれば、カフェイン中毒の荒っぽいジェットコースターに乗るようなものである。そして、こうした人々がそばにいてくれて本当によかった！

　何よりもまず、妻の Ekaterina Krivets に最大の感謝を表したい。彼女は私をクリエイティブだと思っているが、本書のすばらしいイラストは彼女の才能の賜物だ。

　また、家族や親戚にも心から感謝している。彼らの愛情と支援は私の旅の大きな原動力であり、彼らに囲まれている私は幸せ者である。

　あらゆる局面で私を支えてくれた仲間たちに心から感謝する。Kristina Ialysheva、Mikhail Poltoratskii、Tatiana Borodina、Andrei Gavrilov、Aleksandr Belnitskii には、いつも私を信じて背中を押してくれたことに感謝する。私の英語力を鍛えてくれた Vera Krivets には特に感謝している。

　Bert Bates と Brian Hanafee にも特に感謝している。彼らの教えと信念は、私が複雑な概念を教えたり伝えたりするやり方にずっと影響を与えている。著者としての私の成長に大きく貢献する非常に貴重な洞察をもらったことに感謝している。

　Manning Publications のすばらしいチームに心から感謝する。Mike Stephens は、このワイルドな冒険の仕掛人であり、私にチャンスを与えてくれたことに感謝してもしきれない。Ian Hough は、旅のガイドであり、章ごとに私と根気強く取り組み、英語の間違いを直してくれた。この編集プロセスを切り抜けた Ian にはメダルを授与すべきである。Arthur Zubarev は、ぎこちない初稿を苦労しながら読み進め、貴重なフィードバックを提供してくれた。Lou Covey には、たまに不愛想だったことを申し訳なく思っている。しかし、Lou の話はいつもおもしろく、励みになった。Mark Thomas のテクニカルレビューとコード支援は、

本書にとってゲームチェンジャーだった。Tiffany Taylor の観察力と専門知識のおかげで、文章がかなり明確になり、一貫したものになった。Katie Tennant の徹底的なレビューと編集上の鋭い洞察によって本書の内容は大幅に洗練されたものになり、世に出すのにふさわしいものになった。

レビューを担当してくれた方全員に感謝している。Abhijith Nayak、Amrah Umudlu、Andres Sacco、Arnaud Bailly、Balbir Singh、Bijith Komalan、Clifford Thurber、David Yakobovitch、Dmitry Vorobiov、Eddu Melendez、Ernesto Arroyo、Ernesto Bossi、Eshan Tandon、Ezra Schroeder、Frans Oilinki、Ganesh Swaminathan、Glenn Goossens、Gregory Varghese、Imaculate Resto Mosha、James Zhijun Liu、Jiří Činčura、Jonathan Reeves、Lavanya M K、Luc Rogge、Manoj Reddy、Matt Gukowsky、Matt Welke、Mikael Dautrey、Nolan To、Oliver Korten、Patrick Goetz、Patrick Regan、Ragunath Jawahar、Sai Hegde、Sergio Arbeo Rodríguez、Shiroshica Kulatilake、Venkata Nagendra Babu Yanamadala、Vitaly Larchenkov、William Jamir。あなた方の提案のおかげで、本書はよりよいものになった。

また、縁の下の力持ちとして、本書を出版するために舞台裏で辛抱強く尽力してくれた方々にも感謝の意を表したい。あなたのことはあなたが一番よく知っているはずだ。スーパーヒーローの華やかなマントを身にまとっていなくても、あなたはすべてを1つにまとめる秘伝のソースである。あなたこそが本物のロックスターだ！

最後に、Snoop Dogg が言ったように、自分自身に感謝したい。私がいなければ本書は実現していなかっただろう。

本書について

　本書の目的は、並行性、非同期性、並列処理プログラミングをわかりやすく説明し、基本的な知見と実践的な理解を提供することにある。学術的な研究論文や特定の言語を想定した本とは異なり、本書では、具体的な実装に焦点を合わせるのではなく、ベースとなっている概念や原理を説明することに重点を置いている。確かな理解を育むために、複雑な数学的説明ではなく視覚的な図表を活用し、俯瞰的にわかりやすく書かれている。本書から得られる知識は、並行処理フレームワークを理解し、関心のある分野でスケーラブルなソリューションを設計するためのコンテキストを提供する。本書は、並行性と非同期性という概念を理解しようとしている人々にとって理解しやすい総合ガイドとして、既存のリソースのギャップを埋めるものである。この知識を独学で身につけるとしたら何年もかかるであろう開発者にとって、本書は近道になるだろう。

本書の対象読者

　本書は、並行処理の基礎を学びたいと考えているすべての人に最適である。本書を最もうまく活用するには、コンピュータシステムの基本的な操作に慣れていて、プログラミング言語の概念とデータ構造の知識があり、逐次処理プログラムの経験があることが望ましい。OSに関する予備知識は不要であり、必要不可欠な情報はすべて本書で提供される。ネットワークの概念については説明するが、詳細は取り上げないので、ネットワークの基礎を基本的に理解していることが前提となる。なお、どのトピックについても深い知識は必要ない。本書を読みながら、必要なときに調べればよい。

本書の構成：ロードマップ

　本書は3部構成になっている。「Part 1　タコのオーケストラ：並行処理の交響曲」では、並

行処理プログラムの作成に関する基本的な概念と基本的な要素について説明する。第1章から第5章では、階層化アプローチを使って、ハードウェアレベルからアプリケーションレベルまでの並行処理の基礎知識を身につける。

「Part 2　並行処理の3本の触手：マルチタスク、分解、同期」では、抽象化とよく知られているパターンを使って、コードのパフォーマンス、スケーラビリティ、レジリエンスを向上させることの利点を明らかにする。第6章から第9章では、並行処理システムの構築時に最もよく発生する問題のいくつかをどのように回避すればよいかを学ぶ。

「Part 3　非同期のタコ：並行処理でピザを作ろう」では、並行処理に関する知識をシングルマシンからネットワーク接続された複数のマシンに広げる。このコンテキストでは、イベントが非同期的に発生する可能性がある。つまり、あるイベントが別のイベントとは異なるタイミングで発生するかもしれない。この非同期性の概念が、並行処理の別の側面を紹介する第10章から第12章の焦点となる。非同期処理は、タスクが並行または並列に実行されているような印象を与えるために使われる。現代の実装では、非同期処理と本物の並行処理を組み合わせることで、システムのパフォーマンスを向上させることができる。第13章では、並行処理をしっかり理解できていることを確認するために、一連の並行処理問題をステップ形式で解決することで本書を締めくくる。

コードについて

本書の実行可能なサンプルコードは、本書の liveBook バージョンからダウンロードできる。

　　https://livebook.manning.com/book/grokking-concurrency

完全なソースコードは、Manning の Web サイトと本書の GitHub リポジトリからダウンロードできる。

　　https://www.manning.com/books/grokking-concurrency
　　https://github.com/luminousmen/grokking_concurrency

ソースコードは、プログラムの実装方法の参考として提供されている。これらのサンプルは「学習目的」に合わせて最適化されており、「実際の業務」に使うことを想定していない。ソースコードは教材として使うものとして作成されている。本番環境にデプロイされる予定のプロジェクトでは、既存のライブラリやフレームワークを使うことをお勧めする。そうしたライブラリやフレームワークは、通常はパフォーマンスを目的として最適化されており、徹底的にテストされ、十分にサポートされている。

著者紹介

Kirill Bobrov

少し気難しい熟練のソフトウェアエンジニア。負荷の高いアプリケーションの開発と設計の裏と表を熟知している。データエンジニアリングに情熱を傾けており、現在は、世界中の企業を対象として最先端のデータエンジニアリングプラクティスを実装することに精魂を傾けている。そして、この気難しい人物こそ、イラスト付きで好評を博しているテックブログ https://luminousmen.com の運営者その人である。

目次

まえがき iv
謝辞 vi
本書について viii
著者紹介 x

Part 1　タコのオーケストラ：並行処理の交響曲

第 1 章　並行処理 2
1.1　並行処理はなぜ重要か 3
1.1.1　システムパフォーマンスを改善する 3
1.1.2　複雑で大規模な問題を解決する 7
1.2　並行処理の階層 9
1.3　本書から何を学べるか 12
1.4　本章のまとめ 14

第 2 章　直列実行と並列実行 16
2.1　復習：プログラムとは何か 16
2.2　直列実行 18
2.3　逐次実行 20
2.3.1　逐次コンピューティングの長所と短所 22

2.4	並列実行	23
	2.4.1 洗濯を高速化するにはどうすればよいか	23
2.5	並列コンピューティングの要件	25
	2.5.1 タスクの独立性	25
	2.5.2 ハードウェアサポート	27
2.6	並列コンピューティング	27
2.7	アムダールの法則	33
2.8	グスタフソンの法則	39
2.9	並列性と並行性	40
2.10	本章のまとめ	42

第3章　コンピュータの仕組み　44

3.1	プロセッサ	45
	3.1.1 キャッシュ	45
	3.1.2 CPU の実行サイクル	48
3.2	ランタイムシステム	50
3.3	コンピュータシステムの設計	51
3.4	さまざまなレベルの並列ハードウェア	52
	3.4.1 対称型マルチプロセッシング（SMP）アーキテクチャ	53
	3.4.2 並列コンピュータの分類	55
	3.4.3 CPU と GPU	56
3.5	本章のまとめ	58

第4章　並行処理の構成要素　59

4.1	並行処理プログラミングのステップ	59
4.2	プロセス	60
	4.2.1 プロセスの内部構造	61
	4.2.2 プロセスの状態	62
	4.2.3 複数のプロセス	63
4.3	スレッド	65
	4.3.1 スレッドの長所と短所	68
	4.3.2 スレッドの実装	68
4.4	本章のまとめ	72

第 5 章　プロセス間通信 73

5.1　通信の種類 73

　5.1.1　共有メモリによる IPC 74

　5.1.2　メッセージパッシングによる IPC 77

5.2　Thread Pool パターン 85

5.3　パスワードの解読 90

5.4　本章のまとめ 91

Part 2　並行処理の 3 本の触手：
　　　　マルチタスク、分解、同期

第 6 章　マルチタスク 94

6.1　CPU バウンドと I/O バウンドのアプリケーション 95

　6.1.1　CPU バウンド 95

　6.1.2　I/O バウンド 96

　6.1.3　ボトルネックを特定する 97

6.2　マルチタスクが必要 98

6.3　速習：マルチタスク 101

　6.3.1　プリエンプティブマルチタスク 102

　6.3.2　プリエンプティブマルチタスク機能を持つアーケードマシン 103

　6.3.3　コンテキストの切り替え 106

6.4　マルチタスク環境 108

　6.4.1　マルチタスク OS 109

　6.4.2　タスクの分離 110

　6.4.3　タスクのスケジュール 110

6.5　本章のまとめ 112

第 7 章　分解 113

7.1　依存関係の分析 114

7.2　タスク分解 115

7.3　タスク分解：Pipeline パターン 118

7.4　データ分解 123

　7.4.1　ループレベルの並列化 125

	7.4.2	Map パターン	127
	7.4.3	Fork/Join パターン	128
	7.4.4	Map/Reduce パターン	132
7.5	粒度		134
7.6	本章のまとめ		136

第8章　並行処理問題の解決：競合状態と同期 137

8.1	共有リソース		138
8.2	競合状態		139
8.3	同期		144
	8.3.1	相互排他	146
	8.3.2	セマフォ	148
	8.3.3	アトミックな演算	152
8.4	本章のまとめ		153

第9章　並行処理問題の解決：デッドロックと飢餓状態 155

9.1	食事をする哲学者		156
9.2	デッドロック		159
	9.2.1	調停者による解決	161
	9.2.2	リソース階層による解決	163
9.3	ライブロック		165
9.4	飢餓状態		168
9.5	同期を設計する		170
	9.5.1	プロデューサー／コンシューマー問題	170
	9.5.2	リーダー／ライター問題	173
9.6	最後に		177
9.7	本章のまとめ		177

Part 3　非同期のタコ：並行処理でピザを作ろう

第10章　ノンブロッキング I/O 180

10.1	分散化された世界	181
10.2	クライアント／サーバーモデル	181

10.2.1	ネットワークソケット	182
10.3	**ピザ注文サービス**	**184**
10.3.1	並行処理が必要	187
10.3.2	ピザサーバーのスレッド化	188
10.3.3	C10k 問題	190
10.4	**ブロッキング I/O**	**193**
10.4.1	例	193
10.4.2	OS の最適化	195
10.5	**ノンブロッキング I/O**	**196**
10.6	**本章のまとめ**	**200**

第 11 章　イベントベースの並行処理 202

11.1	**イベント**	203
11.2	**コールバック**	204
11.3	**イベントループ**	205
11.4	**I/O の多重化**	208
11.5	**イベント駆動型のピザサーバー**	209
11.6	**Reactor パターン**	213
11.7	**メッセージパッシングでの同期**	215
11.8	**I/O モデル**	218
11.8.1	同期ブロッキングモデル	218
11.8.2	同期ノンブロッキングモデル	218
11.8.3	非同期ブロッキングモデル	219
11.8.4	非同期ノンブロッキングモデル	219
11.9	**本章のまとめ**	220

第 12 章　非同期通信 221

12.1	**非同期が必要**	222
12.2	**非同期プロシージャ呼び出し**	223
12.3	**協調的マルチタスク**	224
12.3.1	コルーチン：ユーザーレベルのスレッド	225
12.3.2	協調的マルチタスクの長所	229
12.4	**Future オブジェクト**	230
12.5	**協調的ピザサーバー**	234

		12.5.1	イベントループ	235
		12.5.2	協調ピザサーバーの実装	238
	12.6	非同期ピザレストラン		240
	12.7	非同期モデルに関するまとめ		246
	12.8	本章のまとめ		248

第13章　並行処理アプリケーションを作成する 249

13.1	結局のところ、並行処理とは何か			249
13.2	Foster の方法論			251
13.3	行列の乗算			253
	13.3.1	分割		255
	13.3.2	通信		257
	13.3.3	凝集化		258
	13.3.4	マッピング		260
	13.3.5	実装		261
13.4	分散ワードカウント			263
	13.4.1	分割		265
	13.4.2	通信		267
	13.4.3	凝集化		268
	13.4.4	マッピング		268
	13.4.5	実装		269
13.5	本章のまとめ			276

エピローグ 277

索引	278
監訳者プロフィール	287

Part 1
タコのオーケストラ：並行処理の交響曲

あなたはカフェでコーヒーを飲んでいる。気が付くと、近くにいるプログラマーのグループが並行処理について熱い議論を交わしている。彼らは**並列コンピューティング**、**スレッド**、**プロセス間通信**などの用語を無造作に口にしていて、あなたは少し戸惑ってしまう。だが心配はいらない。そう感じるのはあなたは1人ではない。

オーケストラのコンサートに行ったことがある人は、複数の演奏者がさまざまな楽器や旋律をいっせいに奏でることの美しさを知っている。それは美しい混沌であり、混然一体となってすばらしい演奏を生み出す。この混沌は、複数のプロセスやスレッドが共通の目標を達成するために同時に実行されるという並行処理の仕組みによく似ている。

第1章から第5章では、並行処理の基礎、コンピュータの仕組み、さまざまな種類の並行処理のプリミティブを学ぶ。逐次コンピューティングと並列コンピューティングとは何かを探り、並行処理を可能にするハードウェアコンポーネントとソフトウェアコンポーネントを明らかにし、複数のプロセスをシームレスに連携させるさまざまな種類のプロセス間通信を調べる。

さあ、ラテを持って会話に参加しよう。決して後悔はさせない。

並行処理 1

本章で学ぶ内容

- 並行処理はなぜ学ぶ価値のある重要なテーマなのか
- システムのパフォーマンスを計測する方法
- 並行処理のさまざまな層

　窓の外を見て、まわりにあるものをよく観察してみよう。そこから見えるものが直線的に、逐次的に動いているように見えるだろうか。それとも、独立して動作するさまざまなものが、複雑に絡み合って、同時に動いているように見えるだろうか。

　人々は逐次的に考える傾向にある —— TO-DO リストを順番にチェックしたり、物事を一度に 1 つずつ進めたりする。しかし、現実世界はもっとずっと複雑であり、逐次というよりはむしろ並行で、相互に関連する事象が同時に発生する。混雑するスーパーマーケットの無秩序な慌ただしさから、サッカーチームの見事な連携プレー、刻々と変化する車の流れまで、並行処理は私たちのまわりにいくらでもある。自然界と同じように、複雑な現実の現象をモデル化し、シミュレートし、理解するには、コンピュータを並行化しなければならない。

　コンピューティングを並行化すると、システムが一度に複数のタスクに対処できるようになる。その対象となるのはプログラムかもしれないし、コンピュータかもしれないし、コンピュータのネットワークかもしれない。並行コンピューティングがない場合、アプリケーションが周囲の世界の複雑さについていくことはできないだろう。

並行処理というトピックを詳しく調べていくと、いくつかの疑問が浮かぶかもしれない。何よりもまず、まだ納得がいかないかもしれない —— なぜ並行処理を意識しなければならないのだろうか。

1.1　並行処理はなぜ重要か

並行処理はソフトウェアエンジニアリングに欠かせない。並行処理プログラミングはハイパフォーマンスアプリケーションや並行処理システムに必要であり、ソフトウェアエンジニアにとって決定的に重要なスキルとなっている。

並行処理プログラミングは新しい概念ではないが、近年大きな注目を集めている。現代のコンピュータシステムでは、コアとプロセッサの数は増える一方であり、並行処理プログラミングはソフトウェア開発にとって必須のスキルとなっている。企業は並行処理を熟知した開発者を探し求めている。というのも、コンピューティングリソースが限られているのにハイパフォーマンスが求められる、という問題を解決する唯一の方法になることが多いからだ。

並行処理の最も重要な利点 —— そして昔から、この分野の探索を開始する最初の理由は、システムパフォーマンス改善の可能性である。システムパフォーマンスの改善はどのようにして可能になったのだろうか。

1.1.1　システムパフォーマンスを改善する

パフォーマンスを向上させる必要があるなら、より高速なコンピュータを購入すればよいのでは？ 数十年前はそうしていたが、結局わかったのは、より高速なコンピュータを購入することがもはや現実的な解決策ではないことだった。

ムーアの法則

1965 年、インテルの共同創業者である Gordon Moore があるパターンを発見した。プロセッサの新しいモデルは前のモデルのだいたい 2 年後に登場しており、そのたびにトランジスタの数がほぼ 2 倍になっていた。Moore は、トランジスタの数、ひいてはプロセッサのクロック速度が、24 か月ごとに倍になると推定した。この見解は**ムーアの法則**（Moore's law）として知られるようになった。ソフトウェアエンジニアにとって、ムーアの法則は 2 年待つだけでアプリケーションの速度が 2 倍になることを意味した。

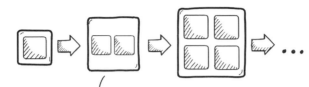

1〜2年ごとにトランジスタの数が2倍になる：2000年までにトランジスタの数は2,000になる

問題は、この法則が2002年頃に変わったことだった。C++の第一人者としてよく知られているHerb Sutterが言ったように、「フリーランチは終わった」のである[1]。そこで私たちが気付いたのは、プロセッサの物理的なサイズと処理速度（プロセッサの周波数）の基本的な関係だった。演算を実行するのに必要な時間は、回路の長さと光の速度に依存する。簡単に言うと、集積できるトランジスタの数には限りがある（トランジスタはコンピュータ回路の基本的な構成要素である）。温度の上昇も大きな役割を果たす。パフォーマンスをさらに向上させるにあたって、プロセッサの周波数が上がることだけに頼るわけにはいかなかった。かくして、いわゆる**マルチコア危機**が始まった。

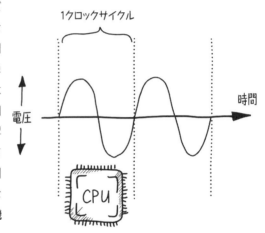

クロック速度に関する個々のプロセッサの進歩は物理的な制限によって止まったが、システムパフォーマンスの改善に対するニーズは止まらなかった。半導体メーカーの焦点がマルチプロセッサという形での水平拡張へと移行すると、ソフトウェアエンジニア、アーキテクト、言語開発者は複数の処理リソースを持つアーキテクチャへの対応を迫られた。

この話から得られる最も重要な結論は、「並列処理の何よりも重要な利点にして、昔からこの分野の探索を開始する最初の理由は、追加の処理リソースを有効活用できるような方法でシステムパフォーマンスを向上させることである」となる。このことは、次の2つの重要な疑問につながる —— パフォーマンスはどのように計測するのだろうか。そして、パフォーマンスを向上させるにはどうすればよいのだろうか。

※1　Herb Sutter, "The free lunch is over". http://www.gotw.ca/publications/concurrency-ddj.htm

レイテンシとスループット

コンピューティングでは、コンピュータシステムをどう捉えるかに応じて、パフォーマンスをさまざまな方法で定量化できる。完了できる作業の量を増やす方法の1つは、個々のタスクの実行にかかる時間を短くすることである。

自宅と職場の間をオートバイで移動すると、片道1時間かかるとしよう。職場にいかに早く到着できるかが重要なので、これを目安にシステムパフォーマンスを計測する。運転速度を上げれば、それだけ早く職場に到着する。コンピューティングシステムでは、この指標を**レイテンシ**(latency)と呼ぶ。レイテンシは、あるタスクの開始から終了までにかかる時間の指標である。

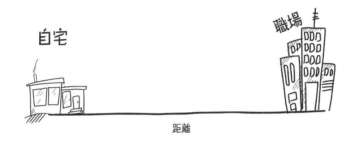

さて、あなたが交通部門で働いていて、バス路線のパフォーマンスを向上させることが仕事だとしよう。ある人物をオフィスにより早く到着させることにだけ配慮するのではなく、単位時間あたりに自宅から職場まで移動できる人の数を増やしたい。この指標を**スループット**(throughput)と呼ぶ。スループットは、システムがある時間内に処理できるタスクの数である。

レイテンシとスループットの違いを理解することは非常に重要である。オートバイがバスの2倍の速さで移動するとしても、バスのスループットはオートバイの25倍である(オートバイがある距離を1時間で1人輸送するのに対し、バスは同じ距離を2時間で50人輸送する。時間で平均すると、1時間あたり25人である)。別の言い方をすれば、システムのスループットが高いほど、レイテンシが小さいとは限らない。パフォーマンスを最適化する際には、ある要素(スループットなど)を改善すると、別の要素(レイテンシなど)が悪化することがある。

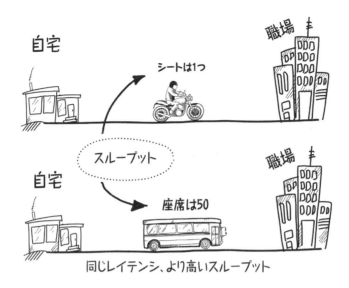

同じレイテンシ、より高いスループット

　並行処理はレイテンシを小さくするのに役立つことがある。たとえば、実行に時間がかかるタスクを、同時に実行される複数のより小さなタスクに分割すると、全体的な実行時間を短くすることができる。並行処理は、複数のタスクを同時に処理できるようにするため、スループットを向上させるのにも役立つ。

　さらに、並行処理はレイテンシを隠してしまうのにも役立つ。電話を待っているときや、通勤のために地下鉄を待っているときには、ただ待っていることもできるし、処理リソースを使って何か他のことをしながら待っていることもできる。たとえば、地下鉄に乗っている間にメールを読むことができる。このように、実質的に複数のタスクを同時に実行し、待ち時間を有効活用すれば、遅延を隠してしまうことができる。レイテンシの隠蔽はレスポンシブなシステムへの鍵であり、待機を伴う問題に応用することができる。

　したがって、並行処理を活用すれば、次の3つの主な方法でシステムパフォーマンスを向上させることができる。

- レイテンシを小さくする（つまり、作業単位を高速化できる）。
- レイテンシを隠蔽する（つまり、レイテンシが大きい演算を実行している間にシステムが他の作業を実行できる）。
- スループットを向上させる（つまり、システムがより多くの作業を行えるようになる）。

並行処理がシステムパフォーマンスにどのように適用されるのかを見てきたところで、並行処理のもう1つの用途を探ってみよう。本章の冒頭で示したように、周囲の世界をモデル化したい場合は、並行処理が必要である。ここでは、並行処理により、大規模な問題や複雑な問題を計算的にどのように解決できるのかをより具体的に見ていく。

1.1.2 複雑で大規模な問題を解決する

ソフトウェアエンジニアが現実に対処するシステムを開発するときに解決しなければならない問題の多くは非常に複雑である。このため、逐次システムを使って解決するのは現実的ではない。複雑さは、問題の規模から生じることもあれば、開発するシステムの特定の部分を理解することの難しさから生じることもある。

スケーラビリティ

問題の規模は**スケーラビリティ**（scalability）に関係している。スケーラビリティとは、リソースを追加することでパフォーマンスを改善できるというシステムの特性のことである。システムのスケーラビリティを向上させる方法は、垂直と水平の2種類に分けることができる。

垂直スケーリングは、メモリの量を増やして既存の処理リソースをアップグレードするか、プロセッサをより高性能なものに交換することでシステムのパフォーマンスを向上させるというものであり、**スケールアップ**とも呼ばれる。この場合、個々のプロセッサの速度を引き上げるのは非常に難しく、パフォーマンスが頭打ちになりやすいため、スケーラビリティは制限される。より高性能な処理リソースへのアップグレード（たとえば、スーパーコンピュータの購入）にはコストもかかる。トップクラスのクラウドインスタンスやハードウェアのメリットは小さくなる一方だが、支払わなければならない費用は高くなる一方だからだ。

特定の作業にかかる処理時間を短くすれば、ある程度の効果は得られるが、最終的にはシステムのスケールアウトが必要になる。**水平スケーリング**は、既存の処理リソースと新しい処理リソースの間で負荷を分散させることで、プログラムやシステムのパフォーマンスを向上させるというもので、**スケールアウト**とも呼ばれる。処理リソースの数を増やすことができる限り、システムパフォーマンスを向上させることができる。この場合、スケーラビリティの問題は垂直スケーリングの場合ほどすぐには発生しない。

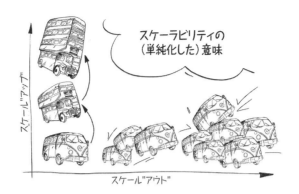

　業界は水平スケーリングに舵を切った。リアルタイムシステム、大容量データ、冗長化による信頼性に対する需要と、クラウド／SaaS環境への移行によってリソースが共有され、リソース使用率が改善されたことが、こうした傾向に拍車をかけた。

　水平スケーリングでは、システムの並行化が要求されるため、1台のコンピュータでは不十分かもしれない。**コンピュータクラスタ**と呼ばれる複数の相互接続されたマシンでは、データ処理タスクが妥当な時間内に解決される。

分離

　大規模な問題には、複雑さという側面もある。残念ながら、システムの複雑さがひとりでに低下することはなく、エンジニア側に何かしら努力が求められる。企業は自分たちの製品をより強力で機能的なものにしたいと考えている。このため、コードベース、インフラ、メンテナンス作業の複雑さは否応なしに増加することになる。エンジニアは、システムを単純化し、相互にやり取りするよりシンプルで独立したユニットに分割するために、さまざまなアーキテクチャアプローチを調べて実装しなければならない。

　ソフトウェアエンジニアリングでは、職務の分離はほぼ例外なく歓迎される。**分割統治**（divide and conquer）という基本的なエンジニアリング原則に従うと、疎結合システムが作成される。関連のあるコード（**密結合**コンポーネント）をグループにまとめ、関連のないコード（**疎結合**コンポーネント）を切り離すと、アプリケーションの理解とテストが容易になり、少なくとも理論上は、バグの数が少なくなる。

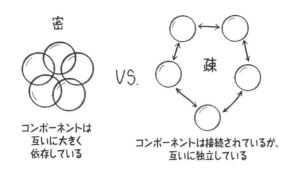

　並行処理については、分離戦略という見方もある。機能をモジュールまたは並行処理の単位で分割すると、個々の要素が特定の機能に焦点を合わせるようになり、それらのメンテナンスが容易になり、システム全体の複雑さが低下する。ソフトウェアエンジニアは、**何を**行うかと、それを**いつ**行うかを切り離す。このようにすると、アプリケーションのパフォーマンス、スケーラビリティ、信頼性、内部構造が劇的に改善される。

　並行処理は重要であり、現代のコンピューティングシステム、オペレーティングシステム（OS）、大規模な分散クラスタで広く使われている。並行処理は、現実世界をモデル化し、ユーザーと開発者の観点からシステム効率を最大化するのに役立つ。並行処理により、開発者は大規模で複雑な問題を解決できるようになる。

　並行処理の世界を探っていくうちに、コンピュータシステムとその機能に対するあなたの考え方は変わるだろう。本書では、並行処理のさまざまな層について学びながら、この分野の全体像を明らかにしていく。

1.2　並行処理の階層

　ほとんどの複雑な設計問題と同様に、並行処理は複数の層を使って構築される。階層化アーキテクチャでは、矛盾する概念や、一見相互排他に思える概念が、異なるレベルで**同時に**共存することができる。この点を理解することは重要である。たとえば、並行処理を逐次マシンで実行することも可能である。

　筆者は、並行処理の階層化アーキテクチャを、たとえばチャイコフスキーを演奏するオーケストラとして考えることにしている。

- **アプリケーション層**
  最上位層は概念層または設計層である。オーケストラでは、作曲家の楽曲として考えることができる。コンピュータシステムでは、システムのコンポーネントに何をすべきかをアルゴリズムが命令する。オーケストラの楽譜と同じである。

- **ランタイムシステム層**
  次に、実行時のマルチタスクがある。演奏者全員がさまざまな楽器で、楽曲のさまざまな部分を一体となって演奏するようなものである。音楽の流れは、指揮者の指揮に従って、グループからグループへと移動する。コンピュータシステムでは、さまざまなプロセスが全体的な目的を達成するためにそれぞれの役割を果たす。

- **ハードウェア層**
  最後に、低レベルの実行がある。ここでは、具体的な楽器（バイオリン）に焦点を合わせる。バイオリンの音色はそれぞれ、1〜4本の弦が、弦の長さ、直径、張力、密度によって決まる特定の周波数で振動することによって奏でられる。コンピュータシステムでは、たった1つのプロセスが、そのプロセスに特化した命令に従ってタスクを実行する。

　それぞれの層は同じプロセスを異なるレベルで表現するが、詳細は異なっており、矛盾していることもある。

　並行処理でも同じことが起きる。

- **ハードウェア層**では、処理リソースによってマシン命令が直接実行される。それらの処理リソースはハードウェア周辺機器にアクセスするために信号を使う。現代のアーキテクチャは複雑化の一途をたどっている。このため、そうしたアーキテクチャでアプリケーションのパフォーマンスを最適化するには、アプリケーションとハードウェアコンポーネントのやり取りを深く理解することが求められる。
- **ランタイムシステム層**では、不可解なシステムコール、デバイスドライバ、スケジューリングアルゴリズムの陰に、プログラミングの抽象化に関連する問題の多くが隠れている。そうした問題は並行処理システムに重大な影響を与えるため、しっかり理解しておく必要がある。第 3 章で詳しく見ていくように、この層はたいてい OS によって表される。
- **アプリケーション層**では、概念的には現実世界の仕組みに近い抽象化が可能となる。ソフトウェアエンジニアが記述するソースコードは、複雑なアルゴリズムを実装し、ビジネスロジックを表すことができる。このコードでは、プログラミング言語の機能を使って実行フローを変更することもできる。一般的には、ソフトウェアエンジニアだけが考え出せる非常に抽象的な概念を表すこともできる。

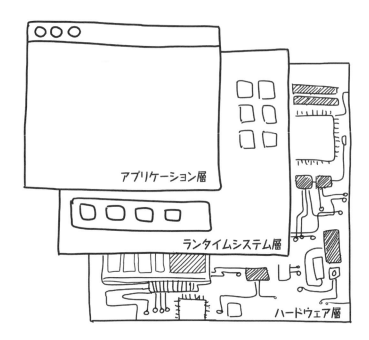

本書では、並行処理に関する知識のはしごをのぼりながら、これらの層をこの探索のガイドとして広く活用する。

1.3　本書から何を学べるか

並行処理の分野は難しいことで知られている。その複雑さの一因は、経験豊富な有識者の英知が文書化されていないことにある。この分野では、知識が正式な文書ではなく口頭で伝承されており、謎に包まれている。筆者が本書を執筆したのは、この分野の謎を少しでも解明したかったからだ。

本書では、並行処理について知っておくべきことを何もかも教えるわけではない。本書は、何から始めればよいか、さらに学ぶ必要があるのは何かを理解するのに役立つだろう。本書では、並行処理プログラミングに関連する問題を調べ、スケーラブルな並行処理アプリケーションを作成するために必要なベストプラクティスをしっかり理解する。

初心者や一般的なプログラマーでも、並行処理システムの作り方の基本を理解できるはずだ。本書を最大限に活用するには、プログラミングの経験が少しあったほうがよいが、達人である必要はない。具体的な例を使って重要な概念を平易な言葉で説明したあと、Python プログラミング言語を使ってそれらを実際に実装する。

　本書は、それぞれ異なるレベルの並行処理をカバーする3つのパートで構成されている。
　Part 1 では、並行処理プログラムを記述するための基本的な概念とプリミティブを紹介することで、ハードウェア層からアプリケーション層までの知識をカバーする。
　Part 2 では、並行処理アプリケーションの設計と、一般的な並行処理パターンに焦点を合わせる。また、並行処理システムの構築時に発生する一般的な問題をどのように回避するのかについても説明する。
　Part 3 では、たった1台のマシンの枠を超えて並行処理に関する知識を広げ、ネットワーク接続された複数のマシンに対してアプリケーションをスケールする方法を詳しく見ていくことで、このコンテキストにおいて重要となる、タスク間の非同期通信を調べる。Part 3 は、並行処理アプリケーションの作成方法に対するステップ形式のガイドでもある。

本書を最後まで読めば、並行処理と、現代の非同期・並行処理プログラミングアプローチについて十分な知識が得られるはずだ。本書では、低レベルのハードウェア演算から高レベルのアプリケーション設計へと進みながら、理論を実践的な実装に落とし込む。

本書のコードはすべて Python 3.9 で書かれており、macOS と Linux でテストされている。本文の説明は、特定のプログラミング言語には結び付いていないが、Linux カーネルのサブシステムに言及している。サンプルのソースコードはすべて、本書の GitHub リポジトリ[2] と Web サイト[3] にある。

1.4 本章のまとめ

- 並行処理システムとは、同時に多くのことを処理できるシステムのことである。
- 現実世界では、常に多くのことが同時に発生する。現実世界をモデル化したい場合は、並行処理プログラミングが必要である。
- 並行処理は、レイテンシを小さくし（または隠蔽し）、既存のリソースをより効率よく活用することで、システムのスループットとパフォーマンスを劇的に引き上げる。
- 本書では、**スケーラビリティ**と**分離**の概念が随所に登場する。
  - スケーラビリティには、垂直スケーリングと水平スケーリングがある。垂直スケーリングでは、既存の処理リソースをアップグレードすることで、プログラムやシステムのパフォーマンスを向上させる。水平スケーリングでは、既存の処理リソースと新しい処理リソースの間で負荷を分散させることで、パフォーマンスを向上させる。業界は水平スケーリングに舵を切っており、並行処理はその必須条件である。
  - 複雑な問題は、相互に接続されたシンプルなコンポーネントに分割できる。ある意味、並行処理は大規模で複雑な問題を解決するのに役立つ分離戦略である。

※2　https://github.com/luminousmen/grokking_concurrency
※3　https://www.manning.com/books/grokking-concurrency

- 見知らぬ場所に向かうときには、迷うことなく目的地にたどり着くために、通常は地図が必要である。本書では、**アプリケーション層、ランタイムシステム層、ハードウェア層**という並行処理の 3 つの層を使って読者を案内する。

直列実行と並列実行 | 2

本章で学ぶ内容

- 実行中のプログラムに関する用語
- 並行処理の最下層である物理的なタスクの実行に関するさまざまなアプローチ
- 最初の並列処理プログラムの下書き
- 並列コンピューティングアプローチの制限

　何千年もの間（それは大袈裟だが、少なくとも長い間）、開発者は最も単純な計算モデルである逐次（シーケンシャル）モデルを使ってプログラムを書いてきた。逐次処理プログラミングの中心的なアプローチは直列実行であり、これが本書の並列処理入門の出発点となる。本章では、低レベルの実行層に属するさまざまな実行アプローチを紹介する。

2.1　復習：プログラムとは何か

　並行処理、そしてコンピュータサイエンス全般の最初の問題は、私たちのネーミングセンスが最悪なことである。複数の異なる概念を表すために同じ言葉を使ったり、同じものを説明するために異なる言葉を使ったり、はたまた文脈によって意味が変わるさまざまなものを表すために異なる言葉を使ったりする。そして場合によっては、勝手に言葉を作ったりする。

NOTE CAPTCHAが「Completely Automated Public Turing test to tell Computers and Humans Apart（コンピュータと人間を区別するための完全に自動化された公開チューリングテスト）」の頭字語だなんて知っていただろうか？

したがって、実行について調べる前に、何が実行されるのかを理解し、本書で使っている一般的な用語を定義しておくと助けになるはずだ。一般に、**プログラム**とは、コンピュータシステムが**実行**する命令シーケンスのことである。

プログラムを実行するには、まずプログラムを書かなければならない。そこで、数あるプログラミング言語の1つを使って**ソースコード**を記述する。ソースコードについては、料理本のレシピ —— 食材から料理を作るのに役立つ一連の手順として考えることができる。料理には、レシピはもちろん、料理人、食材など、さまざまな要素がある。

プログラムの実行はレシピの実行に似ており、レシピ（プログラムのソースコード）、料理人（プロセッサ、またの名を **CPU**）、食材（プログラムの入力データ）で構成される。

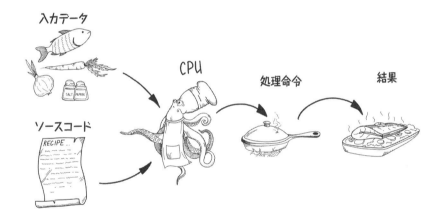

プロセッサは、それだけでは意味のあるタスクを1つも解決できない —— 何かを分類することも、具体的な特徴を持つオブジェクトを検索することもできない。プロセッサが実行できるのは、限られた数の単純なタスクだけである。プロセッサの「知能」はすべて、プロセッサが実行するプログラムによって決まる。処理能力がどれだけあろうと、その能力に指示を与えない限り、何一つ達成できない。タスクをプロセッサで実行できる一連の手順に変換するのは**開発者**の役目である。つまり、料理本の著者とそれほど違わない。

通常、開発者は達成したいタスクをプログラミング言語で説明する。ただし、CPUは通常のプログラミング言語で書かれたソースコードを理解できない。まず、ソースコードをマシンコードに変換しなければならない。マシンコードはCPUが話す言語である。この変換は**コンパイラ**と呼ばれる特別なプログラムによって実行される。コンパイラは、CPUが理解して実行

できるマシンレベルの命令が含まれたファイルを生成する。このファイルはよく**実行可能ファイル**と呼ばれる。

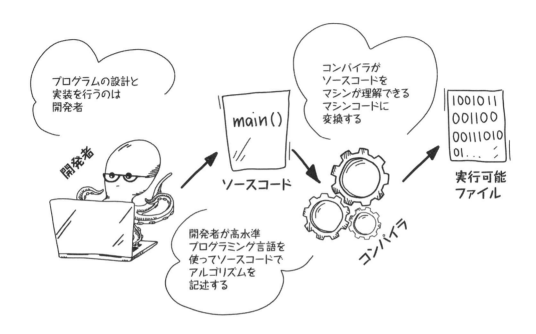

　CPU はマシンコードを実行するときに何種類かのアプローチをとることができる。複数の命令を処理する最も基本的なアプローチは、**直列実行**（serial execution）である。次節で見ていくように、直列実行は**逐次**コンピューティングの中心的なアプローチである。

2.2　直列実行

　先に述べたように、プログラムは命令のリストである。そして、一般にそのリストの順序は重要である。レシピの例に戻ろう。お気に入りのレシピに書かれている手順をすべて実行したが、順序を間違えたとしよう。たとえば、卵と小麦粉を混ぜる前に卵を調理してしまったとしたら、おそらく満足のいく結果にはならないだろう。多くのタスクでは、作業の順序は非常に重要である。

　プログラミングにも同じことが言える。プログラミングの問題を解決するときには、まず、問題を一連の小さなタスクに分割し、これらのタスクを 1 つずつ順番に —— つまり、**直列に**実行する。タスクベースのプログラミングでは、マシンに依存しない方法で計算の話をすることができ、プログラムをモジュール方式で構築するための枠組みが提供される。

タスクについては、作業の一部分として考えることができる。CPU実行の話をしているときには、そのタスクを**命令**と呼ぶことができる。また、現実世界のモデルを**抽象化**する一連の演算としてタスクを捉えることもできる。たとえば、ファイルにデータを書き込む、画像を回転させる、画面上にメッセージを表示するなどがそうである。タスクは1つまたは複数の演算を含んでいることがある（この点については、この後の章で詳しく見ていく）が、論理的に独立した作業チャンクである。本書では、実行単位に対する一般的な抽象化として**タスク**という用語を使う。

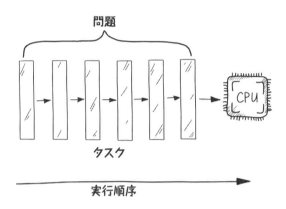

タスクの**直列**実行は鎖のようなものであり、1つ目のタスクの後ろに2つ目のタスクが続き、2つ目のタスクの後ろに3つ目のタスクが続くといった具合に、期間が重複することなく実行される。今日は洗濯をする日で、洗濯物が山積みになっていると想像してみよう。残念ながら、多くの家庭と同様に、洗濯機は1台しかなく、あなたは以前にお気に入りの白いTシャツを色付きのシャツと一緒に洗ってしまったことを後悔しながら思い出す。あれは悲惨だった！

過ちに懲りたあなたは、まず洗濯機で白い洗濯物を洗い、次に濃い色の洗濯物を洗い、続いてシーツ、最後にタオルを洗濯する。洗濯が完了する最短時間は、洗濯機の速度と洗濯物の量によって決まる。洗濯物が大量にあったとしても、洗濯物を分けて**順番**に洗濯しなければなら

ない。実行のたびに処理リソース全体がブロックされる —— つまり、洗濯機で白い洗濯物の半分を洗い終えたところで濃い色の洗濯物を洗い始めることはできない。洗濯機にそのような動作は期待できない。

2.3　逐次実行

これに対し、時間絡みの動的な現象を説明するときには、**逐次**(sequential)という用語を使う。逐次はプログラムまたはシステムの概念的な特性である。実際の実行を表すというよりも、プログラムやシステムがどのように設計されていて、ソースコードでどのように書かれているかに関するものだ。

三目並べゲームを実装しなければならないとしよう。ゲームのルールは非常に単純だ。プレイヤーが2人いて、それぞれのセルにマークを付けるために、1人が○を選択し、もう1人が×を選択する。プレイヤーは交代で、ボードに×または○を1つずつ配置する。ボードの行、列、対角線のいずれかでプレイヤーのマークが3つ揃ったら、そのプレイヤーの勝ちである。ボードがいっぱいになった状態でどちらのプレイヤーも勝っていない場合は引き分けとなる。

このようなゲームを作成できるだろうか。

このゲームのロジックを説明しよう。プレイヤーは×または○を配置したいセルの行番号と列番号を交代で入力する。プレイヤーがセルにマークを付けたあと、プログラムはそのプレイヤーが勝ったか、同点かをチェックし、もう1人のプレイヤーの番に切り替える。プレイヤーが勝つか引き分けになるまで、ゲームはこのように進行する。プレイヤーが勝った場合は、どちらのプレイヤーが勝ったのかを示すメッセージを表示する。その後、ユーザーが任意のボタンを押してプログラムを終了する。

三目並べゲームを図で表すと、次のようになるかもしれない。

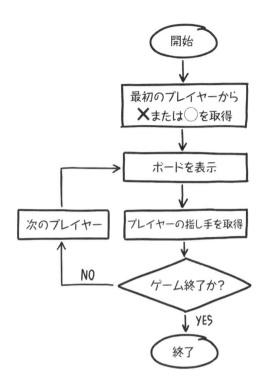

　このプログラムには、問題を解決するための連続するステップがある。ステップはそれぞれ1つ前のステップの結果に依存する。したがって、各ステップは後続のステップの実行を**ブロック**する。こうしたプログラムを実装するには、逐次処理プログラミングを使うしかない。

　このように、このプログラムの計算モデルは、ゲームのルール（アルゴリズム）によって決定される。タスクの間には、いかなる方法でも分解できない明確な依存関係がある。プレイヤーがまだ打っていない手を確認することはできないし、最初のプレイヤーに2回連続で手を打たせることもできない。それは不正な行為に当たるからだ。

> **NOTE**　実際には、次のステップが前のステップの完了に依存するタスクはそれほど多くない。そのようなわけで、開発者が日々直面するほとんどのプログラミング問題に並行処理を活用するのはさほど難しくない。この点については、この後の章で説明する。

　逐次実行が必要なタスクには、どのようなものがあるだろうか。ヒントは、1つ前のステップが完了するまで、ステップを1つも実行できないものだ。

　逐次処理プログラミングの逆は、**並行処理プログラミング**（concurrent programming）である。並行処理は、「どの順番で実行しても同じ結果になる**独立した計算がある**」という発想に基づいている。

2.3.1 逐次コンピューティングの長所と短所

逐次コンピューティングには重要な利点がいくつかあるが、思わぬ落とし穴もある。

長所：単純さ

このパラダイムでは、どのようなプログラムでも記述できる。逐次コンピューティングは明確で予測可能な概念であるため、最も一般的である。タスクについて考えるときに、順序を考慮するのは自然なことである。最初に料理をし、次に食事をし、それから食器を洗うのは、タスクの合理的なシーケンスである。最初に食事をし、次に食器を洗い、それから料理をするなんて意味がわからない。

逐次コンピューティングは単純明快なアプローチであり、何をいつ行うかに関するステップ形式の明確な命令セットに基づいている。逐次実行では、依存先のステップが完了しているかどうかをチェックする必要はない。1つ前の演算の実行が完了するまで次の演算の実行は開始されないからだ。

短所：スケーラビリティ

スケーラビリティとは、作業量の増加に対処するシステムの能力のことである。つまり、システムのキャパシティを成長に見合うように引き上げる潜在的な能力のことだ。システムがスケーラブルであると見なされるのは、処理リソースを追加したあとにパフォーマンスが向上する場合である。逐次コンピューティングの場合、システムをスケールアップするには、CPUやメモリといったシステムリソースのパフォーマンスを引き上げる以外に方法はない。つまり、これは垂直スケーリングであり、市販されているCPUのパフォーマンスによって制限される。

短所：オーバーヘッド

逐次コンピューティングでは、プログラム実行のさまざまなステップの間で通信や同期はいっさい要求されない。ただし、利用可能な処理リソースが十分に活用されないという間接的なオーバーヘッドがある。つまり、プログラム内の逐次アプローチに満足していたとしても、システムの利用可能なリソースをすべて活用できるとは限らないため、効率が低下したり無駄なコストが発生したりする。システムに搭載されているのがシングルコアのプロセッサ1つだけだったとしても、十分に活用されないことがある。その理由については、第6章でさらに詳しく見ていく。

2.4　並列実行

　ガーデニングに詳しい場合は、トマトの苗を栽培するのにだいたい4か月かかることを知っているかもしれない。このことを念頭に置いて、次の質問について考えてみよう。1年に栽培できるトマトの苗は3本だけというのは正しいだろうか。正しくないだろうか。

　もちろん、答えは「正しくない」である。なぜなら、トマトの苗は何本か同時に栽培できるからだ。

　ここまで見てきたように、直列実行では、一度に実行される命令は1つだけである。ほとんどの人が最初に覚えるのは逐次処理プログラミングであり、ほとんどのプログラムはそのように記述される —— 実行はメイン関数の先頭から始まり、1つのタスク（関数）、1つの呼び出し（演算）ごとに順番に進められる。

　一度に1つのことしかできないという前提を取り払うと、作業を**並列**に行う可能性への扉が開かれる。トマトの苗を何本か育てるのと同じである。ただし、何かを**並列**に実行できるプログラムを作成するとなると、難易度が高くなる可能性がある。単純な例を見てみよう。

2.4.1　洗濯を高速化するにはどうすればよいか

　おめでとう！　あなたは抽選でハワイ旅行の無料チケットを引き当てた。すごい！　だが問題がある。飛行機の出発まであと数時間しかないのに、洗濯物の山が4つもある。洗濯機がどれだけ高性能だろうと、1回に洗濯できるのは1回分だけである。それに、洗濯物は混ぜたくない。

　プログラミングの話に戻ると、逐次処理プログラムの実行にかかる時間は、プロセッサの速

度と、一連の命令をどれくらい速く実行できるかによって制限される。つまり、洗濯と同じである。しかし、洗濯機が複数台ある場合はどうなるだろうか。1 回分の洗濯物はそれぞれ他の 1 回分の洗濯物から独立しているため、洗濯機が複数台あれば、タスクをはるかにすばやく処理できるはずだ。

そこで、あなたは近所のコインランドリーに行くことにした。コインランドリーには洗濯機がずらりと並んでおり、4 台の洗濯機で 4 回分の洗濯を同時に行うのは簡単である。この場合、洗濯機はすべて**並列**に稼働していると言える。つまり、一度に複数回分の洗濯が行われる。したがって、スループットは 4 倍に増えている。

第 1 章で説明した水平スケーリングを覚えているだろうか。ここで使っているのは、このアプローチである。

並列実行(parallel execution)は、タスクが物理的に同時に実行されることを意味する。並列実行は直列実行の逆である。**並列度**は、並列に実行できるタスクの数で表すことができる。この場合、洗濯機は 4 台あるため、並列度は 4 になる。

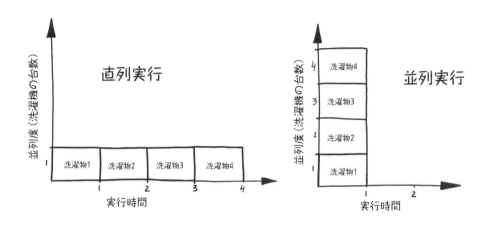

並列実行がどのようなものかわかったところで、並列実行を可能にするための要件を理解する必要がある。

2.5 並列コンピューティングの要件

並列実行について詳しく見ていく前に、並列実行を可能にするための要件である、タスクの独立性とハードウェアサポートについて考えてみよう。

2.5.1 タスクの独立性

逐次コンピューティングでは、CPU クロックの速度を引き上げると、すべての演算が高速化される。これはレイテンシ削減問題に対する最も単純な解決策である。特別なプログラム設計は必要なく、より高性能なプロセッサさえあればよい。並列コンピューティングは主にレイテンシの削減に使われる。レイテンシの削減は、問題を「互いに独立した状態で同時に実行できるタスク」に分割するという方法で実現される。

> **NOTE** 大規模なプログラムは、いくつものより小さなプログラムでできていることが多い。たとえば Web サーバーは、Web ブラウザからのリクエストを処理し、HTML Web ページで応答する。リクエストはそれぞれ小さなプログラムのように扱われる。それらのプログラムを同時に実行できれば言うことなしである。

並列コンピューティングを使うかどうかは問題による。並列コンピューティングを問題に適用するには、その問題を一連の独立したタスクに分解できなければならない。そのようにして、処理リソースがそれぞれアルゴリズムの一部を他の部分と同時に実行できるようにするのである。ここでの独立性は、結果が同じである限り、処理リソースがタスクを好きな順番で好きな

場所で実行できることを意味する。この要件が満たされない場合、問題を並列化することはできない。

プログラムを並列実行できるかどうかを理解する鍵は、分解できるのはどのタスクで、独立して実行できるのはどのタスクかを分析することにある。分解の方法については、第7章で詳しく見ていく。

> **NOTE** この場合のロジックは一方向である。つまり、並列実行が可能なプログラムは常に逐次化できるが、逐次処理プログラムを並列化できるとは限らない。

タスクを独立させることが常に可能であるとは限らない。なぜなら、すべてのプログラムやアルゴリズムを最初から最後まで独立したタスクに分割できるわけではないからだ。独立化できるタスクもあれば、先に実行されるタスクに依存するために独立化できないタスクもある。このため、正しい結果を得るには、開発者がプログラムのさまざまな依存部分を**同期**させなければならない。同期は、依存先のタスクが完了するまで、依存元のタスクの実行を**ブロック**することを意味する。三目並べの例では、プログラムの実行をブロックするのは個々のプレイヤーの指し手である。同期を通じて相互依存の並列計算を調整すれば、プログラムの並列性が大幅に制限される可能性がある。このため、単純な逐次処理プログラムと比較して、並列処理プログラムの作成は大きな難題になることがある（この点については、第8章で詳しく見ていく）。

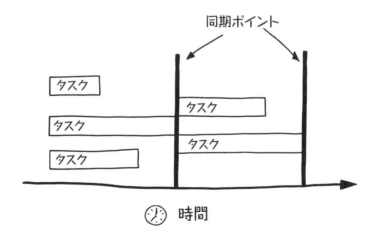

その余分な作業にはそれだけの価値があるかもしれない。並列実行をうまく行えば、プログラムの全体的なスループットが向上し、大きなタスクを分割してより高速に実行したり、限られた時間内により多くのタスクを実行したりできるようになる。

同期をほとんどまたはまったく必要としないタスクは、**バカパラ**（embarrassingly parallel）と呼ばれることがある。そうしたタスクを並列に実行される独立したタスクに分割するのは簡単である。バカパラタスクは科学計算でよく見られる。たとえば、素数を調べる作業を分散させたい場合は、サブセットを各処理リソースに割り当てればよい。

> **NOTE**　バカパラタスクを使うのは何も恥ずかしいことではない。それどころか、プログラミングが簡単だなんて、バカパラアプリケーションは最高である。近年、**バカパラ**は少し異なる意味を帯びてきている。バカパラであるアルゴリズムは、ハイパフォーマンスの鍵であるプロセス間通信をほとんど行わない傾向にある。このため、**バカパラ**はたいてい、通信のニーズが低いアルゴリズムを表す。この点については、第5章で改めて取り上げる。

このように、並列性の度合いは、問題を解決しようとする人々よりも、問題そのものに左右される。

2.5.2　ハードウェアサポート

並列コンピューティングは、ハードウェアサポートを要求する。並列処理プログラムには、複数の処理リソースを搭載したハードウェアが必要である。処理リソースが少なくとも2つなければ、並列処理が本当に達成されたとは言えない。ハードウェアと、ハードウェアで複数の同時演算をサポートする方法については、次章で説明する。並列コンピューティングの要件がすべてわかったところで、並列コンピューティングが実際にどのようなものなのか見ていこう。

2.6　並列コンピューティング

並列コンピューティングでは、大規模な問題や複雑な問題を小さなタスクに分割し、ランタイムシステムの並列実行を使ってそれらを効果的に解決する。ここでは、並列処理が世界を救う例を見ていく。

FBIのIT部門で働いているとしよう。次の任務として、あるプログラムを実装しなければならない。このプログラムは、パスワード（特定の長さの数字の組み合わせ）を解読して、全世界を破壊できるシステムにアクセスする。

パスワードを解読するための通常のアプローチでは、パスワードを繰り返し推測し（**総当たり**と呼ばれる）、そのスクランブル形式（**暗号学的ハッシュ値**）を計算し、結果として得られた暗号学的ハッシュ値をシステムに格納されているものと比較する。パスワードの暗号学的ハッシュ値がすでにあると仮定しよう。

　このようなプログラムをどうやって実装するのだろうか。
　この問題では、考えられる限りの組み合わせをリストアップし、このリストをループ処理して、それぞれの組み合わせで問題が解決されるかどうかをチェックすることが求められる。こうした問題に対する解を見つけ出すための一般的な手法だと考えられているのが、総当たりだ。この場合は、総当たりによって考えられる限りの数字の組み合わせを調べて、それぞれの暗号学的ハッシュ値がシステムで見つかったハッシュ値と一致するかどうかをチェックする必要がある。
　何日か眠れない夜を過ごしたあと、あなたは暗号学的ハッシュ値を調べる方法を突き止め、考えられる限りの数字の組み合わせをすべてチェックし、得意なプログラミング言語を使ってプログラムの実装を完了する。このアルゴリズムは、数字の組み合わせを生成し、暗号学的ハッシュ値をチェックする。ハッシュ値が一致した場合は、見つかったパスワードが印刷され、プログラムが終了する。一致しない場合は、次の組み合わせに進み、同じサイクルを繰り返す。

2.6 並列コンピューティング

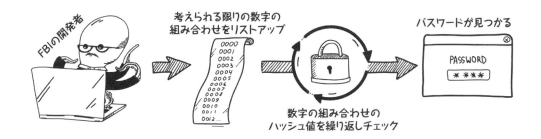

　基本的には、逐次コンピューティングを使って、考えられる限りのパスワードの組み合わせを 1 つずつ処理する。ここでは、CPU にタスクを 1 つだけ処理させたあと、次のタスクに進むといった要領で、すべてのタスクが完了するまで連続的に処理する。先の図と次のコードは、直列実行を使って問題を解決する手順を示している。

```python
# Chapter 2/password_cracking_sequential.py
import time
import math
import hashlib
import typing as T

def get_combinations(*, length: int,
                     min_number: int = 0,
                     max_number: T.Optional[int] = None) -> T.List[str]:
    combinations = []
    if not max_number:
        max_number = int(math.pow(10, length) - 1)
    for i in range(min_number, max_number + 1):
        str_num = str(i)
        zeros = "0" * (length - len(str_num))
        combinations.append("".join((zeros, str_num)))
    return combinations
```
指定された範囲で、指定された桁数の、考えられる限りのパスワードのリストを生成

```python
def get_crypto_hash(password: str) -> str:
    return hashlib.sha256(password.encode()).hexdigest()

def check_password(expected_crypto_hash: str,
                   possible_password: str) -> bool:
    actual_crypto_hash = get_crypto_hash(possible_password)
    return expected_crypto_hash == actual_crypto_hash
```
考えられる限りのパスワードの暗号学的ハッシュ値をシステムに格納されているものと比較

```python
def crack_password(crypto_hash: str, length: int) -> None:
    print("Processing number combinations sequentially")
```

```
        start_time = time.perf_counter()
        combinations = get_combinations(length=length)
        for combination in combinations:
            if check_password(crypto_hash, combination):
                print(f"PASSWORD CRACKED: {combination}")
                break

        process_time = time.perf_counter() - start_time
        print(f"PROCESS TIME: {process_time}")

    if __name__ == "__main__":
        crypto_hash = \
            "e24df920078c3dd4e7e8d2442f00e5c9ab2a231bb3918d65cc50906e49ecaef4"
        length = 8
        crack_password(crypto_hash, length)
```

考えられる限りのパスワードを連続的に生成してテストし、期待される暗号学的ハッシュ値が見つかった時点で処理を終了

出力は次のようになる。

```
Processing number combinations sequentially
PASSWORD CRACKED: 87654321
PROCESS TIME: 64.60886170799999
```

　問題を解決したあなたは、自身の英雄的行為に絶対の自信を持って、任務に赴かんとする次の英雄にそのプログラムを渡す。エージェント008はうなずき、ウォッカマティーニを飲み干す。

　誰もが知っているように、スパイは誰も信用しない。1時間もしないうちにエージェント008があなたのオフィスに飛び込んでくる。このプログラムは時間がかかりすぎるというのだ。彼らの計算によると、考えられる限りのパスワードの組み合わせをスーパーデバイスで処理するのに1時間もかかる。エージェント008は怯えた様子で、「あのビルが炎上するまであと数分しかないんだ」と言いながら、ウォッカマティーニをもう一杯すする。「とにかく急げ！」と言い捨てて、彼は部屋を出ていく。なんてことだ。

　このようなプログラムを高速化するにはどうすればよいのだろう。

　すぐに思い浮かぶのは、CPUの性能を上げることである。スーパーデバイスのクロック速度を上げれば、同じ時間でより多くのパスワードを処理できる。残念ながら、このアプローチに制限があることはすでにわかっている —— CPUの速度には物理的な限界がある。それに、

ここは天下の FBI であり、すでに最速のプロセッサを使っている。CPU の性能を上げる方法はない。これは逐次コンピューティングの最大の欠点である。コンピュータシステムに複数の処理リソースが搭載されていたとしても、簡単にはスケールアップできない。

プログラムの実行を高速化するもう 1 つの方法は、プログラムを複数の独立したタスクに分割し、それらのタスクを複数の処理リソースに分散させて、同時に処理できるようにすることである。処理リソースの数が多ければ多いほど、そしてタスクが小さければ小さいほど、処理は高速になる。これが並列コンピューティングの原理である。第 8 章と第 12 章では、この原理をさらに詳しく見ていく。

このケースで並列実行を利用することは可能だろうか。スーパーデバイスは大量のコアを搭載した最高クラスの CPU を使っている。したがって、1 つ目の条件は満たしている。つまり、複数のタスクを同時に実行できるハードウェアがある。

この問題を複数の独立したタスクに分解することは可能だろうか。個々のパスワードの組み合わせをチェックすることについては、タスクと考えることができる。そして、それらのタスクは相互に依存していない。つまり、現在のパスワードをチェックする前に、その前にあるパスワードをすべてチェックする必要はない。どのパスワードを最初に処理するかは重要ではない。正しいパスワードが見つかる限り、それらのタスクを完全に独立した状態で実行すればよい。これならいける！

というわけで、並列コンピューティングの要件はすべて満たしている。ハードウェアサポートとタスクの独立性が確認できたところで、最終的なソリューションの設計に取りかかろう。

こうした問題での最初のステップは、問題を個々のタスクに分解することである。すでに説明したように、個々のパスワードのチェックは独立したタスクと見なすことができ、同時に実行することができる。依存関係はないため、同期ポイントもない。つまり、バカパラ問題である。

次の図は、このソリューションを複数のステップに分割する方法を示している。最初のステップでは、個々の処理リソースごとに、チェックするパスワードの範囲（チャンク）を作成する。次のステップでは、それらのチャンクを利用可能な処理リソースに分配する。結果として、ある範囲のパスワードが各処理リソースに割り当てられる。次のステップでは、パスワードのチェックを実際に開始する。

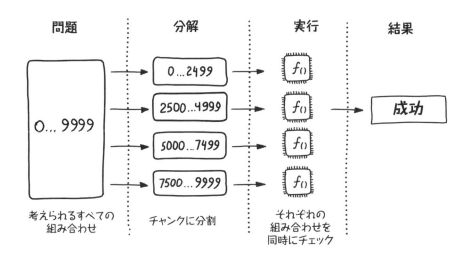

擬似コードは次のようになる。

```
ChunkRange = T.Tuple[int, int]

def get_chunks(num_ranges: int,
               length: int) -> T.Iterator[ChunkRange]:
    max_number = int(math.pow(10, length) - 1)
    chunk_starts = [int(max_number / num_ranges * i)
                    for i in range(num_ranges)]
    chunk_ends = [start_point - 1
                  for start_point in chunk_starts[1:]] + \
                 [max_number]
    return zip(chunk_starts, chunk_ends)

def crack_password_parallel(crypto_hash: str, length: int) -> None:
    num_cores = cpu_count()
    chunks = get_chunks(num_cores, length)
    # 並列に実行
    # for chunk_start, chunk_end in chunks:
    #     crack_chunk(crypto_hash, length, chunk_start, chunk_end)}
```

広範囲の整数を小さなチャンクに分割。各チャンクには、複数のコアまたはプロセッサで並列に処理できるほぼ同じ数のパスワードが含まれている

利用可能なプロセッサの数を取得

各チャンクを別々のプロセスで同時に処理する擬似コード

crack_password_parallelという新しい関数を追加する。この関数は、crack_chunk関数を複数のコアで同時に実行する。プログラミング言語によって見た目は異なるかもしれないが、仕組みは同じである。つまり、一連の並列ユニットを作成し、並列実行のためにそれらの間でパスワードの範囲を分配する。まだ並列処理について詳しく説明していないため、この段階では**擬似コード**（プログラムのロジックをヒューマンリーダブルな形式で表現し

たもので、実際のコードを模した定型コードで記述される）にとどめる。並列処理については、第 4 章と第 5 章で改めて取り上げる。

> **NOTE**　擬似コードであるとはいえ、使い方に関しては、この例はかなり現実的である。たとえば、MATLAB 言語には `parfor` 構造があり、並列 `for` ループを簡単に利用できる。Python 言語には `joblib` パッケージがあり、`Parallel` クラスを使って並列化を非常に簡単に実行できる。R 言語には、同じ機能を持つ `Parallel` ライブラリがある。Scala の標準ライブラリには、並列処理プログラミングに役立つ並列コレクションがあり、ユーザーが並列処理の低レベルの詳細に煩わされずに済む。

並列コンピューティングのおかげで、エージェント 008 はあと数秒のところで再び世界を救った。残念ながら、私たちのほとんどは FBI ほどリソースに恵まれていない。並列実行には、問題を並列化する前に検討しなければならない制限とコストがある。次節では、この点について見ていこう。

2.7　アムダールの法則

　1 人の母親が出産するのには 9 か月かかる。これは、9 人が協力すれば 1 か月で出産できるということだろうか。

　プロセッサの数を無限に増やせば、システムを可能な限り高速に実行できるように思える。だが残念ながら、そうはいかない。**アムダールの法則**（Amdahl's law）として知られる Gene Amdahl の有名な見解が、このことを具体的に示している。

　ここまでは、並列処理アルゴリズムの実行を分析してきた。並列処理アルゴリズムには逐次的な部分が含まれていることがあるが、実行については完全な並列部分と完全な逐次部分に分

けて考えるのが一般的である。逐次部分は、単に並列化されていないステップかもしれないし、先ほど見たような逐次的なステップかもしれない。

　大量のインデックスカードがあり、カードにそれぞれ定義が書かれているとしよう。並行処理に関する情報が書かれたカードを探して別の束にまとめたいが、カードがごちゃ混ぜになっている。ちょうどそこに友人が2人いたので、カードを3つの束に分けてそれぞれに渡し、探してほしいものを伝える。そして、それぞれが自分の束を調べる。誰かが並行処理のカードを見つけたら、「あったぞ」と言って別の束にまとめることができる。

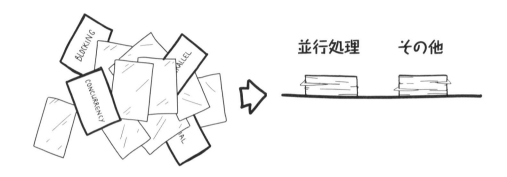

このアルゴリズムは次のようなものになるかもしれない。

1. カードを束に分けて、各人に1つの束を渡す（直列）。
2. 全員が「concurrency（並行処理）」カードを探す（並列）。
3. 並行処理のカードを別の束にまとめる（直列）。

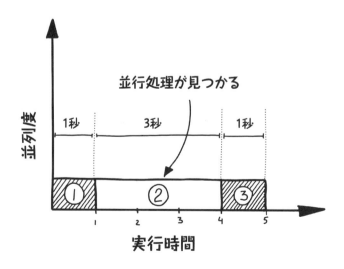

このアルゴリズムのステップ1とステップ3には1秒、ステップ2には3秒かかる。したがって、あなたが自分でアルゴリズムを最初から最後まで実行した場合は5秒かかる。ステップ1とステップ3のアルゴリズムは逐次的であり、独立したタスクに分割して並列実行するというわけにはいかない。これに対し、ステップ2については、カードを任意数の束に分けることで、簡単に並列実行できる。ただし、このステップを独立した状態で実行してくれる友人がいることが前提となる。2人の友人に手伝ってもらって、そのステップの実行時間を1秒に短縮する。プログラム全体にかかる時間は3秒であり、40%の高速化である。ここでの高速化は、特定の数の処理リソースを使って並列実行するのにかかる時間と、単一の処理リソースを使って最適な方法で逐次実行するのにかかる時間の比率として計算される。

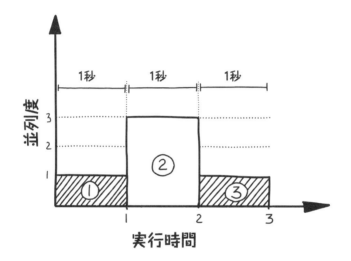

友人の数を増やし続けたらどうなるだろうか。たとえば、友人をさらに3人追加して合計6人になったとしよう。そうすると、プログラムのステップ2の実行時間はわずか0.5秒になる。アルゴリズム全体はわずか2.5秒で完了する。50%の高速化である。

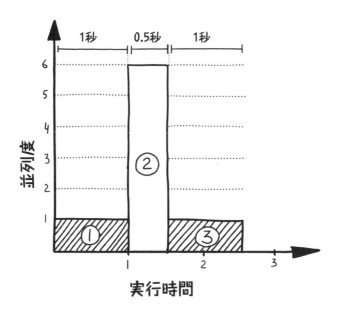

　同じ論理に従って町中の人を招待すれば、アルゴリズムの並列部分を瞬時に実行できる（理論的には、第5章で説明する通信コストというオーバーヘッドがある）。それでも、アルゴリズムの逐次部分で少なくとも2秒のレイテンシが発生する。

　並列処理プログラムは最も時間がかかる逐次部分と同じ速さで実行される。ショッピングモールに行くたびに、この現象の例を見ることができる。数百人もの人々が、他人の邪魔をすることなく、同時に買い物を楽しむことができる。しかし、いざ支払いをする段になると、列ができる。店を出る準備ができている買い物客の人数よりも、レジ係の人数のほうが少ないからだ。

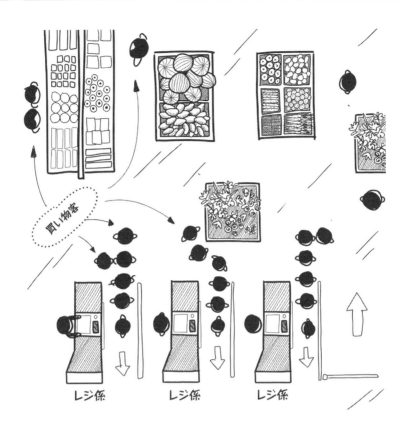

　同じことがプログラミングにも当てはまる。プログラムの逐次部分を高速化することはできないため、リソースの数を増やしても、逐次部分の実行には影響を与えない。アムダールの法則を理解するための鍵はここにある。並列コンピューティングを使うプログラムの潜在的な速度は、プログラムの逐次部分に制限される。アムダールの法則は、並列コンピューティングを使っているという仮定のもとで、システムにリソースを追加したときに期待できる最大の高速化を表している。この例では、プログラムの3分の2が逐次部分である場合、プロセッサがどれだけ搭載されていたとしても、1.5倍までしか高速化できないことになる。

　もう少し形式的に言うと、この法則は次の式で表される。

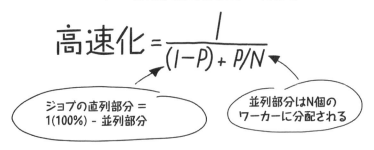

値を当てはめてみるまでは、当たり障りのない式に見えるかもしれない。たとえば、プログラムの33%が逐次的である場合、100万個のプロセッサを追加しても、高速化は3倍止まりである。プログラムの3分の1は高速化できないため、プログラムの残りの部分が瞬時に実行されたとしても、パフォーマンスの向上は300%にとどまる。プロセッサをいくつか追加するとたいてい大幅な高速化が可能になるが、プロセッサの数が増えるに従い、その利得は急速に減少する。次の図は、アルゴリズムや調整のオーバーヘッドを考慮しない場合に、並列化できるコードのさまざまな割合に対するプロセッサの数と高速化との関係を示している。

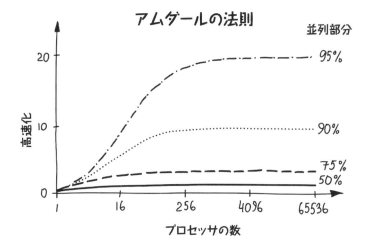

この計算を逆方向に行うこともできる。たとえば、2,500個のプロセッサがある場合、100倍の高速化を実現するにあたって、完全に並列化できなければならないのはプログラムの何パーセントだろうか。これらの値をアムダールの法則に当てはめると、$100 \leq 1 / (S + (1 - S) / 2500)$となる。S（逐次部分）を求めると、プログラムにおいて逐次的に実行できる部分が

1% に満たないことがわかる。

要するに、並列コンピューティングのために複数のプロセッサを使うことに本当に意味があるのは、並列化できる度合いが高いプログラムだけである。アムダールの法則は、なぜそうなのかを具体的に示している。プログラムを並列処理プログラムとして記述できるからといって、常にそうすべきであるとは限らない。場合によっては、並列化に伴うコストやオーバーヘッドがその利得を上回るからだ。アムダールの法則は、プログラムを並列化することの利得を推定し、並列化がそのコストに見合うかどうかを判断するための便利なツールである。

2.8　グスタフソンの法則

このような残念な結果を見て、パフォーマンスを改善する手段として並列化を断念したくなるかもしれない。まあ、そう悲観することはない。並列化はプログラムにおいてパフォーマンスが重視される部分を実際に高速化するが、バカパラ問題ではない限り、プログラムのすべての部分を高速化することはできない。他のタスクでは、予想される利得が厳しく制限される。

ただし、アムダールの法則を別の視点から眺めてみるという手がある。このサンプルプログラムは5秒で実行されたが、並列化可能な部分の作業量を2倍にする（タスクを3つから6つにする）とどうなるだろうか。つまり、6つのタスクを同時に実行しても、プログラムは5秒で実行され、合計8つのタスクが実行されることになる（2つのプロセッサで1.6倍の高速化）。さらに、それぞれ同じ量の作業を実行するプロセッサを2つ追加すると、同じ5秒で11個のタスクを実行できる（2.6倍の高速化）。

アムダールの法則によれば、高速化は（問題の量が一定であるという仮定のもとで）並列処理プログラムの実行にかかる時間がどれくらい短縮されるのかを示す。ただし、高速化を「一定の時間間隔で実行されるタスクの量（スループット）の増加」として考えるという手もある。この仮定から生まれたのが**グスタフソンの法則**（Gustafson's law）である。

グスタフソンの法則は、並列化の限界をより楽観的に捉える。作業量を増やし続けると、逐次部分の影響がどんどん少なくなり、高速化がプロセッサの数に比例するようになる。

このため、各自の状況で並列化がうまくいかない理由としてアムダールの法則が引き合いに出された場合は、どうすればよいかをグスタフソンが説明していることがわかる。そして、スーパーコンピュータと分散システムが並列化で成功を収めている理由を明らかにする鍵がここにある —— データの量を増やし続けることができるからだ。

並列コンピューティングに詳しくなったところで、並列性と並行性の関係について説明しよう。

2.9 並列性と並行性

並列(parallel)と**並行**(concurrent)は、会話上での意味はほぼ同じである。このことが、コンピュータサイエンスの文献にまでおよぶ大きな混乱の原因となっている。並列処理プログラミングと並行処理プログラミングを区別することが重要なのは、それらが異なる概念レベルで、異なる目標を追求するからだ。

並行処理とは、重複する期間に不特定の順序で開始、実行、完了される複数のタスクのことである。並列処理とは、マルチコアプロセッサなど複数のコンピューティングリソースを搭載したハードウェア上で同時に実行される複数のタスクのことである。並行処理と並列処理は同じものではない。

1人の料理人が、コンロの上のスープをときどきかき混ぜながら、野菜を切っている場面を想像してみよう。料理人は、野菜を切る手を止めてはコンロをチェックし、再び野菜を切り始める —— すべての調理が完了するまで、このプロセスを繰り返さなければならない。

この場合、処理リソース（料理人）は1つだけであり、その並行処理は主に後方支援に関連している。並行処理を使わない場合、料理人はコンロにかけているスープができあがるのを待ってから野菜を切らなければならない。

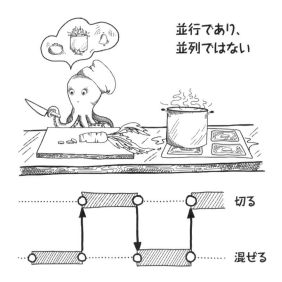

並列処理は**実装上の特性**である。並列処理とは、実行時に複数のタスクを物理的に同時に実行することであり、複数のコンピューティングリソースを搭載したハードウェアが要求される。並列処理はハードウェア層に属している。

厨房に戻ると、今度は料理人が 2 人いる。1 人がスープをかき混ぜ、もう 1 人が野菜を切ることができる。処理リソース（料理人）をもう 1 つ追加され、作業が分担されている。並列処理は並行処理のサブクラスであり、複数のタスクを同時に実行する前に、複数のタスクをやりくりしなければならない。

並行処理と並列処理の関係の本質は次のようになる —— 並行計算は、結果の正確さが変わることなく並列化できるが、並行処理自体は並列化を意味しない。さらに、並列処理は並行処理を意味しない。多くの場合、最適化アルゴリズムは意味的な並行性を持たないプログラムを並列コンポーネントに分解することができる。そうした分解では、パイプライン処理、ワイドベクトル演算、SIMD（Single Instruction, Multiple Data streams）演算、分割統治などが使われる（一部の手法については、後ほど説明する）。

Unix/Go プログラミングの第一人者である Rob Pike は、「並行処理は一度に多くのものに対処することであり、並列処理は一度に多くのものを実行することである」と指摘している[1]。プログラムの並行性は、プログラミング言語と、どのようにプログラムされているかに依存するが、並列性は実際の実行環境に依存する。シングルコア CPU では、並行性は得られるかもしれないが、並列性は得られない。だがどちらも、一度に 1 つずつ処理される逐次モデルの上を行くものだ。

並行処理と並列処理の違いをよく理解するために、次の点について考えてみよう。

※ 1　Rob Pike は Heroku の Waza カンファレンスで「Concurrency is not parallelism」と題する講演を行っている。https://go.dev/blog/waza-talk

- アプリケーションは、並行であっても、並列ではないことがある。そうしたアプリケーションは一定の期間に複数のタスクを処理する（つまり、2つのタスクが同時に実行されないとしても、複数のタスクをこなす。この点については、第6章で詳しく見ていく）。
- アプリケーションは、並列であっても、並行ではないことがある。つまり、1つのタスクの複数のサブタスクを同時に処理する。
- アプリケーションは、並列でも並行でもないことがある。つまり、一度に1つのタスクを順番に実行し、そのタスクがサブタスクに分解されることはない。
- アプリケーションは、並列かつ並行のことがある。つまり、複数のタスク、または1つのタスクの複数のサブタスクを、同時に並行処理する（並列に実行する）。

　ハッシュテーブルに値を挿入するプログラムがあるとしよう。挿入演算を複数のコアに分散させる点では、これは並列処理である。しかし、ハッシュテーブルに対するアクセスを調整する点では、並行処理である。そして、後者についてまだ理解できなくても、心配はいらない。この概念については、この後の章で詳しく説明する。

　並行処理には、プロセス間の相互作用、リソース（メモリ、ファイル、I/Oアクセスなど）の共有と競合、複数のプロセス間での同期、プロセス間でのプロセッサ時間の割り当てなど、さまざまな問題が含まれる。こうした問題は、マルチプロセッサシステムや分散処理環境だけではなく、シングルプロセッサシステムでも発生する。次章では、プログラムが実行される環境—— つまり、コンピュータのハードウェアとランタイムシステムを理解することから始める。

2.10　本章のまとめ

- それぞれの（アプリケーションとしてまとめられた）問題は一連のタスクに分割される。最も単純なケースでは、それらのタスクは順番に実行される。
- **タスク**については、論理的に独立した1つの作業として考えることができる。
- **逐次コンピューティング**は、プログラム内の各タスクが（コードに列挙されている順序で）それよりも前にあるすべてのタスクに依存することを意味する。
- **直列実行**とは、順序を持つ命令セットのことであり、それらの命令は1つの処理ユニットで一度に1つずつ実行される。直列実行が必要となるのは、各タスクの入力として1つ前のタスクの出力が必要なときである。
- **並列実行**とは、複数の計算を同時に実行することである。並列実行を利用できるのは、複数のタスクを独立して実行できる場合である。
- **並列コンピューティング**では、問題を解決するために複数の処理リソースを同時に利用す

る。このため、問題の分解、アルゴリズムの作成または調整、プログラムへの同期ポイントの追加など、しばしばプログラムの大幅な見直しにつながる。

- **並行処理**は複数のタスクに同時に対処することを表す。**並列処理**は実際の実行環境に依存し、複数の処理リソースに加えて、分解されたアルゴリズムでのタスクの独立性を要求する。プログラムの並行処理は、プログラミング言語と、どのようにプログラムされているかに依存する。並列処理は実際の実行環境に依存する。

- アムダールの法則は、プログラムの並列化が妥当かどうかを判断するためにその利得を推定するための便利なツールである。

- グスタフソンの法則は、アムダールの法則の制限内で、システムの作業量を増やす方法を表す。

コンピュータの仕組み 3

本章で学ぶ内容

- コードが CPU で実行される仕組み
- ランタイムシステムの機能と目的
- 問題に適したハードウェアを選択する方法

　20 年前は、複数の処理リソースを搭載したシステムと対峙することなく現役のプログラマーとして何年もやっていくことができた。現在では、スマートフォンでさえ複数の処理リソースを搭載している。現代のプログラマーのメンタルモデルは、異なる処理リソースで同時に実行される複数のプロセスをも取り込む必要がある。

　並行処理アルゴリズムについて説明するにあたって、特定のプログラミング言語を知っている必要はない。ただし、アルゴリズムが実行されるコンピュータシステムの機能は理解していなければならない。コンピュータシステムのハードウェアを最大限に活用できるような演算を選択すれば、最も効果的な並行処理アルゴリズムを構築できるからだ。したがって、さまざまなハードウェアアーキテクチャの潜在能力を理解しておく必要がある。

　並列ハードウェアを利用する目的はパフォーマンスにあるため、コードの効率は重大な関心事である。つまり、プログラミングのベースとなるハードウェアを十分に理解している必要がある。本章で並列ハードウェアの大要を把握すれば、ソフトウェアを設計するときに十分な情報に基づいて判断を下せるようになるだろう。

3.1　プロセッサ

　CPU（Central Processing Unit：中央演算処理装置）という用語が使われるようになったのは、最初のコンピュータらしきものが登場した頃だった。当時は、1つの巨大なキャビネット全体が、マシン命令を解釈して実行するのに必要な回路そのものだった。プリンタ、カードリーダー、そしてドラムやディスクドライブといった初期の記憶装置など、接続されていた周辺機器の操作もすべてCPUが行っていた。

　現代のCPUは少し違ったデバイスであり、その主なタスクであるマシン命令の実行に焦点を合わせている。マシン命令を解釈する**CU**（Control Unit：制御装置）と、算術演算とビット演算を実行する**ALU**（Arithmetic Logic Unit：算術論理演算装置）のおかげで、CPUはこれらの命令を簡単に処理できる。CUとALUが一体となったCPUは、単純な電卓とは違って、より複雑なプログラムを処理する。

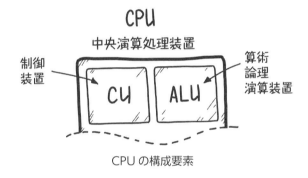

CPUの構成要素

　しかし、CPUには、実行の高速化において重要な役割を果たす構成要素がもう1つある。

3.1.1　キャッシュ

　キャッシュはCPUの一時メモリである。このチップベースの機能は、コンピュータのメインメモリよりもすばやく情報にアクセスできるようにするためのものだ。

　建具師が1人でやっている工房があるとしよう。建具師（CPU）は顧客の要望（命令）に応えなければならない。建具師は顧客から依頼された製品を作るために、木材やいくつかの資材の一時的な置き場所をすぐそばに用意する。そうすれば、すべての資材を保管している倉庫（HDD：ハードディスク）までいちいち取りに行かずに済む。

　一時的な置き場所は CPU に取り付けられたメモリであり、**RAM**（Random Access Memory）と呼ばれる。RAM はデータと命令を格納するために使われる。プログラムの実行が開始されると、実行可能ファイルとデータが RAM にコピーされ、プログラムの実行が終了するまでそこに格納される。

　ただし、CPU が RAM に直接アクセスすることはない。CPU の計算実行能力は高く、RAM が CPU にデータを転送するずっと前に計算が終わってしまう。現代の CPU には、アクセスを高速化するための 1 つまたはマルチレベルの**キャッシュメモリ**がある。

　工房の話に戻ろう。建具師は工房の一時的な置き場所（RAM）を利用できるが、それに加えて工具をいつでもすぐに取り出せる必要があり、工具が常に手元になければならない。そこで建具師は、工具を作業台に置いてすぐに手に取れるようにしておく。キャッシュメモリについては、プロセッサの作業台として考えることができる。

キャッシュメモリは RAM よりも高速であり、CPU チップに配置されるため、CPU により近い場所にある。キャッシュメモリはデータと命令のストレージを提供するため、CPU は RAM からデータが取り出されるのを待たずに済む。プロセッサがデータをリクエストすると（その際、プログラムの命令はデータと見なされる）、そのデータがキャッシュに含まれているかどうかをキャッシュコントローラが判断し、（データが含まれている場合は）プロセッサにデータを提供する。リクエストされたデータがキャッシュに含まれていない場合は、そのデータを RAM から取り出し、キャッシュに配置する。キャッシュコントローラは、リクエストされたデータを分析し、RAM からさらにどのようなデータを取得する必要があるかを予測し、それらのデータをキャッシュにロードする。

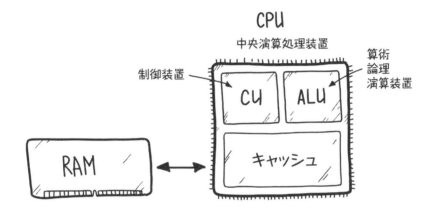

　プロセッサには、レベル 1、2、3（L1、L2、L3）の 3 レベルのキャッシュがある。L2 キャッシュと L3 キャッシュは次に必要なデータと命令を予測し、それらを RAM から L1 キャッシュにロードすることを目的として設計されている。そのようにしてデータをプロセッサの近くに配置すると、必要なときにすぐにアクセスできるようになる。レベルの数字が大きくなるほど、通信チャネルが低速になり、容量が増える。プロセッサの最も近くにあるのは L1 キャッシュである。キャッシュをマルチレベルにすることで、プロセッサをビジー状態に保つことができ、必要なデータが利用できる状態になるのを待ってサイクルを無駄にせずに済む。

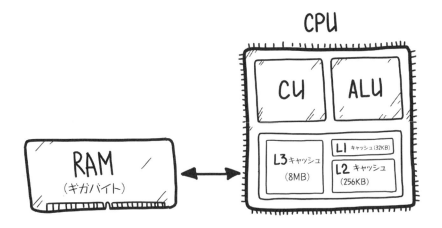

　データアクセスと通信はほぼ例外なく実行のレイテンシ（通信コスト）につながる。このことはシステムパフォーマンスにとって最大の脅威の1つである。キャッシュはそうした通信コストを解消するか、少なくとも削減するために存在する。レイテンシがどれくらい増えるのかをイメージできるよう、人間が直観的に想像できる日常的な単位にスケールアップしてみよう（このようなレイテンシを**スケールドレイテンシ**と呼ぶ）。

システムイベント	実際のレイテンシ	スケールドレイテンシ
1 CPU サイクル	0.4 ナノ秒	1 秒
L1 キャッシュアクセス	0.9 ナノ秒	2 秒
L2 キャッシュアクセス	2.8 ナノ秒	7 秒
L3 キャッシュアクセス	28 ナノ秒	1 分
メインメモリアクセス（RAM）	最大 100 ナノ秒	4 分
高速 SSD I/O	10 マイクロ秒未満	7 時間
SSD I/O	50～150 マイクロ秒	1.5～4 日
HDD I/O	1～10 ミリ秒	1～9 か月
ネットワークリクエスト（サンフランシスコ～ニューヨーク間）	65 ミリ秒	5 年

　レイテンシをイメージできたところで、実際の実行サイクルを見てみよう。

3.1.2　CPU の実行サイクル

　工房の例に戻ろう。この工房では、顧客とのやり取りから実際の木工作業まで、すべての作業を建具師が1人でやっている。この作業には、顧客が思い描いているものを理解し、そこからタスク項目を起こし、それらのタスクを実行し、完成したものを顧客に渡すことが含まれる。

建具師は、このサイクルにすべての時間を費やし、そのようにして商売を成り立たせている。

同様に、CPUはさまざまなステージを通じて命令の実行を連続的に処理する。これらのステージを **CPU サイクル** と呼ぶ。最も単純な形式では、CPU サイクルは次の 4 つのステージに分かれる。

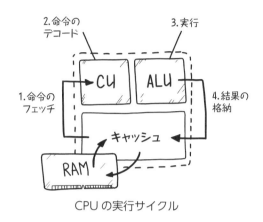

CPU の実行サイクル

1. **命令のフェッチ**

    CU がメモリまたはキャッシュから命令を取り出し、CPU にコピーする。このプロセスでは、CU がさまざまなカウンタを使って、フェッチする命令が何で、その命令がどこで見つかるかを理解する。

2. **命令のデコード**

    以前にフェッチした命令を解読し、処理のために送信する。命令の種類によって処理の内容が異なるため、命令の種類と演算コードに応じて、命令がどの処理装置に送信されるのかを知る必要がある。

3. **実行**

    計算命令が ALU に移動され、実行が開始される。

4. **結果の格納**

    命令が完了すると、その結果が RAM に書き込まれ、次の命令の実行が開始される。この要領で、フェッチする命令がなくなるまでステップ 1 に戻って同じ実行サイクルを繰り返す。

プロセッサは、このサイクルにすべての時間を費やす。次の命令をフェッチし、デコードし、実行し、結果を格納するというサイクルを延々と繰り返す。

3.2　ランタイムシステム

　CPU の取り扱いは単純なプロセスではない。さまざまな演算タスクを含め、開発者が何もかも自分で処理しなければならない。これには、ハードウェアリソースの制御、そうしたハードウェアリソースへのアクセスの管理、実行すべき機能の管理、クラッシュ時のプログラムどうしの切り離し、共有リソースへのアクセスなどが含まれる。

　現代のシステムは多目的でなければならず、そのため複雑である。最終的には、ファイル管理システム、グラフィックス管理システム、タスク管理システムなど、特定の管理システムに関連するさまざまなソフトウェアシステムによって肥大化する運命にある。これらはすべてマイクロプログラム管理システムの例であり、やがてアプリケーションとシステムの間に導入された新たなレベルの抽象化である**ランタイムシステム**へと発展した。**オペレーティングシステム**（OS）はその一般的な例である。

　工房の例に戻ろう。我らが建具師のところに、木材の配達や、船や橋の建造、建具師の道具では作れない製品の製作など、顧客から奇妙な注文が舞い込むようになる。要求された仕事はよそで扱っているものであり、建具師はこれらの注文が誤って送られてきたものであることに気付く。建具師は自分にできる仕事だけを工房に回してもらうために人を雇うことにする。そこで、同じ通りに店を構えている他の事業主と相談し、注文をさばくマネージャーを雇う段取りをつける。マネージャーは、顧客に所定の伝票に記入してもらい、その注文を受けることができる事業主を判断し、建具師やその他の事業主に注文を渡す。

　マネージャーは **OS** である。OS はコンピュータシステムのハードウェアコンポーネントと開発者の間にある低レベルのシステムインターフェイスである。それらのインターフェイスは**システムコール**と呼ばれる。システムコールはコンピュータハードウェアとやり取りし、ユーザーアプリケーションが利用できるサービスやユーティリティを提供する。

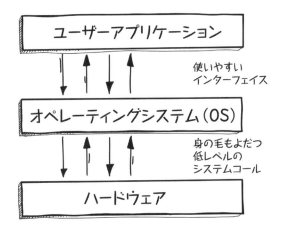

たとえば、ディスクにデータを書き込みたいプログラムは、そのタスクを OS に委譲する。OS は、ディスクに適切な信号を送信できるディスクコントローラを使って、ディスクに命令を与える。ディスクを使いたいシステムは、システムがどのようなディスクを持っているのかを気にしないし、ディスクがどのような仕組みになっているのかも知らない。そうした詳細に対処するのは OS であり、可能であれば、ハードウェアやその他のリソースを不適切な使用から保護しようとする。プログラムがハードウェアと直接通信するのではなく OS の機能を使うということは、オーバーヘッドが発生するということである。場合によっては、深刻なオーバーヘッドが発生することもある。そのような場合は、システムコールを発生させるよりも、ユーザーアプリケーションのレベルで何かを行うほうが有利である。この点については、次章で具体的な例を見ていく。

OS を使ってプログラムを実行するための最初のステップは、実行可能ファイルと静的なデータ(初期化された変数など)をメモリにロードすることである。続いて、エントリポイントである main() からプログラムを開始する。OS が main() に切り替えると、プロセッサの制御がプログラムに移動し、プログラムが OS の制御と保護のもとで実行を開始する。

現代のコンピュータシステムはすべて、これらのステップに従う。実際のプロセスは、ここで説明したものよりも複雑かもしれないが、全体的な設計要素は同じである。

3.3　コンピュータシステムの設計

コンピュータシステムの構成を調べてみると、1 つ以上のプロセッサ、それらのプロセッサがアクセスできる RAM、さまざまな周辺機器(プリンタ、カードリーダー、ハードディスク、モニタなど)、それらすべての周辺機器がプロセッサや RAM と通信できるようにするデバイスコントローラや**ドライバ**が含まれていることがわかる。そこには、すべてをつなぎ合わせるチャネルがある。CPU、RAM、周辺機器の間での通信は、**システムバス**によって可能となる。

ここで、コンピュータシステムの**ユーザー空間**と**カーネル空間**という 2 つの領域に目を向けてみよう。ユーザー空間はユーザーレベルのアプリケーションが実行される領域であり、カーネル空間は OS のコア機能とシステムコールが実行される領域である。この区別が重要なのは、ユーザー空間のアプリケーションはシステムにアクセスしたりシステムを変更したりできないのに対し、カーネルはシステムとそのリソースを完全に制御できるからだ。コンピュータシステムの内部設計は、フォームファクタ、OS の構造、または意図された用途といったハードウェアプラットフォームの仕様に関係なく、大部分は同じである。

コンピュータシステムの設計の一般的な構成要素を理解したところで、この設計で表すことができるさまざまなレベルの並列ハードウェアを調べることにしよう。

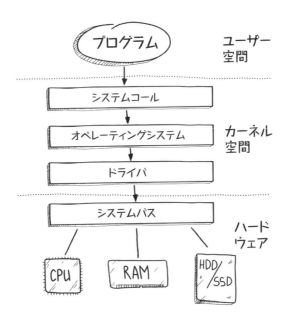

3.4　さまざまなレベルの並列ハードウェア

　CPU は基本的な算術演算（加算、乗算など）を実行できる多くの回路（ALU）でできている。このため、CPU は複雑な数学演算を分解し、演算の一部を別々の算術演算装置で同時に実行することができる。これを**命令レベルの並列処理**と呼ぶ。命令レベルの並列処理は、**ビットレベルの並列処理**というさらに深いレベルにまでおよぶことがある（ほとんどの開発者が滅多に考えることのないレベルであり、プロセッサにとって最も都合のよい順序に命令を並べ替える作業はコンパイラが行う。このレベルに関心を持つのは、プロセッサやコンパイラの処理能力を最後の 1 滴まで搾り出そうとする、ごく一部のエンジニアだけである）。

　並列ハードウェアを作成するためのもう 1 つの単純な発想は、コンピュータシステムに複数のチップを追加して、プロセッサを複製することである。マネージャーを雇って、すべての職人が顧客の注文に対応できるようにするのと同じである。いわゆる**マルチプロセッサ**であり、複数のプロセッサを搭載したコンピュータシステムをこのように呼ぶことがある。

　マルチコアプロセッサは特殊なマルチプロセッサであり、すべてのプロセッサが同じチップ上に配置される。コアはそれぞれ独立して動作し、OS によって別々のプロセッサとして認識される。これら 2 つのアプローチには、プロセッサがどれくらいすばやく連携するのか、メモリにどのようにアクセスするかに関して若干の違いがあるが、本書では同じものとして扱う。

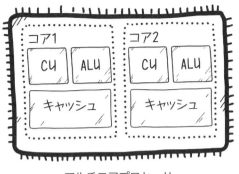

マルチコアプロセッサ

3.4.1 対称型マルチプロセッシング (SMP) アーキテクチャ

コンピュータのメモリの動作は、通常はプロセッサよりもはるかに遅く、結果として第2章で説明した通信コストが発生する。このため、現在のほとんどのマルチプロセッサシステムでは、**対称型マルチプロセッシング**（Symmetric MultiProcessing：SMP）アーキテクチャが使われている。SMPは同一のプロセッサの集まりであり、単一のアドレス空間を持つ共有メモリに接続され、同じOSのもとで動作する。

SMPアーキテクチャのプロセッサは、システムバスに基づく相互接続ネットワークによってリンクされる。これらのネットワークは高速だが、プロセッサがデータを交換する必要がある場合は1つ以上の相互接続を経由しなければならないため、データを瞬時に交換するというわけにはいかない。そうした通信コストは決してばかにならない。この問題により、相互にやり取りするリソースの数とそれらの間の距離が増えるに従い、レイテンシは悪化する。そこで、SMPアーキテクチャでは、システムバスのトラフィックを減らしてレイテンシを小さくするために、すべてのプロセッサにプライベートキャッシュが搭載されている。

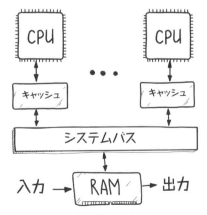

SMPアーキテクチャは共有メモリを持つ複数の相互接続されたプロセッサで構成される

SMP の最大の特徴は、複数のプロセッサの存在がエンドユーザーからは見えないことである。個々のプロセッサでのプロセスのスケジューリングと、それらのプロセッサ間の同期に対処するのは OS である。ただし、SMP アーキテクチャでは、システムバスが共通であるため、バスに接続されるプロセッサの数が増えると、バスがボトルネックになる。この問題は**キャッシュコヒーレンス**（cache coherence）によってさらに深刻化する。キャッシュコヒーレンスとは、同じメモリ階層を共有しながら、それぞれ独自の L1 データ（命令）キャッシュを持つ複数のプロセッサコアの間で、一貫性を保つための仕組みである。

> **NOTE** 1980 年代に MESI プロトコルが開発されると、マルチプロセッサシステムでのキャッシュコヒーレンスの問題は解決された。MESI は各キャッシュラインの状態を追跡することで、すべてのプロセッサが一貫したデータビューを持つようにし、競合のない効率的な協調を可能にする。MESI は現代のコンピューティングに不可欠な要素となっている。

SMP から大規模な超並列コンピュータに移行する唯一の方法は、共有メモリアーキテクチャを断念し、**コンピュータクラスタ**と呼ばれる分散メモリシステムに移行することである。コンピュータクラスタは分散型のマシンであり、それらのマシンは独自の CPU を持ち、ネットワークで接続されている。コンピュータクラスタは非常に強力な並列処理システムである。それぞれのマシンは独立した状態で動作するため、他のマシンとの間でメモリを共有することはできない。あるマシンがそのローカルメモリを変更した場合、その変更が他のマシン上のプロセッサのメモリに自動的に反映されることはない。つまり、コンピュータクラスタのメモリは一般に分散型であり、ネットワーク経由での通信が必要になるため、その分だけ通信コストが高くなる。コンピュータクラスタでの通信は、ローカルマシン上のプロセス間でのデータ転送よりもはるかに低速である。

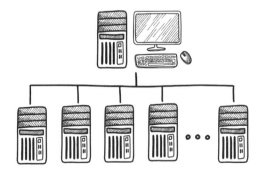

コンピュータクラスタが適しているのは、**疎結合**問題である（疎結合であるため、プロセッサ間の頻繁な通信は要求されないが、より多くの処理能力が要求される）。一方で、シングル

マシンシステムには、**密結合**問題のほうが適している。クラスタの利点は、スケーラビリティの高さにある。欠点は、通信コストが高いことである。分散システムについては、この後の章で詳しく見ていく。次は、マルチプロセッサアーキテクチャの種類に着目してみよう。

3.4.2 並列コンピュータの分類

マルチプロセッサアーキテクチャの分類法として最も広く使われているものの1つに、**フリンの分類**(Flynn's taxonomy)がある。この分類法では、**命令**と**データフロー**という2つの独立した次元に基づき、コンピュータアーキテクチャの4つのカテゴリを区別する。

コンピュータアーキテクチャの1つ目のカテゴリである **SISD**(Single Instruction, Single Data stream)と、2つ目のカテゴリである **MISD**(Multiple Instruction, Single Data stream)では、1つのデータブロックを1つまたは複数の命令で処理する。ただし、並列化を行わないため、並行処理システムとは無関係であり、ここでは参考までに言及している。

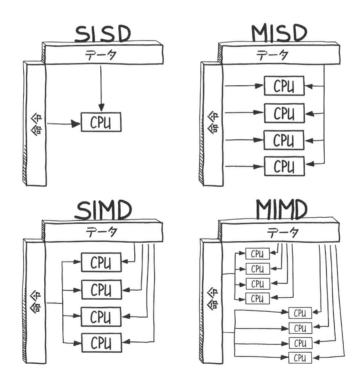

3つ目のカテゴリである **SIMD**(Single Instruction, Multiple Data streams)では、複数のコアの間で制御ユニットが共有される。この設計では、利用可能なすべての処理リソースで同時に実行できる命令は1つだけであり、大量のデータ要素で同じ演算を同時に実行するこ

とができる。ただし、SIMDマシンの命令セットには制限があるため、高い計算能力が要求されるものの、汎用性がそれほど要求されない問題を解決するのに適している。現在で言うと、GPU（Graphics Processing Unit）はよく知られているSIMDの例である。

4つ目のカテゴリは**MIMD**（Multiple Instruction, Multiple Data streams）であり、処理リソースごとに独立したCUがある。このため、MIMDは特定の種類の命令に限定されず、さまざまな命令を別々のデータブロックで独立して実行する。これには、複数のコア、複数のCPU、さらには複数のマシンを使うアーキテクチャが含まれるため、さまざまなタスクを複数の異なるデバイスで同時に実行することができる。

命令セットが最も幅広いのはMIMDであり、個々の処理リソースはSIMDよりも柔軟である。このため、MIMDはフリンの分類の中で最もよく使われているアーキテクチャであり、マルチコアPCから分散クラスタまで、あらゆるシステムで目にすることになるだろう。

3.4.3　CPUとGPU

ビデオゲームをしない人も、ゲームをする人に感謝してもよいかもしれない。なぜなら、GPUという非常に強力な並列処理装置を誕生させたのは彼らだからだ。CPUとGPUはよく似ている。どちらも数百万ものトランジスタを搭載し、1秒間に膨大な数の命令を処理できる。これら2つの重要なコンポーネントはどのように異なっているのだろうか。そして、どのようなときにどちらを使うべきだろうか。

標準的なCPUはMIMDアーキテクチャを使って構築されている。現代のCPUが高性能であるのは、エンジニアが命令を幅広く組み込んでいるからだ。そして、コンピュータシステムがタスクを完了できるのは、CPUがそのタスクを完了できるからである。

GPUはSIMDアーキテクチャに似た特殊なプロセッサであり、ごく限られた命令セットのために最適化されている。クロック速度はCPUよりも遅いが、より多くのコアを搭載しており、数百、数千ものコアが同時に実行される。つまり、GPUが膨大な数の単純な命令を驚異的な速度で実行するのは、超並列処理のおかげである。

> **NOTE**　たとえば、NVIDIA GTX 1080グラフィックスカードのコアの数は2,560個、クロック速度は1,607MHzである。これらのコアのおかげで、NVIDIA GTX 1080は1クロックサイクルあたり2,560個の命令を実行できる。画像を1%明るくしたければ、GPUで難なく対処できる。しかし、3.3GHzのIntel Corei9-10940X CPUは、1クロックサイクルあたり14個の命令しか実行できない[1]。

※1　Intel Core i9-10940X Xシリーズプロセッサの仕様については、IntelのWebページを参照。
https://www.intel.com/content/www/us/en/products/sku/198014/intel-core-i910940x-xseries-processor-19-25m-cache-3-30-ghz/specifications.html

クロック速度からすると、個々のCPUコアのほうが高速で、命令セットの幅も広い。しかし、GPUコアの数の多さとそれらが実現する超並列処理は、CPUコアのクロック速度や幅広い命令セットとの差を補って余りあるものだ。CPUはどちらかと言えば複雑な線形タスクに向いている。

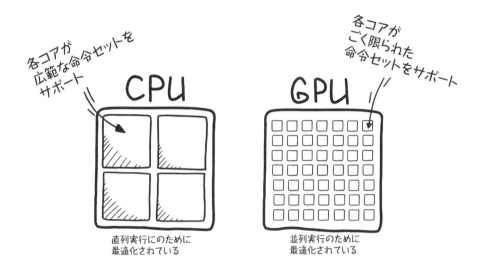

GPUが最も適しているのは、動画や画像の処理、機械学習、金融シミュレーション、その他さまざまな種類の科学計算など、反復的で並列度が高い計算タスクである。行列の加算や乗算といった演算は、GPUを使って簡単に実行できる。行列セルでのそうした演算のほとんどは互いに独立していて、似通っているため、並列化できるからだ。

ハードウェアアーキテクチャは多様性が高く、異なるシステム間でのプログラムの移植性に影響を与える可能性がある。それに加えて、プログラムをどこで実行するかによって、高速化の度合いが本質的に異なることもある。たとえば、多くのグラフィックスプログラムは、GPUリソースで実行するほうがはるかに的確で高速だが、混合ロジックを持つ通常のプログラムは、CPUで実行するほうが妥当である。

本書では、一般的な（両方の種類の処理リソースをカバーするという）意味で、**CPU**という用語を使うことにする。次章では、物理的な実行に関する構成要素をすべて念頭に置いた上で、命令ストリームを抽象化して扱いやすくする。

3.5 本章のまとめ

- 実行は実際のハードウェアに依存する。現代のハードウェアは複数の処理リソース（複数の**コア**、**マルチプロセッサ**、または**コンピュータクラスタ**）で構成されている。これらの処理リソースはプログラムの実行に合わせて最適化されている。

- フリンの分類では、システムが一度に1つの命令を処理するのか（SI）、複数の命令を処理するのか（MI）、そして各命令が1つのデータブロックを処理するのか（SD）、複数のデータブロックを処理するのか（MD）に基づいて、アーキテクチャを4つのカテゴリに分類している。

- **GPU**は**SIMD**アーキテクチャの例であり、並列度が高いタスクを実行するために最適化されている。

- 現代のマルチプロセッサとマルチコアプロセッサは**MIMD**の例である。これらは多目的であるため、はるかに複雑である。

- プロセッサまたはCPUはコンピュータシステムの頭脳だが、直接操作するのは難しい。プログラミングでは、アプリケーションとシステムの間にさらに**ランタイムシステム**という抽象化の層が追加されている。

- 並列実行を利用するには、アプリケーション開発者が問題に適した処理装置にアクセスできなければならない。CPUはクロック周波数が高く、並列実行できる命令を幅広くサポートしている。これに対し、GPUはクロック速度が低く、すべてのコアにわたって実行できる命令は1つだけだが、超並列処理によって驚異的な実行速度を達成する。

並行処理の構成要素 | 4

本章で学ぶ内容

- 並行処理の中間層であるランタイムシステム（OS）の役割
- 並行処理の2つの基本的な抽象化であるスレッドとプロセスの仕組み
- スレッドとプロセスを使って並行処理アプリケーションを実装する方法
- 各自の問題に適した並行処理の抽象化を選択する方法

　並行処理プログラミングでは、アプリケーションを並行処理の独立した単位に分割する。ここまでの章では、これらの単位をアプリケーションのフローを構造化するための**タスク**と呼んでいた。ハードウェアの知識が身についたところで、こうした抽象化を、コードを実行する物理デバイスにマッピングする必要がある。幸い、この作業は抽象化のもう1つの層であるOSで処理できる。OSの役割は利用可能なハードウェアをできるだけ効率よく活用することにあるが、OSは決して魔法のような解決策ではない。本章では、OSがハードウェアを最適に活用できるようにするために、開発者がプログラムをどのように構造化すればよいかを詳しく見ていく。

4.1　並行処理プログラミングのステップ

　並行処理プログラミングとは、開発者がプログラムを構造化して小さな独立したタスクに分割し、それらのタスクをランタイムシステムに渡して実行キューに配置できるようにするため

の、一連の抽象化のことである。ランタイムシステムは、システムリソースを最適に活用できるようにタスクを調整し、それらのタスクを適切な処理リソースに渡して実行させる。並行処理プログラミングでは、以上のことを実現するために、**プロセス**と**スレッド**という 2 つの主な抽象化を使う。

4.2 プロセス

プロセスの大雑把な定義は、「実行中のプログラム」という比較的単純なものである。プログラム自体は意思を持たない命令の集まりであり、ディスク上に配置され、実行されるのを待っている。それらの命令を取り出してハードウェアで実行し、プログラムを何か意味のあるものに変えるのは OS である。

自動車を思い浮かべてみよう。自動車は機械部品の集まりを自動車として組み立てたものにすぎない。自動車が大きな可能性を秘めていることは確かだが、動かなければ価値はない。しかし、誰かがキーを回してエンジンをかけると、自動車は運転可能な状態に切り替わり、そこから運転というプロセスが始まる。自動車は単なる乗り物ではなくなり、A 地点から B 地点へ移動する手段として価値を持つようになる。自動車は所望される行動を可能にする。

ソースコードは自動車のようなものである。言ってしまえば、ソースコードはリソースを抽象化したものを操作する一連の受動的な命令である。ソースコードを書いている時点では、開発者には一時データを格納するメモリもなければ、読み書きするファイルも、信号の送信先となるデバイスもない。開発者は現実世界のモデルを使ってコードを書く。そのモデルはプログラミング言語とランタイム環境によって提供される抽象化の上に成り立っている。実際のリソースは実行時に提供されなければならない。

私たちが「プロセス」と呼んでいるものは、実行中のプログラムに対して OS が提供する抽象化である。マシン命令のレベルでは、プロセスの概念は存在しない。

OS においてプロセスを使う目的は、タスクを分離し、それらの実行にハードウェアリソースを割り当てることにある。ハードウェアリソースは OS のすべてのプロセスによって共有さ

れ、それらのプロセスは OS によって管理される。プロセスとリソースの関係を OS に確実に認識させるには、プロセスにそれぞれ独立したアドレス空間とファイルテーブルを割り当てなければならない。つまり、プロセスは OS におけるリソース割り当ての単位である。

OS はそれぞれのプロセスにコンピュータシステムを完全に所有しているような錯覚を覚えさせるが、通常は複数のプロセスが同時に実行されている。この錯覚を維持するために、OS は細心の注意を払ってプロセスを制御および保護し、それらを互いに切り離された状態に保つ。これには、各プロセスに対する CPU コアとメモリの割り当てを制御することが含まれる。プロセスの最大の利点は、それらの実行が完全に独立していて、システムの他の部分から切り離されているため、グローバルオブジェクトにうっかり干渉したりしないことである。また、1 つのプログラムがクラッシュしても、他のプログラムは影響を受けない。

ただし、こうした利点の裏には欠点もある。プロセスは互いに独立するように設計されているため、プロセスどうしが通信するのは難しくなる。改めて説明すると、プロセスの間には共通点がほとんどなく、プロセス間の重要な通信には他のメカニズムを使わなければならないが、そうしたメカニズムはたいていデータに直接アクセスする場合よりも桁違いに低速である。この点については第 5 章で詳しく説明することにして、プロセスの内部をちょっと覗いてみよう。

4.2.1 プロセスの内部構造

先に述べたように、プロセスとは実行中のプログラムのことである。実行時にプロセスがアクセスまたは変更するコンピュータシステムのさまざまなパーツをリストアップすれば、いつでもプロセスを組み立てることができる。

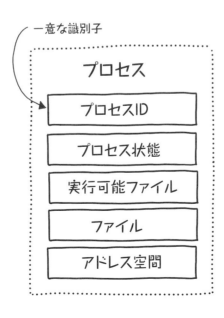

- プロセスが読み書きするデータはメモリに格納される。したがって、プロセスが参照または アクセスできるメモリ（アドレス空間）は、実行中のプロセスの一部である。

- すべてのマシン命令が含まれている実行可能ファイルは、プロセスの一部である。

- プロセスには識別子（ID）も必要である。識別子はプロセスを識別できる一意な名前であり、**プロセス ID**（PID）と呼ばれる。

- 多くの場合、プログラムはディスク、ネットワークリソース、またはその他のサードパーティデバイスにアクセスする。そうした情報には、プロセスが現在開いているファイルのリスト、プロセスが開いているネットワーク接続、そしてプロセスが使っているリソースに関する追加情報が（あれば）含まれていなければならない。

このように、プロセスはさまざまなものをカプセル化する。これには、実行可能ファイル、プロセスが使っているリソース（ファイル、接続など）、内部変数が存在するアドレス空間が含まれる。これらをまとめて**実行コンテキスト**と呼ぶ。プロセスはそれこそさまざまなものをカプセル化するため、新しいプロセスの開始はかなり負荷の高い作業である。プロセスがよく**重量プロセス**と呼ばれるのはそのためだ。

4.2.2　プロセスの状態

プロセスを高いところから見下ろしてみると、すべてが些細なものに見える。最初は、プロセスが存在しないように見える。その後、プロセスが作成され、初期化され、コンピュータのメモリのどこかに存在するようになる。この時点のプロセスは **Created**（作成済み）状態である。ユーザーコードがプロセスを開始すると、プロセスは **Ready**（実行可能）状態になる。つまり、プロセッサコアでいつでも実行できる状態になるが、まだ何もしていない。実行を開始するには、処理リソースが必要である。続いて、Ready 状態のプロセスの中から、CPU で実行する次のプロセスを OS が選択する。OS がプロセスを選択すると、選択されたプロセスが **Running**（実行中）状態になる。

通常、プロセスは OS によって作成される。OS には、プロセスを作成する責任に加えて、プロセスを終了する責任もある。これはそれほど簡単な作業ではない。OS はプロセスが終了したことを認識しなければならない。**Terminated**（終了）状態は、プロセスがそのタスクを完了したか、タスクの実行に失敗してクリーンアップが必要であるか、親プロセスが死んだかのいずれかであるプロセスの作成または終了には比較的コストがかかる。すでに説明したように、プロセスには多くのリソースが関連付けられており、それらのリソースを作成するか解放しなければならないからだ。そうした作成や解放はシステム時間を消費し、レイテンシがさらに大きくなる。

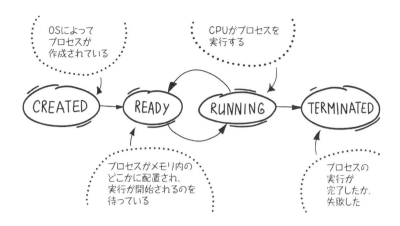

4.2.3　複数のプロセス

プロセスは、**子プロセス**と呼ばれる独自のプロセスを作成できる。子プロセスを作成することを**スポーニング**（spawning）と呼ぶ。子プロセスの作成には、fork() や spawn() といった適切なシステムコールを使う。子プロセスはメインプロセスの独立したフォークであり、メインプロセスとは別のメモリアドレス空間を持つ。つまり、子プロセスもやはり独立した状態で動作し、OSの制御のもとで他のプロセスから切り離される。プロセスは他のプロセスのデータに直接アクセスできない。各プロセスに属している命令は、そのプロセスで独立した状態で —— 理想的には並列に —— 実行される。

ここからは、並行処理の領域に足を踏み入れる。スポーニングプログラムを使うと、実行を複数のプロセスに分解し、並列ハードウェアで同時に実行することができる。

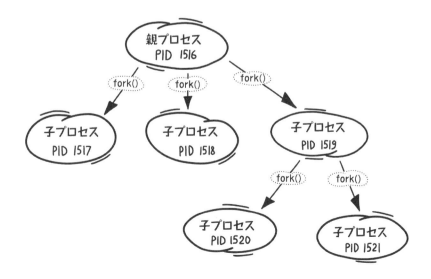

64 第4章 並行処理の構成要素

とはいえ、理論よりもコードを見て理解するほうが簡単だろう。フォークメカニズムを使って子プロセスを3つ作成するプログラムの例を見てみよう。

```python
# Chapter 4/child_processes.py
import os
from multiprocessing import Process

def run_child() -> None:
    print("Child: I am the child process")
    print(f"Child: Child's PID: {os.getpid()}")
    print(f"Child: Parent's PID: {os.getppid()}")

def start_parent(num_children: int) -> None:
    print("Parent : I am the parent process")
    print(f"Parent : Parent's PID: {os.getpid()}")
    for i in range(num_children):
        print(f"Starting Process {i}")
        Process(target=run_child).start()

if __name__ == "__main__":
    num_children = 3
    start_parent(num_children)
```

新しいプロセスを生成。start() メソッドは別のプロセスで run_child() 関数を開始する[1]

このコードは、親プロセスとそのコピーである3つの子プロセスを作成する。これらのプロセスの違いはプロセス ID だけである。親プロセスと子プロセスの実行は独立している。

NOTE　プロセスをフォークすると、フォークが発生した時点から新しいプロセスの実行が開始され、その内部状態がコピーされることに注意しよう。つまり、このスクリプトを最初から再び実行するわけではない。

このプログラムは親プロセスと子プロセスからのメッセージを出力する。これらのメッセージにはそれぞれのプロセス ID が含まれている。

```
Parent : I am the parent process
Parent : Parent's PID: 73553
Starting Process 0
Child: I am the child process
Child: Child's PID: 73554
Child: Parent's PID: 73553
```

※1　[訳注] 検証では、プログラムが理想的な順番で実行されるようにするために、以下のコードを使用した。
```
p = Process(target=run_child)
p.start(); p.jojn();
```

```
Starting Process 1
Child: I am the child process
Child: Child's PID: 73555
Child: Parent's PID: 73553
Starting Process 2
Child: I am the child process
Child: Child's PID: 73556
Child: Parent's PID: 73556
```

プログラミング言語には、プロセスを利用するための高レベルの抽象化やサービスメソッドが含まれていることが多い。プロセスの管理や追跡はプログラムのソースコードで行うほうが簡単だからだ。

> **NOTE** このフォーク／スポーニングアプローチは、いくつかのよく知られているサーバーテクノロジーで、**プリフォーク**モードで実装されている。プリフォークとは、サーバーが起動時にフォークを作成し、サーバーへのリクエストをそのフォークに処理させるというものだ。NGINX、Apache HTTP Server、Gunicorn はプリフォークモードで動作し、数百ものリクエストを処理できる。ただし、これらのソリューションでは他の手法もサポートされている。

4.3　スレッド

ほとんどの OS では、プロセス間でのメモリの共有が可能だが、追加の作業が必要となる（この点については、第 5 章で説明する）。もう 1 つの抽象化である**スレッド**を使うと、もう少しだけ共有の幅が広がる。

プログラムは、次から次へと順番に実行しなければならない一連のマシン命令でできている。そうした実行を可能にするために、OS はスレッドという概念を使う。技術的には、スレッドは「OS が実行をスケジュールできる独立した命令ストリーム」として定義される。

「プロセスとは、実行中のプログラムとリソースのことである」と説明したのを覚えているだろうか。プログラムを別々のコンポーネントに分割するとしたら、プロセスはリソース（アドレス空間、ファイル、接続など）のコンテナであり、スレッドは動的な部分（そのコンテナの中で実行される命令シーケンス）である。したがって、OS のコンテキストでは、プロセスをリソースの単位と見なすことができ、スレッドを実行の単位と見なすことができる。

しかし、スレッドは「相互作用するプロセスの間でデータを共有するための最も効率的な方法は、同じアドレス空間を共有することだ」という考えから生まれた。したがって、1 つのプロセス内のスレッドは、リソース（アドレス空間、ファイル、接続、共有データなど）を簡単に共有できるプロセスのようなものである。それらのリソースは、スレッドの間で相互に、そして親プロセスとの間で共有される。

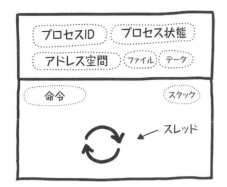 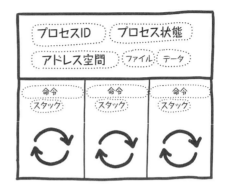

　スレッドは、命令を安全かつローカルで、独立して実行できるようにするために、独自の状態も維持する。意図的に干渉しない限り、スレッドはそれぞれ他のスレッドを認識しない。スレッドを管理し、利用可能なプロセッサコアの間でスレッドを分散させるのはOSである。このため、マルチスレッドプログラムを作成すると、複数のタスクを同時に実行するのに役立つ可能性がある。

　プロセスとスレッドの違いを明確にするために、例を見てみよう。建設会社を経営していて、3つの異なるプロジェクトを進めるために3つの建設作業員グループを雇っているとしよう。

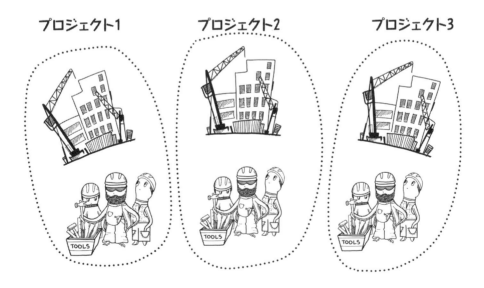

　この仕事はプロセスと同じようなものである。各作業員グループ（プロセス）は、独自の工具、プロジェクト計画、資材を使って1つのプロジェクト（タスク）に従事する。これに対し、コストを節約するために、3つのプロジェクトに対して作業員グループを1つだけ雇いたければ

そうすることもできる。その場合、工具と資材は共同で使うことになるが、スレッドの仕組みと同じように、命令リストはプロジェクトごとに存在する。

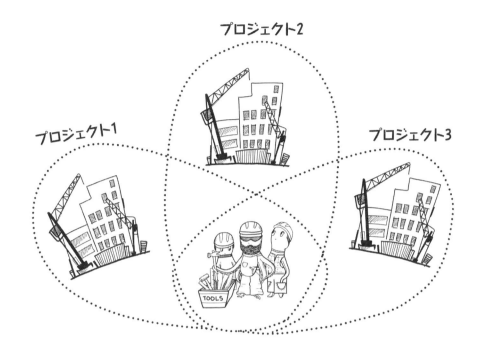

歴史を振り返ってみると、ハードウェアベンダーはそれぞれ独自にスレッドを実装してきた。それらの実装は大きく異なっていたため、開発者が移植可能なスレッドアプリケーションを実装するのは難しかった。プログラミングインターフェイスの標準化が待ち望まれていた。

UNIXシステムの場合、このインターフェイスはIEEE POSIX[2]によって定義された。Windows OSではオプションライブラリとして提供されている。この規格に準拠している実装は、**POSIXスレッド**または**Pthreads**と呼ばれる（後者はCライブラリ実装の名前でもある）。ほとんどのハードウェアベンダーはPthreadsを使っているため、この規格を少し詳しく見てみよう。

この規格では、プログラムを実行するたびにOSがプロセスを作成する。これらのプロセスはそれぞれ少なくとも1つのスレッドを持つ。スレッドを持たないプロセスは存在し得ない。各スレッドは、その命令が安全かつ独立した状態で実行されるようにするために、独立した実行コンテキストも維持する。

※2　IEEE POSIX 1003.1c (1995)：https://standards.ieee.org/ieee/1003.1c/1393

4.3.1 スレッドの長所と短所

うまく実装されたスレッドには、プロセスと比較して、次のような長所と短所がある。

長所：メモリのオーバーヘッドが少ない

プロセスは完全に独立しており、それぞれ独自のアドレス空間、スレッド、変数のコピーを持っている（それらの変数は他のプロセスの同じ変数から完全に独立している）。スレッドの場合は、親スレッドがコピーされないため（スレッドは同じプロセスを使う）、メモリのオーバーヘッドは標準の fork() 関数よりもはるかに少ない。このため、スレッドを**軽量**プロセスと呼ぶこともある。

結果として、同じシステム上で作成できる数は、プロセスよりもスレッドのほうが多い。OS がスレッドにリソースを割り当てて管理するのにかかる時間は、プロセスにかかる時間よりも短い。このため、スレッドの作成と終了はプロセスよりも高速である。スレッドはアプリケーションにおいて意味のあるタイミングでいつでも作成できるため、CPU 時間とメモリの無駄遣いについて心配せずに済む。

長所：通信のオーバーヘッドが少ない

プロセスはそれぞれ独自のメモリを操作する。プロセスが何かを交換するには、プロセス通信メカニズムを使うしかない（この点については、第 5 章で説明する）。

スレッドは親プロセスの共有アドレス空間を使うため、同じアドレス空間を読み書きすることで、問題やオーバーヘッドを発生させることなく相互にやり取りできる。あるスレッドが何かを変更すると、すべてのスレッドがその変更内容にすぐにアクセスできる状態になる。広く使われている対称型マルチプロセッシング（SMP）システムでは、場合によってはプロセスよりもスレッドを使うほうがはるかに便利である。

短所：同期が必要

OS はプロセスどうしを完全に独立させるため、プロセスの 1 つがクラッシュしても、他のプロセスに悪影響はおよばない。しかし、スレッドはそうはいかない。プロセス内のスレッドはすべて同じ共有リソースを使うため、あるスレッドがクラッシュしたり破壊されたりすれば、他のスレッドも影響を受ける可能性がある。この問題を防ぐには、開発者が共有リソースへのアクセスを同期し、スレッドの振る舞いをより細かく制御する必要がある（この点については、第 8 章で説明する）。

4.3.2 スレッドの実装

スレッドベースのアプローチは、多くの言語で並行処理を実現するための一般的な方法であ

る。とはいえ、プログラミング言語でスレッドが明示的に使われるわけではない。ランタイム環境は実行時に他のプログラミング言語の並行処理構造を物理的なスレッドにマッピングすることができる。通常、プログラミング言語では、プロセスの作成は高度に抽象化されている。プロセスの管理や追跡はプログラムのソースコードで行うほうが簡単だからだ。

NOTE 低レベルのスレッドは、なるべく使わないようにしよう。低レベルのスレッドが必要な場合は、そうしたニーズを抽象化によって取り除くライブラリがあるので、ぜひ検討してほしい。たとえば C/C++ では、POSIX の一般的な実装が関数ライブラリとして提供されている。Python、Java、C# (.NET) といった現代的な言語では、ネイティブスレッドの上に、そうした言語の設計特性と最もマッチする抽象化の層がある。同様に、Go のゴルーチン、Scala の並列処理コレクション、Haskell の GHC、Erlang のプロセス、OpenMP など、複数のスレッドの特性を言語のイディオムで隠してしまうものもある。これらの言語に必要なランタイム実装を提供している OS であれば、そうした実装を移植することも可能である。

子スレッドを 5 つ作成する Python の例を見てみよう。

```python
# Chapter 4/multithreading.py
import os
import time
import threading
from threading import Thread

def cpu_waster(i: int) -> None:
    name = threading.current_thread().getName()
    print(f"{name} doing {i} work")
    time.sleep(3)

def display_threads() -> None:
    print("-" * 10)
    print(f"Current process PID: {os.getpid()}")
    print(f"Thread Count: {threading.active_count()}")
    print("Active threads:")
    for thread in threading.enumerate():
        print(thread)

def main(num_threads: int) -> None:
    display_threads()  # 現在のプロセスに関する情報（PID、スレッド数、アクティブスレッドなど）を表示

    print(f"Starting {num_threads} CPU wasters...")
    for i in range(num_threads):
        thread = Thread(target=cpu_waster, args=(i,))  # 新しいスレッドを作成して開始
        thread.start()

    display_threads()
```

```
if __name__ == "__main__":
    num_threads = 5
    main(num_threads)
```

出力は次のようになる。

```
----------
Current process PID: 35930
Thread Count: 1
Active threads:
<_MainThread(MainThread, started 8607733248)>
Starting 5 CPU wasters...
Thread-2 (cpu_waster) doing 1 work
Thread-3 (cpu_waster) doing 2 work
Thread-4 (cpu_waster) doing 3 work
Thread-5 (cpu_waster) doing 4 work
----------
Current process PID: 35930
Thread Count: 6
Active threads:
<_MainThread(MainThread, started 8607733248)>
<Thread(Thread-1 (cpu_waster), started 12940410880)>
<Thread(Thread-2 (cpu_waster), started 12945666048)>
<Thread(Thread-3 (cpu_waster), started 12950921216)>
<Thread(Thread-4 (cpu_waster), started 12956176384)>
<Thread(Thread-5 (cpu_waster), started 12961431552)>
```

　メインの実行スレッドが作成されるプロセスは、プログラムを開始するときに作成する。メインスレッドを含め、どのスレッドでも、いつでも子スレッドを作成できることに注意しよう（出力に Thread Count: 6 が含まれているのはそのためだ）。この例では、新しいスレッドを 5 つ作成し、それらを同時に実行している。

　プロセスとスレッドは並行処理の構成要素である。本書では、プロセスとスレッドを詳しく見ていくが、スレッドとプロセスのどちらを使う場合でも、それらすべてをスレッドとして考えることができる。なぜなら、すべてのプロセスがスレッドを少なくとも 1 つ持っているからだ。なお、本書のこれ以降の章では、特定の実装が特に重要でなければ、実行単位の一般的な抽象化エンティティとして**タスク**という用語を使うことにする。

　ところで、もう気付いていると思うが、並行処理の実装は簡単な作業ではない。ここまでの 4 つの章では、並行処理がいかに難しいかをかいつまんで説明してきた。ここまで読んできた読者は、並行処理がはたして自分にふさわしいのか疑問に思っているかもしれない。ここで少し読者を勇気付けることにしよう。

毛糸のカゴに入った子猫を思い浮かべてみよう。子猫は好奇心旺盛で、物怖じせず、遊び盛りである。子猫にとって、毛糸の入ったカゴなど恐れるに足りない。さっそくカゴを遊び場にし、カゴの中を探ったり、解体したり、自分のものにしたりする。

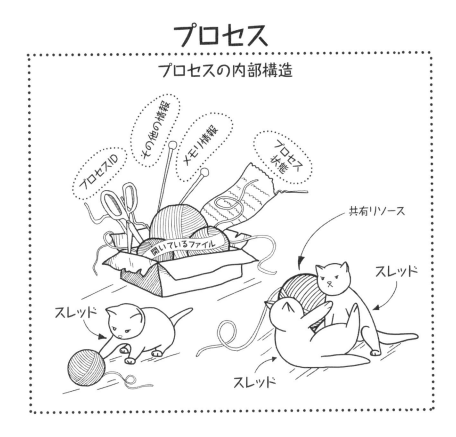

優秀なプログラマーも似たようなものである。プロセス、共有リソース、スレッド、開いているファイル、操作するデータを手に入れたあなたは、現実世界の問題を解決したり、タスクを自動化したり、数百万人ものユーザーを楽しませたりするプログラムを作成する。

勇気を出して前進しよう。スレッドをつかんで解明しよう。これからあなたが行うことは、世界を変えるかもしれない。

4.4 本章のまとめ

- OS の役割は、実行を実際のハードウェアにマッピングすることである。

- **プロセス**とは、コンピュータシステム内で実行されるプログラムのインスタンスのことである。各プロセスは 1 つ以上の実行スレッドを持つ。スレッドはプロセスの外側では存在し得ない。

- **スレッド**は計算の単位であり、特定の結果を達成するために設計された、独立したプログラミング命令セットである。スレッドは OS によって個別に実行・管理される。

- 同じプロセス内に複数のスレッドが存在し、リソースを共有することが可能であるのに対し、プロセスはほぼ独立している。

- スレッド間での切り替えはプロセス間での切り替えよりも簡単であるため、スレッドを使うと並行処理アプリケーションの開発が容易になる。さらに、スレッドは共通のアドレス空間を使うため、共有データへのアクセスも高速である。ただし、データが破壊されるリスクもあるため、共有オブジェクトに対するアクセスと同期の制御に注意が必要である。

プロセス間通信 | 5

本章で学ぶ内容

- 効果的なタスク通信を実現する方法
- アプリケーションの通信の種類を選択する方法
- 並行処理アプリケーションを作成するための一般的なプログラミングパターン：Thread Pool

　コンピュータ上で実行される並行処理タスクは常に独立しているとは限らない。多くの場合、効率的な実行にはタスク間の通信が必要である。たとえば、あるタスクが別のタスクの結果に依存している場合、依存先のタスクが終了するまでアプリケーションは一時停止しなければならないため、そのタイミングを知る必要がある。

　このように、通信はあらゆる並行処理システムの根幹である。タスク間の適切な通信を確保できない場合、並行処理によってパフォーマンスがよくなっても意味がない。OSには、プロセスとスレッドが通信してそれぞれの作業を調整できるようにするための概念がある。本章では、そうした概念について説明する。まず、並行処理システムでよく使われるさまざまな種類の通信から見ていこう。

5.1　通信の種類

　プロセスとスレッドの相互通信を可能にするメカニズムは、OSによって提供される。このようなメカニズムを**プロセス間通信**(Inter-Process Communication：IPC)と呼ぶ。アプリケー

ションで IPC を使うメリットがあると判断したら、利用可能な IPC 手法のうちどれを使うかを決めなければならない。

> **NOTE** IPC は**プロセス間**通信と呼ばれているが、通信を必要とするのはプロセスだけではない。プロセスはそれぞれスレッドを少なくとも 1 つ持っているため、スレッドとプロセスのどちらを扱うとしても、それらすべてをスレッドとして考えることができる。したがって、事実上の通信はスレッド間でのみ発生する。紛らわしい用語は無視しよう —— 本書では、実行単位の一般的な抽象化として**タスク**という用語を使うことにする。

最もよく知られている IPC は、**共有メモリ**と**メッセージパッシング**を使うものである。

5.1.1　共有メモリによる IPC

タスク間で通信を行うための最も単純な方法は、共有メモリを使うことである。共有メモリを使う方法では、1 つ以上のタスクが —— まるでそれぞれのアドレス空間の一部であるローカル変数を読み書きしているかのように —— それらすべての仮想アドレス空間に含まれている共有メモリを通じて通信できるようになる。このため、あるプロセスまたはスレッドによって行われた変更は、OS とやり取りしなくても、他のプロセスやスレッドにすぐさま反映される。

何人かの友人とルームシェアしているとしよう。共同のキッチンがあり、全員が使える冷蔵庫が 1 台置かれている。あなたは自分用にビールを 1 本取り出し、他のルームメイトには一番下の棚に 6 本パックが入っていると教えることができる。冷蔵庫は共有メモリであり、すべてのルームメイト（タスク）がビール（共有データ）を入れておくことができる。

共有メモリによる IPC が可能となるのは、同じコンピュータ上の 2 つのプロセッサ（またはプロセッサコア）が同じ物理メモリアドレスを参照するか、同じプログラム内の複数のスレッドが同じオブジェクトを共有する場合である。コードでは、次のようになる。

```
# Chapter 5/shared_ipc.py
import time
from threading import Thread, current_thread

SIZE = 5
shared_memory = [-1] * SIZE
```

← サイズが SIZE の共有メモリを準備

```
class Producer(Thread):
    def run(self) -> None:
        self.name = "Producer"
        global shared_memory
        for i in range(SIZE):
            print(f"{current_thread().name}: Writing {int(i)}")
            shared_memory[i - 1] = i
```

プロデューサースレッドが共
有メモリにデータを書き込む

```
class Consumer(Thread):
    def run(self) -> None:
        self.name = "Consumer"
        global shared_memory
        for i in range(SIZE):
            while True:
                line = shared_memory[i]
                if line == -1:
                    print(f"{current_thread().name}: Data not available\n"
                        f"Sleeping for 1 second before retrying")
                    time.sleep(1)
                    continue
                print(f"{current_thread().name}: Read: {int(line)}")
                break
```

コンシューマースレッドが共有メモリから
連続的にデータを読み取る。データがまだ
利用できない場合は待機

```
def main() -> None:
    threads = [
        Consumer(),
        Producer(),
    ]

    for thread in threads:
        thread.start()
```

すべての子スレッドを開始

```
    for thread in threads:
        thread.join()
```

すべての子スレッドが終了す
るのを待つ

```
if __name__ == "__main__":
    main()
```

　ここでは、Producer、Consumer という2つのスレッドを作成する。Producer はデー
タを生成し、共有メモリに格納する。Consumer は共有メモリに格納されたデータを使う。
つまり、Producer と Consumer は共有配列を使って相互にやり取りする。このプログラム
の出力は次のようになる。

```
Consumer: Data not available
Sleeping for 1 second before retrying
Producer: Writing 0
Producer: Writing 1
Producer: Writing 2
Producer: Writing 3
Producer: Writing 4
Consumer: Read: 1
Consumer: Read: 2
Consumer: Read: 3
Consumer: Read: 4
Consumer: Read: 0
```

　こうしたメモリ共有は、開発者にとってすばらしいものであると同時に、恐ろしいものでもある。

長所

　このアプローチの利点は、可能な限り最も高速で、最もリソース消費量が少ない通信が実現されることである。OSは、共有メモリの割り当ては手助けするが、タスク間の通信には関与しない。したがって、通信とその操作に伴うすべてのオーバーヘッドからOSは完全に除外される。結果として、速度が向上し、データのコピーが少なくなる。

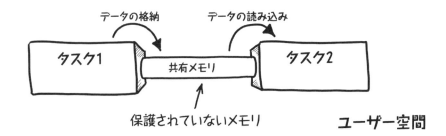

短所

　このアプローチの「欠点」は、タスク間の通信が最も安全であるとは限らないことだ。OSはもはや共有メモリのインターフェイスと保護を提供しない。たとえば、2人のルームメイトが最後の1本のビールを飲もうとするかもしれない —— いわゆる競合である（場合によっては戦いだ）。同様に、同じプログラムを実行しているタスクが、同じデータ構造を読み取ったり更新したりするかもしれない。このような理由により、このアプローチを使うとエラーが発生しやすくなることがあり、共有メモリを保護するために開発者がコードの設計を見直さなければならない（この点については、第8章で詳しく見ていく）。

このアプローチのもう1つの欠点は、複数のマシンに対応しないことである。共有メモリを使えるのはローカルタスクだけだからだ。大規模な分散システムでは、処理しなければならないデータが1台のマシンに収まらない可能性があるため、このことが問題になるだろう。ただし、対称型マルチプロセッシング（SMP）システムであれば、まったく申し分ない。

SMPシステムでは、さまざまなCPU上のすべてのプロセスやスレッドが、物理メモリにマッピングされた一意な論理アドレス空間を共有する。このため、共有メモリアプローチは、SMPシステム —— 特にスレッドベースのシステムでよく使われる。そうしたシステムは最初から共有メモリを念頭に置いて構築されている。ただし、SMPシステムでは、共通のシステムバスに接続されるプロセッサの数が増えると、システムバスがボトルネックになる（第3章を参照）。

5.1.2　メッセージパッシングによる IPC

IPCのアプローチのうち現在最も広く使われている（しばしばOSによってサポートされている）のは、**メッセージパッシング**（message passing）だろう。メッセージパッシングによるIPCでは、各タスクが一意な名前で識別される。それらのタスクは、名前付きタスクとの間でメッセージを交換するという方法で対話する。通信チャネルを確立するのはOSであり、このチャネルでタスクがメッセージを交換するためのシステムコールもOSによって提供される。

このアプローチの利点は、OSがチャネルを管理し、競合を引き起こすことなくデータをやり取りするための使いやすいインターフェイスを提供することである。一方で、通信コストは膨大である。タスク間でやり取りする情報がどのようなものであろうと、（第3章で説明したように）システムコールを使ってタスクのユーザー空間からOSのチャネルに情報をコピーしなければならず、続いて、その情報を受け手のタスクのアドレス空間にコピーしなければならない。

メッセージパッシングには、利点がもう1つある。このアプローチは1台のマシンから分散システムに簡単にスケールアップできる。この話には続きがあるが、ひとまず先に進むことにしよう。

> **NOTE**　多くのプログラミング言語では、メッセージパッシングによるIPCだけが採用されている。Go言語は、通信を通じてメモリを共有することを信条としている。Go言語のドキュメントのスローガンには、「メモリを共有することによって通信するのではなく、通信によってメモリを共有する」という考えが示されている。もう1つの例はErlangであり、プロセスはデータをいっさい共有せず、メッセージパッシングでのみ相互に通信する。

メッセージパッシングアプローチを実装するためのテクノロジーはいろいろある。以下の項では、パイプ、ソケット、メッセージキューなど、現代のOSで最もよく使われているテクノロジーをいくつか取り上げる。

パイプ

　パイプはおそらく最も単純な形式のIPCであり、タスクからタスクへ情報を転送するための、同期型のシンプルな手法である。その名前からもわかるように、パイプによって可能となるのは、タスク間の一方向のデータフローである。つまり、データは一方の端から書き込まれ、もう一方の端から読み取られる。双方向の通信が必要な場合は、パイプを2つ作成しなければならない。

　IPCのパイプとして、水道管のようなものを想像してみよう。ゴム製のアヒルを水路に入れると、アヒルは流れに沿って水路の端まで移動する。書き込み側はゴム製のアヒルをパイプに入れる上流の位置であり、読み取り側はゴム製のアヒルが流れ着く先である。

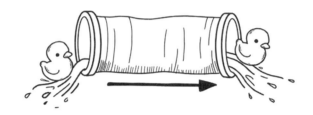

　コードでは、書き込み側のセクションがメソッドを呼び出してデータを送信し、読み取り側の別のセクションが送信されたデータを読み取る。パイプは2つのタスクだけが使える一時的なオブジェクトであり、書き込み側または読み取り側のどちらかが削除されると閉じられる。

> **NOTE**　チャネルはGoでよく使われるデータ型であり、Goの並列プリミティブであるゴルーチン間の同期と通信を可能にする。チャネルについては、ゴルーチンが通信に使うパイプと考えることができる。

　パイプには、**名前なし**と**名前付き**の2種類がある。**名前なしパイプ**を使うことができるのは、関連するタスク（親子または兄弟関係にあるプロセス、または同じプロセス内のスレッド）だけである。というのも、関連するタスクはファイルディスクリプタを共有するからだ。名前なしパイプは、タスクがそれらを使い終えたあとに削除される。

　パイプとは、基本的には（UNIXシステムの）ファイルディスクリプタのことである。このため、パイプの操作はファイルの操作に似ているが、ファイルシステムとは無関係である。書き込み側がパイプにデータを書き込みたい場合は、OSのシステムコール`write()`を使う。パイプからデータを読み取りたい場合は、システムコール`read()`を使う。`read()`はパイプをファイルと同じように扱うが、読み取るデータがなくなるまでブロックされる。なお、パイプの実装はシステムによって異なることがある。

　メインスレッドでパイプを作成し、ファイルディスクリプタを子スレッドに渡すと、そのパ

イプを使ってスレッドからスレッドへデータを渡すことができる。標準的なパイプの仕組みは
まさにそうなっている。実際のコードは次のようになる。

```python
# Chapter 5/pipe.py
from threading import Thread, current_thread
from multiprocessing import Pipe
from multiprocessing.connection import Connection

class Writer(Thread):
    def __init__(self, conn: Connection):
        super().__init__()
        self.conn = conn
        self.name = "Writer"

    def run(self) -> None:
        print(f"{current_thread().name}: Sending rubber duck...")
        self.conn.send("Rubber duck")          # ← パイプにメッセージを書き込む

class Reader(Thread):
    def __init__(self, conn: Connection):
        super().__init__()
        self.conn = conn
        self.name = "Reader"

                                               # パイプからメッセージを読み取る
    def run(self) -> None:
        print(f"{current_thread().name}: Reading...")
        msg = self.conn.recv()                 # ←
        print(f"{current_thread().name}: Received: {msg}")

def main() -> None:
    reader_conn, writer_conn = Pipe()          # ←
    reader = Reader(reader_conn)
    writer = Writer(writer_conn)
    threads = [                                # 読み取り用と書き込み用の
        writer,                                # 2つのパイプ接続を使って、
        reader                                 # 2つのスレッドが通信する
    ]                                          # ための名前なしパイプを作
    for thread in threads:                     # 成
        thread.start()
    for thread in threads:
        thread.join()

if __name__ == "__main__":
    main()
```

2つのスレッドで名前なしパイプを作成する。書き込みスレッドはパイプを使って読み取りスレッドへのメッセージを書き込む。このプログラムの出力は次のようになる。

```
Writer: Sending rubber duck...
Reader: Reading...
Reader: Received: Rubber duck
```

NOTE　一般的な UNIX シェルと Bash コマンド言語において ls | more のパイプ演算子（|）のベースになっていることでよく知られている機能は、pipe() と fork() でできている。

名前付きパイプでは、タスク間で先入れ先出し（First In, First Out：FIFO）方式でデータを転送できる。つまり、リクエストは到着した順に処理される。このため、名前付きパイプはよく **FIFO** と呼ばれる。

名前なしパイプとは異なり、FIFO は一時的なオブジェクトではない。FIFO はファイルシステム内のエンティティであり、適切なパーミッション（アクセス許可）があれば、関連のないタスクでも自由にアクセスできる。FIFO を利用する場合は、パイプの反対側にどのタスクがあるかわからなくても、場合によってはネットワーク経由であっても、タスクどうしがやり取りできる。それ以外の点では、FIFO は名前なしパイプとまったく同じように扱われ、同じシステムコールを使う。

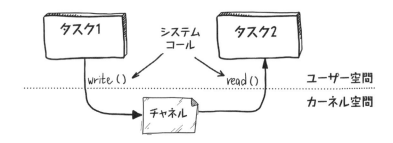

このように、パイプには一方向の性質があるため、おそらくその最適な用途はプロデューサープログラムからコンシューマープログラムへのデータ転送だろう。他の用途では、パイプの制限に我慢するよりも、他の IPC 手法を使うほうがうまくいくことが多い。

メッセージキュー

メッセージパッシングによる IPC 実装としてよく知られているもう 1 つのアプローチは、**メッセージキュー**である。名前付きパイプと同様に、メッセージキューは FIFO 方式でデータを管理する。名前に「キュー」が含まれているのはそのためである。ただし、複数のタスクに

よるメッセージの書き込みや読み取りもサポートしている。

　メッセージキューは、システム内のタスクを切り離すための強力な手段となる。このアプローチでは、プロデューサーとコンシューマーが直接やり取りする代わりに、キューを操作することができる。それにより、開発者が実行をかなり自由に制御できるようになる。たとえば、何らかの理由で処理されなかったメッセージを、ワーカーがメッセージキューに戻すことができる。メッセージキューのコードは次のようになる。

```python
# Chapter 5/message_queue.py
import time
from queue import Queue
from threading import Thread, current_thread

class Worker(Thread):
    def __init__(self, queue: Queue, id: int):
        super().__init__(name=str(id))
        self.queue = queue

    def run(self) -> None:
        while not self.queue.empty():
            item = self.queue.get()
            print(f"Thread {current_thread().name}: "
                    f"processing item {item} from the queue")
            time.sleep(2)

def main(thread_num: int) -> None:
    q = Queue()
    for i in range(10):
        q.put(i)

    threads = []
    for i in range(thread_num):
        thread = Worker(q, i + 1)
        thread.start()
        threads.append(thread)

    for thread in threads:
        thread.join()

if __name__ == "__main__":
    thread_num = 4
    main(thread_num)
```

次に処理するアイテムをキューから取り出す。このメソッドはキューにアイテムが配置されるまでブロックされる

スレッドで処理するための値が配置されるキューを作成

　メッセージキューを作成し、4つの子スレッドが処理する10個のメッセージをそこに配置している。これらのスレッドは、キューが空になるまで、キューに配置されたメッセージをす

べて処理する。キューはスレッドがやり取りするただ1つの場所であるだけではなく、メッセージが処理されるまで保持される場所でもある —— つまり、疎結合システムが作成されている。このプログラムの出力は次のようになる。

```
Thread 1: processing item 0 from the queue
Thread 2: processing item 1 from the queue
Thread 3: processing item 2 from the queue
Thread 4: processing item 3 from the queue
Thread 1: processing item 4 from the queue
Thread 2: processing item 5 from the queue
Thread 3: processing item 6 from the queue
Thread 4: processing item 7 from the queue
Thread 1: processing item 8 from the queue
Thread 3: processing item 9 from the queue
```

　このように、メッセージキューは疎結合システムを実装するために使われる。メッセージキューはあらゆる場所で使われる。たとえば、OSではプロセスのスケジューリングに使われ、ルーターでは処理される前のパケットを格納するバッファとして使われる。マイクロサービスで構成されたクラウドアプリケーションでさえ、メッセージキューを使って通信している。また、メッセージキューは非同期処理にも広く使われている。キューの実践的な使い方については本章の最後で取り上げることにして、ひとまず UNIX ドメインソケットの説明に進むことにしよう。

UNIX ドメインソケット

　ソケットは、幅広い問題領域で通信に使うことができる。本章では、同じシステム上のスレッド間で使われる UNIX ドメインソケット（UDS）について説明する。ネットワークソケットやその他の一般的なドメインソケットについては、第10章で説明する。

　ソケットでは、メッセージパッシングによる IPC を使って、双方向の FIFO 通信を行うことができる。この IPC では、1つ目のスレッドがソケットに情報を書き込み、2つ目のスレッドがソケットから情報を読み取ることができる。ソケットとは、その接続のエンドポイントを表すオブジェクトのことである。両端のスレッドにはそれぞれのソケットがあり、もう1つのソケットに接続されている。したがって、スレッドからスレッドへ情報を送信するには、一方のソケットの出力ストリームに情報を書き込み、もう一方のソケットの入力ストリームから情報を読み取る。

　2つのエンティティ間でのメッセージ送信の例として、母親にクリスマスカードを送る場面を想像してみよう。まず、カードにすてきなクリスマスの挨拶文をしたため、母親の住所と名前を記載する必要がある。次に、そのカードを近くの郵便ポストに投函する必要がある。あな

たの役割はそこまでであり、そこからあとは郵便局が引き継いでくれる。クリスマスカードは母親が住んでいる地域の郵便局に輸送され、郵便配達員によって母親の家に配達され、うれしそうな顔の母親に手渡される。

クリスマスカードの場合は、まず差出人と受取人の住所を記載する。ソケットの場合は、接続を確立したあと、メッセージの交換を開始する。

Sender スレッドは、送信したい情報をメッセージにまとめ、専用のチャネルを使ってReceiver スレッドに明示的に送信する。Receiver スレッドは、送信されてきた情報を読み取る。少なくとも、send(message, destination) と recv() の2つのプリミティブが必要である。このメッセージ交換のスレッドは、同じマシン上で実行してもよいし、ネットワーク接続された異なるマシン上で実行してもよい。

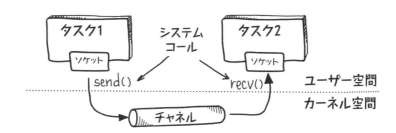

コードは次のようになる。

```
# Chapter 5/sockets.py
import socket
import os.path
import time
from threading import Thread, current_thread

SOCK_FILE = "./mailbox"
BUFFER_SIZE = 1024
```

UNIX では、すべてのものがファイルである。このソケットファイルはスレッド間の通信を可能にするために使われる

ソケット接続からデータを受信するためのバッファサイズ

第5章 プロセス間通信

```python
class Sender(Thread):
    def run(self) -> None:
        self.name = "Sender"
        client = socket.socket(socket.AF_UNIX, socket.SOCK_STREAM)
        client.connect(SOCK_FILE)

        messages = ["Hello", " ", "world!"]
        for msg in messages:
            print(f"{current_thread().name}: Send: '{msg}'")
            client.sendall(str.encode(msg))

        client.close()

class Receiver(Thread):
    def run(self) -> None:
        self.name = "Receiver"
        server = socket.socket(socket.AF_UNIX, socket.SOCK_STREAM)
        server.bind(SOCK_FILE)
        server.listen()
        print(
            f"{current_thread().name}: Listening for incoming messages...")
        conn, addr = server.accept()

        while True:
            data = conn.recv(BUFFER_SIZE)
            if not data:
                break
            message = data.decode()
            print(f"{current_thread().name}: Received: '{message}'")

        server.close()

def main() -> None:
    if os.path.exists(SOCK_FILE):
        os.remove(SOCK_FILE)

    receiver = Receiver()
    receiver.start()
    time.sleep(1)
    sender = Sender()
    sender.start()

    for thread in [receiver, sender]:
        thread.join()

    os.remove(SOCK_FILE)
```

Sender スレッド用の新しいソケットを作成。AF_UNIX（UNIX ドメインソケット）と SOCK_STREAM はそれぞれソケットファミリとソケットタイプを表す定数

Sender スレッドのソケットを「チャネル」（UNIX ソケットファイル）に接続

Sender スレッドのソケット経由で一連のメッセージを送信

Sender ソケットと同じ設定で Receiver スレッド用の新しいソケットを作成

Receiver スレッドのソケットをバインドして接続の待ち受けを開始

Receiver スレッドのソケットで接続を受け入れ、新しい接続と Sender のアドレスを返す

接続が閉じられるまで、接続された Sender ソケットからデータを受信

```
if __name__ == "__main__":
    main()
```

SenderとReceiverという2つのスレッドを作成する。これらのスレッドはそれぞれ独自のソケットを持っている。唯一の違いは、Receiverが待ち受けモードであり、Senderからメッセージが送信されてくるのを待つことである。出力は次のようになる。

```
Receiver: Listening for incoming messages...
Sender: Send: 'Hello'
Sender: Send: ' '
Receiver: Received: 'Hello'
Receiver: Received: ' '
Sender: Send: 'world!'
Receiver: Received: 'world!'
```

これはおそらくIPCを実装するための最も単純で最もよく知られている方法だが、シリアライズが要求されるため、高くつく方法でもある。シリアライズが必要であるということは、送信しなければならないデータについて考えることが開発者に求められるということである。前向きに考えれば、ソケットは一般に柔軟性が高く、必要であれば、ほとんど変更することなくネットワークソケットに拡張できる。このため、プログラムを複数のマシンにスケールアップするのも簡単である。この点については、Part 3で詳しく見ていく。

NOTE もちろん、IPCのアプローチはこれだけではない。ここでは、最もよく知られていて、本書で後ほど必要になるものだけを取り上げた。たとえば、**シグナル**はIPCの最も古い手法の1つである。また、**メールスロット**など、Windowsでのみ利用できる手法もある。
https://learn.microsoft.com/ja-jp/windows/win32/ipc/mailslots

IPCについて説明したところで、並行処理の基礎に関する説明は以上である。これで、最初の並行処理パターンである**Thread Pool**に取りかかる準備ができた。

5.2　Thread Pool パターン

スレッドを使ってソフトウェアを開発するのは、気が遠くなるような作業である。スレッドは低レベルの並行処理構造であり、明示的に管理することが求められる。それだけではなく、スレッドでは一般に同期メカニズムが採用されており、そのためソフトウェアの設計が複雑になりがちであるにもかかわらず、パフォーマンスは必ずしも改善されない。さらに、アプリケーションに最適なスレッドの個数は、システムの現在の負荷とハードウェアの設定に基づいて動

的に変化する可能性があり、堅牢なスレッド管理ソリューションの作成は困難をきわめる。

　こうした課題があるにもかかわらず、ほとんどの並行処理アプリケーションは複数のスレッドを積極的に使っている。ただし、これはスレッドがプログラミング言語の明示的なエンティティであるという意味ではなく、ランタイム環境が他のプログラミング言語の並行処理の構造を実行時に実際のスレッドにマッピングできるという意味である。さまざまなフレームワークやプログラミング言語でよく実装されていて、広く使われているパターンの1つに、**Thread Pool**（スレッドプール）がある。

　その名前からもわかるように、スレッドプールは長時間実行されるワーカースレッドの小さな集まりでできている。それらのワーカースレッドは、プログラムの開始時に作成され、プール（コンテナ）に配置される。タスクの実行が必要になると、事前に作成済みのスレッドの1つがプールから取り出され、実行される。つまり、開発者がスレッドを作成する必要はない。スレッドプールにタスクを送信することは、ワーカースレッドのTO-DOリストにタスクを追加するようなものである。

　スレッドプールを使ってワーカースレッドを再利用すると、新しいスレッドの作成に伴うオーバーヘッドが解消される。また、例外が生成されるなど、タスクが予期せず失敗しても、ワーカースレッドはその影響を受けない。タスクの実行に必要な時間が新しいスレッドの作成に必要な時間よりも短い場合、スレッドの再利用は大きな強みになる。

> **NOTE**　スレッドプールは、ワーカースレッドの作成、管理、スケジューリングを行う。これらのタスクは、慎重に扱わなければ、複雑でコストのかかるものになりがちである。スレッドプールにはさまざまな種類があり、それぞれスケジューリングや実行の仕方が異なる。また、スレッドの数が固定のものもあれば、ワークロードに応じてプールのサイズを動的に変更できるものもある。

　第2章で説明したようなパスワードの解読など、複数のスレッドを使って処理するタスクが大量にあるとしよう。考えられる限りのパスワードを小さなチャンクに分割して別々のスレッドに割り当てると、この処理を並行化できる。このシナリオでは、メインスレッドが必要である。メインスレッドは、バックグラウンドで実行されるワーカースレッド用のタスクを生成する。

　メインスレッドとバックグラウンドで実行されるワーカースレッドの間で通信を可能にするには、それらの間のリンクとして機能するストレージメカニズムが必要である。このストレージは、タスクを受信された順に処理するものでなければならない。さらに、現在使われていな

いワーカースレッドがある場合は、このストレージから次のタスクを取り出して処理できなければならない。

スレッド間でそうしたやり取りを確立するにはどうすればよいだろうか。

メッセージキューは、プール内のスレッドどうしがやり取りする手段である。論理的には、キューとはタスクのリストのことである。プール内のスレッドは、メッセージキューからタスクを取り出して処理するという作業を同時に行う。

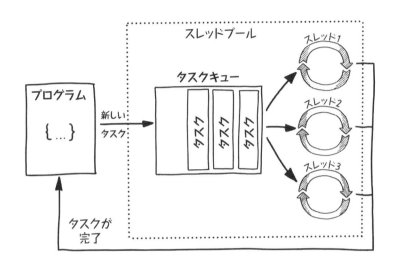

スレッドプールの実装は、プログラミング言語によって異なることがある。次に示すのは、Python でのスレッドプールの実装の例である[※1]。

```python
# Chapter 5/thread_pool.py
import time
import queue
import typing as T
from threading import Thread, current_thread

Callback = T.Callable[..., None]
Task = T.Tuple[Callback, T.Any, T.Any]
TaskQueue = queue.Queue

class Worker(Thread):
```

※1 [訳注] 検証環境（macOS、Windows）では、worker.setDaemon(True) 行と name = current_thread().getName() 行で DeprecationWarning が生成される。前者については、その行をコメントアウトし、Worker クラスの __init__() メソッドに self.daemon = True 行を追加した。後者については、name = current_thread().name に置き換えた。

```python
    def __init__(self, tasks: queue.Queue[Task]):
        super().__init__()
        self.tasks = tasks

    def run(self) -> None:
        while True:
            func, args, kargs = self.tasks.get()
            try:
                func(*args, **kargs)
            except Exception as e:
                print(e)
            self.tasks.task_done()

class ThreadPool:
    def __init__(self, num_threads: int):
        self.tasks: TaskQueue = queue.Queue(num_threads)
        self.num_threads = num_threads

        for _ in range(self.num_threads):
            worker = Worker(self.tasks)
            worker.setDaemon(True)
            worker.start()

    def submit(self, func: Callback, *args, **kargs) -> None:
        self.tasks.put((func, args, kargs))

    def wait_completion(self) -> None:
        self.tasks.join()

def cpu_waster(i: int) -> None:
    name = current_thread().getName()
    print(f"{name} doing {i} work")
    time.sleep(3)

def main() -> None:
    pool = ThreadPool(num_threads=5)
    for i in range(20):
        pool.submit(cpu_waster, i)

    print("All work requests sent")
    pool.wait_completion()
    print("All work completed")

if __name__ == "__main__":
    main()
```

ワーカースレッドがキューからタスクを取り出し、タスクに関連付けられた関数を実行し、完了時にタスクに完了のマークを付ける。この処理を延々と繰り返す

スレッドプールに送信されたタスクをキューに格納

複数のワーカースレッドを作成し、それらをデーモンモードに設定することで、メインスレッドの終了時に自動的に終了させる。最後に、スレッドを開始して、キュー内のタスクの実行を開始できるようにする

キューに配置されたタスクがすべて完了するまで、呼び出し元のスレッドをブロック

ワーカースレッドが5つ含まれたスレッドプールを作成

スレッドプールに20個のタスクを送信

このスレッドプールを作成すると、複数のスレッドと 1 つのメッセージキューが自動的に作成される。スレッドプールに送信されたタスクはメッセージキューに配置される。メインスレッドでは、スレッドプールで処理するためのタスクを送信し、それらの処理が完了するまで待機する。

新しいタスクが到着すると、空いているスレッドが起動して、タスクを実行し、Ready 状態に戻る。このため、タスクを実行するたびに、比較的コストのかかるスレッドの作成と終了を行わずに済む。しかも、スレッドの管理は開発者の手を離れ、プログラムの実行を最適化するのに適したライブラリや OS に委ねられる。

NOTE　Thread Pool パターンの Python ライブラリ実装に興味がある場合は、本書の GitHub リポジトリからダウンロードできる Chapter 5/library_thread_pool.py ファイルをぜひチェックしてほしい。
https://github.com/luminousmen/grokking_concurrency/

スレッドプールは、ほとんどの並行処理アプリケーションに適したデフォルトの選択肢である。ただし、次のような状況では、スレッドプールを使うのではなく、スレッドを明示的に作成して管理するほうがよいだろう。

- さまざまなスレッドの優先順位を制御したい場合。
- スレッドを長時間にわたってブロックするタスクがある場合。ほとんどのスレッドプール実装では、スレッドの個数に上限がある。このため、多数のスレッドがブロックされると、スレッドプールでタスクを開始できなくなるかもしれない。
- スレッドに静的な ID を割り当てる必要がある場合。
- スレッド全体を 1 つの特定のタスクに割り当てたい場合。

約束どおり、通信の概念を実装する方法を調べながら、並行処理アプリケーションの実行に関する知識をまとめることにしよう。

5.3 パスワードの解読

第2章のパスワード解読プログラムの実装は未完成のままである。新しい知識をいくつか獲得したので、プールとプロセスを使って、この実装を完成させることにしよう（Pythonでは、スレッドの使い方に関して制限があるが[※2]、他の言語では、問題はないはずだ）。

```python
# Chapter 5/password_cracking_parallel.py
......
import os
from multiprocessing import Pool

def crack_chunk(crypto_hash: str, length: int,
                chunk_start: int, chunk_end: int) -> T.Union[str, None]:
    print(f"Processing {chunk_start} to {chunk_end}")
    combinations = get_combinations(length=length,
                                    min_number=chunk_start,
                                    max_number=chunk_end)
    for combination in combinations:
        if check_password(crypto_hash, combination):
            return combination      ← パスワードが見つかった
    return      ← このチャンクではパスワードが見つからなかった

def crack_password_parallel(crypto_hash: str, length: int) -> None:
    num_cores = os.cpu_count()      ← このシステムで利用
    print("Processing number combinations concurrently")    可能なCPUコアの
    start_time = time.perf_counter()                        数を取得

    with Pool() as pool:
        arguments = ((crypto_hash, length, chunk_start, chunk_end)
                     for chunk_start, chunk_end in
                     get_chunks(num_cores, length))
        results = pool.starmap(crack_chunk, arguments)   チャンクをそれぞれ
        print("Waiting for chunks to finish")            別々のプロセスで同
        pool.close()    ←                                時に処理
        pool.join()    ←                        プールを閉じ、これ以上タス
                                                クが送信されないことを示す
    result = [res for res in results if res]
    print(f"PASSWORD CRACKED: {result[0]}")
    process_time = time.perf_counter() - start_time      送信されたすべてのタス
    print(f"PROCESS TIME: {process_time}")               クが完了するまで待って
                                                         から、プログラムの残り
if __name__ == "__main__":                               の部分を続行
    crypto_hash = \
```

※2　https://docs.python.org/3/c-api/init.html#thread-state-and-the-global-interpreter-lock

```
                "e24df920078c3dd4e7e8d2442f00e5c9ab2a231bb3918d65cc50906e49ecaef4"
    length = 8
    crack_password_parallel(crypto_hash, length)
```

メインスレッドが Thread Pool パターンを使って、利用可能な CPU コアと同じ数のワーカースレッドを作成している。各ワーカースレッドの機能は第 2 章のバージョンと同じであり、すべてのパスワードチャンクを同時に処理する。出力は次のようなものになるはずだ。

```
Processing number combinations concurrently
Chunk submitted checking 0 to 12499998
Chunk submitted checking 12499999 to 24999998
Chunk submitted checking 24999999 to 37499998
Chunk submitted checking 37499999 to 49999998
Chunk submitted checking 49999999 to 62499998
Chunk submitted checking 62499999 to 74999998
Chunk submitted checking 74999999 to 87499998
Chunk submitted checking 87499999 to 99999999
Waiting for chunks to finish
PASSWORD CRACKED: 87654321
PROCESS TIME: 17.183910416
```

元の逐次実装と比べて速度が 3 倍以上になった。大成功である！

並列ハードウェアではさまざまなものを実装できるが、利用できるコアがたった 1 つの場合があることを考えると、並列ハードウェアは贅沢品である。だからといって、並行処理をあきらめる理由にはならない。なぜなら、次章で詳しく見ていくように、並行処理が並列処理に打ち勝つポイントはまさにそこにあるからだ。

5.4　本章のまとめ

- スレッドとプロセスが同期しながらデータを交換するメカニズムを**プロセス間通信**（IPC）と呼ぶ。
- IPC メカニズムにはそれぞれ長所と短所がある。どのメカニズムも特定の問題にとって最適なソリューションである。
    - 共有メモリメカニズムは、スレッドやプロセスが大量のデータを効率よく交換しなければならない場合に使われるが、データアクセスの同期に関する問題がある。

- パイプは、プロデューサープロセスとコンシューマープロセス間の同期通信を効率よく実装する手段となる。名前付きパイプは、同じコンピュータまたはネットワーク上の2つのプロセスの間でデータを転送するためのシンプルなインターフェイスを提供する。

- プロセスまたはスレッドの間にあるメッセージキューは、非同期データ交換の手段である。メッセージキューは疎結合システムの実装に使われる。

- ソケットは、ネットワークの機能を利用できる双方向通信チャネルである。データ通信はファイルインターフェイスではなくソケットインターフェイスを使って実行される。ほとんどの場合、ソケットでは、パフォーマンス、スケーラビリティ、使いやすさが最もうまく組み合わされる。

- **スレッドプール**は、プログラムのメインスレッドに代わってタスクを効率よく実行するワーカースレッドの集まりである。スレッドプール内のワーカースレッドは、タスクが完了したら再利用される。また、スレッドプールは（例外が生成されるなど）タスクが予期せず失敗してもワーカースレッド自体に影響がおよばないように設計されている。

Part 2

並行処理の3本の触手：
マルチタスク、分解、同期

　サーカスで皿回しが棒の上で複数の皿を回転させているのを見たことがあるだろうか。彼らは調和を乱すことなく、すべての皿を楽々と回し続ける。これぞマルチタスクの力である。同様に、並行処理プログラミングでも、複数のタスクをうまく調整することで、それぞれのタスクが求めている注意やリソースがちゃんと与えられるようにする必要がある。

　第6章から第9章では、パックマンにそっくりのゲームやその他多くの現実的なシナリオを例に、この考え方をどのように応用するのかについて説明する。マルチタスク、タスクの分解、そして粒度がパフォーマンスに与える影響など、並行処理プログラムを設計するときの複雑な細部を探っていく。

　しかし、大いなる力には大いなる責任が伴う（とどこかで読んだことがある）。並行処理は、競合状態、デッドロック、飢餓状態を引き起こす可能性がある。だが、心配はいらない。Part 2では、相互排他、セマフォ、アトミック演算など、これらの問題を解決するための手段を明らかにする。オーケストラの奏者と同じように、並行処理を成功させる鍵は、調和と同期にある。また、「食事をする哲学者」のような古典的な問題にも取り組み、よく知られているパターンをいくつか学ぶ。Part 2を最後まで読めば、どのような難題にも対処できる並行処理プログラムを設計し、最適化するための知識が身につくだろう。

　皿回しをする準備 —— もとい、一度に複数のタスクをこなす準備はできただろうか。

マルチタスク 6

本章で学ぶ内容

- アプリケーションのボトルネックを特定し、分析する方法
- 並列ハードウェアがない場合に複数のタスクを同時に実行する方法
- プリエンプティブマルチタスク：長所、短所、I/O バウンド問題の解決

　コンピュータのマルチタスクぶりに驚いて思わず手を止めたことはないだろうか。複数のアプリケーションを同時に実行しながら、テキストエディタで滞りなく作業を続けられるなんて、本当に信じがたいことである。この偉業は当たり前のことに思われがちだが、それは現代のコンピューティングが高い能力を誇っていることの証である。

　コンピュータがどのようにしてこの偉業をなし遂げているのか疑問に思ったことはないだろうか。一度にこれほど多くのタスクをどうやってこなすのだろうか。さらに気になるのは、どのような種類のタスクが処理されるのか、そしてどのように分類されるのかである。

　本章では、並行処理の概念をさらに掘り下げ、マルチタスクという魅力的な世界を探求する。マルチタスクをランタイム層に導入すれば、マシンがさまざまなタスクを同時に処理する仕組みをよく理解できる。ただし、マルチタスクの複雑な細部を探っていく前に、コンピュータで処理できるさまざまな種類のタスクを少し詳しく見てみよう。

6.1　CPU バウンドと I/O バウンドのアプリケーション

　アプリケーションは、数値演算、算術演算、論理演算の 3 つでできている。これらの演算は CPU に大きな負荷をかける。それらのアプリケーションは、キーボード、ハードディスク、ネットワークカードからデータを読み込み、出力を生成することもできる。それらの出力は、ファイルへの書き込み、「高速」プリンタでの印刷、ディスプレイへの信号の送信という形で生成される。こうした演算は、信号を送受信することでデバイスとやり取りする。ほとんどの場合、計算が必要になるものは何もないため、CPU は必要なく、デバイスからの応答を待っていればよい。このような演算は、**入出力演算**(I/O 処理)とも呼ばれる。つまり、タスクによっては、CPU を使わせることに意味があるとは限らない。まず、負荷の種類を理解する必要がある。

　アプリケーションの作業に必要なリソースがパフォーマンスを向上させるにあたってボトルネックになる場合、そのアプリケーションは何かに**バウンド(拘束)される**と見なされる。アプリケーションの処理は主に **CPU バウンド**と **I/O バウンド**の 2 種類に分かれる。

6.1.1　CPU バウンド

　ここまでは、主に CPU バウンドのアプリケーションについて説明してきた。アプリケーションが CPU バウンドと見なされるのは、CPU が高速であればあるほど、アプリケーションが高速に実行される場合である。つまり、CPU を使って何らかの計算を行うことにほとんどの時間を費やす場合だ。

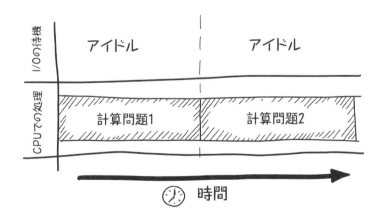

CPU バウンドの演算とは、たとえば次のようなものである。

- 加算、減算、除算、行列乗算などの数学演算

- 素因数分解や暗号関数の計算など、計算的負荷の高い演算を大量に用いる暗号化アルゴリズムと復号アルゴリズム
- 画像処理や動画処理
- 二分探索やソートなどのアルゴリズムの実行

6.1.2　I/O バウンド

　アプリケーションが I/O バウンドと見なされるのは、I/O サブシステムが高速であればあるほど、アプリケーションが高速に実行される場合である。I/O サブシステムの種類はさまざまだが、ディスクからの読み込み、ユーザー入力の取得、またはネットワークレスポンスの待機と関連付けることができる。巨大なファイルでキーワードを検索するアプリケーションは、ディスクからの大量のデータの読み取りがボトルネックになるため、I/O バウンドになる可能性がある。

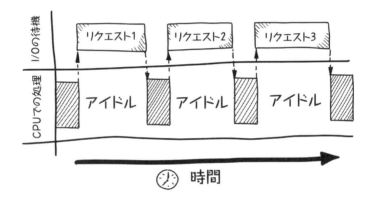

　この図の「アイドル」部分は、特定のタスクが保留中で、先に進めない期間を表している。その主な理由は、I/O が実行されるのを待っていることである。CPU 時間は高価だが、さまざまな I/O 処理が実行されている間、CPU は外部デバイスとの間でデータが転送されるのをただ待っていることが多い。I/O バウンドの処理とは、たとえば次のようなものだ。

- ほとんどのグラフィカルユーザーインターフェイス（GUI）アプリケーション。ディスクの読み書きを行っていない場合でも、ほとんどの時間をキーボードやマウスによるユーザーインタラクションを待つことに費やしている。
- データベースや Web サーバーのように、ほとんどの時間をディスク I/O やネットワーク I/O に費やしているプロセス。

6.1.3 ボトルネックを特定する

アプリケーションのボトルネックを特定するときには、アプリケーションのパフォーマンスを向上させるにあたってどのリソースを改善する必要があるかについて考えなければならない。このことは、演算とそれらの演算が依存しているリソースとの結び付きに直接関係している。多くの場合、対処すべき最も重要な演算と見なされるのは、CPUでの演算とI/O処理である。

> **NOTE**　もちろん、これはI/Oのみの作業やCPUのみの作業に限ったことではなく、メモリやキャッシュでの作業も考慮に入れることができる。しかし、ほとんどの開発者は(そして本書の目的から言っても)、CPUとI/Oの違いに着目すれば十分である。

2つのプログラムがあるとしよう。1つ目のプログラムは、2つの巨大な行列の乗算を行い、その答えを返す。2つ目のプログラムは、ネットワークから大量の情報を読み取り、ディスク上のファイルに書き込む。CPUのクロック速度を上げたり、コアの数を増やしたりしても、これらのプログラムが同じように高速化されるわけではないことは明らかである。ほとんどの時間は次のデータバッチがディスクに転送されてくるのを待っているとしたら、はたしてコアの数は問題だろうか。コアが1個だろうと1,000個だろうと、I/Oバウンドの負荷がある以上、パフォーマンスは改善されない。しかし、CPUバウンドの負荷については、プログラムを並列化して複数のコアを利用できるようにすれば、パフォーマンスが改善される可能性がある。

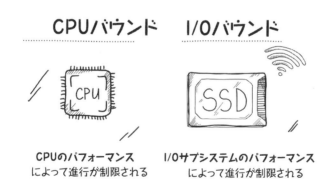

6.2 マルチタスクが必要

　アプリケーションはI/Oバウンド化の一途をたどっているが、これは必然的なことである。なぜなら、CPUの速度は年々上がっており、同じ時間内に実行できる命令の数は増えているが、データ転送の速度はそれほど上がっていないからだ。したがって、CPUをブロックするI/Oバウンドの処理は、プログラムの制限因子になりがちである。しかし、そうした演算を識別して、バックグラウンドで実行できるとしたらどうだろう。現代のほとんどのランタイムシステムには、そうした機能がある。

　友人のAlanが、実家の屋根裏部屋で古いアーケードマシンを見つけたとしよう。そのゲーム機には、古いシングルコアプロセッサ、大きなピクセルスクリーン、ジョイスティックが搭載されている。Alanは、友人の中で唯一の開発者であるあなたに、そのゲーム機でパックマンのようなゲームを実装できないだろうかと持ちかける。

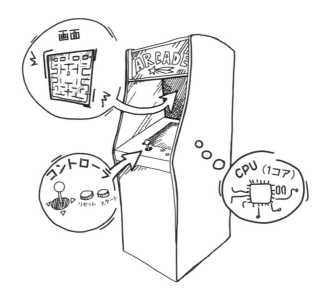

　パックマンは対話型のゲームであり、キャラクターを動かすにはプレイヤーの入力が必要である。それに加えて、このゲームの世界は動的である。プレイヤーがキャラクターを動かすのと同時に、ゴーストも動かす必要がある。そして、プレイヤーのキャラクターが動いている様子だけではなく、世界が変化していく様子もわかるようにしなければならない。

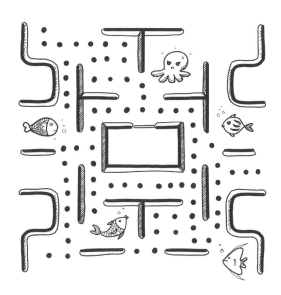

まず、ゲームの機能を次の 3 つの関数に分割する。

- `get_user_input()`
  コントローラから入力を受け取り、ゲームの内部状態に保存する。これは I/O バウンドの処理である。

- `compute_game_world()`
  ゲームのルール、プレイヤーの入力、ゲームの内部状態に従って、ゲームの世界を計算する。これは CPU バウンドの処理である。

- `render_next_screen()`
  ゲームの内部状態を取得し、ゲームの世界を画面上にレンダリングする。これは I/O バウンドの処理である。

この 3 つの関数を見たあなたは、問題があることに気付く。プレイヤーから見て、いろいろなことが同時に起きなければならないわけだが、手元にあるのは古いシングルコアの CPU だけである。

この問題を解決するにはどうすればよいだろうか。

まず、OS による抽象化の 1 つを使って並列処理プログラムを作成してみよう。この問題には、スレッドを使うことにする。したがって、プロセスが 1 つ、スレッドが 3 つである。タスク間でデータを共有する必要があるので、スレッドを使うと有利である。また、スレッドは同じプロセスのアドレス空間を共有できるため、スレッドを使うほうが簡単でもある。したがって、プログラムは次のようになる。

第6章　マルチタスク

```python
# Chapter 6/arcade_machine.py
import typing as T
from threading import Thread, Event

from pacman import get_user_input, compute_game_world, render_next_screen

processor_free = Event()
#processor_free.set()

class Task(Thread):
    def __init__(self, func: T.Callable[..., None]):
        super().__init__()
        self.func = func

    def run(self) -> None:
        while True:
            processor_free.wait()
            processor_free.clear()
            self.func()

def arcade_machine() -> None:
    get_user_input_task = Task(get_user_input)
    compute_game_world_task = Task(compute_game_world)
    render_next_screen_task = Task(render_next_screen)

    get_user_input_task.start()
    compute_game_world_task.start()
    render_next_screen_task.start()

if __name__ == "__main__":
    arcade_machine()
```

1つのプロセッサ／スレッド環境をシミュレート

関数を独自の無限ループ内で実行。このループはプログラムが停止するかスレッドが終了するまで継続的に実行される

別々のスレッドでタスクを同時に定義して実行

　ここでは、それぞれ3つの関数に対応している3つのスレッドを初期化している。スレッド内の関数はそのスレッドの無限ループで実行されるため（1回実行したあとにスレッドを終了しないと仮定する）、プレイヤーがゲームを終了するまでスレッドは常に動作し続ける。

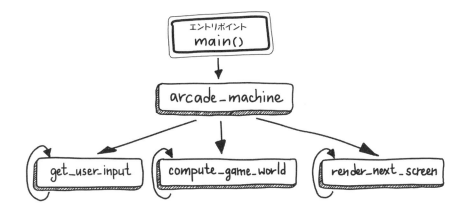

　残念ながら、このプログラムを実行すると、プログラムは1つ目のスレッドから抜け出せなくなり、その無限ループでユーザー入力を求める。このCPUには、1つのスレッドを受け入れる余地しかないため、ここで並列化を利用することはできない。プログラムを並列化するには、そのためのハードウェアが必要である。心配はいらない。マルチタスクによる並行処理を利用するという手がある！

　アーケード問題にマルチタスクを適用する前に、その基礎を理解しておく必要がある。この問題はひとまず措いて、マルチタスクについて少し学ぶことにしよう。

6.3　速習：マルチタスク

　現在では、マルチタスクはどこにもある。歩きながら音楽を聴いたり、料理をしながら電話に出たり、本を読みながら食事をしたりするとき、私たちはマルチタスクである。

　マルチタスクとは、複数のタスクを同時に実行することにより、一定の期間にわたって複数のタスクを行うという概念である。マルチタスクについては、棒の上で複数の皿を回転させるサーカスの皿回しに例えることができる。皿回しは次々に皿を回し、皿を回し続けて棒から落ちないようにする。

　本物のマルチタスクシステムでは、演算は並列に実行される。ただし、並列実行には適切なハードウェアサポートが必要である。とはいえ、いくつかのトリックを用いることで、古いプロセッサでもマルチタスクのように見せかけることができる。

6.3.1 プリエンプティブマルチタスク

OS の主なタスクは、リソースの管理である。そして、OS が管理する最も重要なリソースの 1 つは、CPU である。OS は、すべてのプログラムに CPU での実行が許可されるようにしなければならない。つまり、あるタスクを少しの間実行したら、そのタスクを止めて、別のタスクを実行できるようにする必要がある。問題は、ほとんどのアプリケーションが他の実行中のアプリケーションに注意を払うようには書かれていないことである。このため、アプリケーションの実行を、機先を制して（プリエンプティブに）停止する手段が OS になければならない。

プリエンプティブマルチタスク（preemptive multitasking）のベースになっている考え方は、「単一のタスクに実行を許可する期間を定義する」というものである。この期間は**タイムスライス**とも呼ばれる。というのも、OS が実行中の各タスクに対して CPU 時間の一部（スライス）を確保しようとするからだ。このため、このスケジューリング手法は**タイムシェアリング**方式[1] と呼ばれる。CPU は、このタイムスライス中に Ready 状態のタスクを実行するが、そのタスクがブロッキング演算を行わないことが前提となる。

タイムスライスの期限が切れると、スケジューラがタスクに**割り込み**、代わりに別のタスクを実行できるようにする。その間、最初のタスクは再び順番が回ってくるのを待つ。このようにタスクの実行に割り込むことを**プリエンプトする**とも表現する。割り込みとは、タスクを停止させてあとから再開するように CPU に命令する信号のことである。割り込みには、特別な割り込みコントローラによるハードウェア割り込み（キーボードのボタンを押す、ファイルへの書き込みを完了するなど）、アプリケーションによるソフトウェア割り込み（システムコールなど）、エラーやタイマーによる割り込みの 3 種類がある。

プロセッサが実行中の各タスクに短い時間を割り当て、それらのタスクをすばやく切り替えながら、各タスクを交互に（インターリーブ方式で）実行できるようにする場面を想像してみよう。OS は、キューに配置されているタスクをすばやく切り替えながら制御を渡すことで、マルチタスクであるかのような錯覚を生み出すことができる。とはいえ、実行されているタスクは常に 1 つだけである。次の図は、3 つのタスクの進行状況を時系列で示している。時間は左から右に流れ、直線は任意の時点で進行中のタスクを示している。この図が示しているのは、感覚的な同時実行モデルである。

---

[1]　さらに詳しく知りたい場合は、次の動画が参考になるだろう："1963 Timesharing: A Solution to Computer Bottlenecks", https://www.youtube.com/watch?v=Q07PhW5sCEk

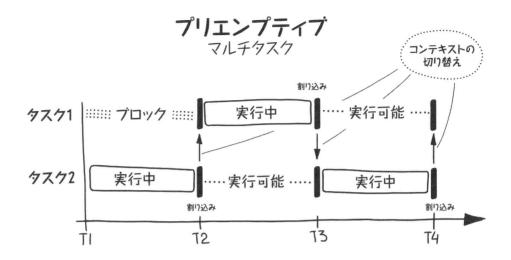

過去10年間に開発されたほとんどのOSには、プリエンプティブマルチタスク機能がある（第12章では、これを協調的マルチタスクと対比させる）。Linux、macOS、Windowsを使っている場合は、プリエンプティブマルチタスクに対応するOSを使っていることになる。マルチタスクをどのように実装すればよいかをよく理解できるよう、アーケードマシンの例に戻ることにしよう。

6.3.2　プリエンプティブマルチタスク機能を持つアーケードマシン

I/Oバウンドの処理が2つあり、イベントが発生するのを待ってCPUをブロックしている。たとえば、`get_user_input_task`スレッドは、プレイヤーがコントローラのボタンを押すのを待っている。

アーケードマシンに搭載されているのは古いシングルコアのCPUだが、それでも人間の反射神経に比べればずっと高速である。人間がボタンの上に指を置いて押すという動作は、CPUにとって想像を絶するほど時間がかかる。人間の意識的な反応は、どれほど高速だったとしても、0.15秒はかかる。2GHzのプロセッサなら、同じ時間で3億サイクル（おおよその命令の数）を実行できる。人間の入力（プレイヤーがボタンを押す）を待っている間、CPUコアは何もしないため、CPUの計算リソースが無駄になる。CPUがアイドル状態の間は、計算を行うタスクに制御を渡せば、この使われていないCPU時間を活用できる。

基本的には、OSの一部を実装する必要がある。この作業は、プリエンプティブマルチタスク機能を使って行うことができる。つまり、スレッドを実行するためにCPU時間を与え、その後、次のスレッドを実行するためにCPU時間を与える。単純なタイムシェアリング方式に基づいて、利用可能なすべてのCPU時間を均等なタイムスライスに分割すればよい。

ここで助けとなるのが、タイマーである。タイマーは一定の間隔で時を刻むため、一定の時間が過ぎたら割り込みが発生するように設定できる。この割り込みにより、現在のスレッドが中断され、別のスレッドがプロセッサを使えるようになる。したがって、このプログラムの図は次のようになる。

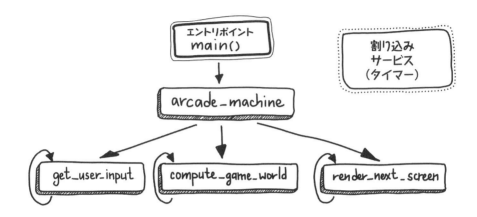

タイムシェアリング方式を実装すると、ランタイムシステムがスレッドの間でCPU時間をタイムスライスに分割し、それらのスレッドが同時に実行されているような印象を与える。

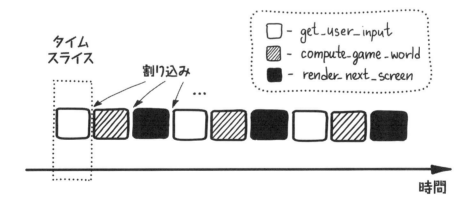

コードでは、次のようになる。

```python
# Chapter 6/arcade_machine_multitasking.py
import typing as T
from threading import Thread, Timer, Event

from pacman import get_user_input, compute_game_world, render_next_screen

processor_free = Event()
processor_free.set()
TIME_SLICE = 0.5

class Task(Thread):
    def __init__(self, func: T.Callable[..., None]):
        super().__init__()
        self.func = func

    def run(self) -> None:
        while True:
            processor_free.wait()
            processor_free.clear()
            self.func()

class InterruptService(Timer):
    def __init__(self):
        super().__init__(TIME_SLICE, lambda: None)

    def run(self):
        while not self.finished.wait(self.interval):
            print("Tick!")
            processor_free.set()

def arcade_machine() -> None:
    get_user_input_task = Task(get_user_input)
    compute_game_world_task = Task(compute_game_world)
    render_next_screen_task = Task(render_next_screen)

    InterruptService().start()
    get_user_input_task.start()
    compute_game_world_task.start()
    render_next_screen_task.start()

if __name__ == "__main__":
        arcade_machine()
```

プロセッサのタイムスライスを定義

プロセッサが使われていないことを示すために、タイマーを設定（タイマーはプロセッサに割り込む）

マルチタスクを実装するために、スレッドを1つの無限制御ループに配置して、各スレッドにCPUのタイムスライスがインターリーブ方式で割り当てられるようにしている。インターリーブが十分に高速であれば（たとえば、10ミリ秒など）、プレイヤーは同時実行であるかのような印象を受けるだろう。プレイヤーからは、ゲームのすべての注意が自分に向けられているように見えるが、実際には、その瞬間もプロセッサとコンピュータシステム全体がまったく別のタスクを処理しているかもしれない。プレイヤーが同時実行であるかのような印象を受けるのは、スレッドの切り替えが非常に高速だからだ。

処理リソースには限りがあるため、物理的には、タスクは依然として直列実行されている。しかし、概念的には、3つのスレッドはどれも進行中であり、並行に実行されている。

並行処理のライフタイムはオーバーラップしている。すでに見てきたように、適切なハードウェアがあれば、タスクを物理的に同時実行することで、本物の並列化を実現できる。これに対し、マルチタスクでは、オーバーラップしている実行の詳細を隠して、ランタイムシステムに管理させることができる。したがって、本物の並列化が基本的には実行の実装依存の詳細であるのに対し、マルチタスクは計算モデルの一部である。

ここには見逃している落とし穴が1つあるので、もう少し客観的に見てみよう。

6.3.3　コンテキストの切り替え

タスクの**実行コンテキスト**には、コードの実行位置（命令ポインタ）と、CPUコアでのその実行を支援するすべてのものが含まれる。後者には、CPUフラグ、レジスタ、変数、開いているファイルや接続などが含まれる。実行コンテキストは、コードの実行を再開する前にプロセッサに再びロードしなければならない。結果として、**コンテキストの切り替え**は、あるタスクのコンテキストを別のタスクのコンテキストに切り替える物理的な操作である。ただし、切り替え時にデータを失わないようにすることで、切り替えが発生した瞬間に戻れるようにする。Readyキューから選択されたタスクはRunning状態に遷移する。

友人と楽しくおしゃべりしている最中にあなたのスマートフォンが鳴り出し、そちらに気を取られたとしよう。あなたは友人に「ちょっと待ってて」と言って、電話に出る。ここから新しい会話（新しいコンテキスト）が始まる。誰からの電話で、用件は何かがわかったら、相手の要求に集中できる。電話が終わると、あなたは最初の会話に戻る。どこまで話をしたのかを忘れてしまうこともあるが、何の話をしていたのかを友人が思い出させてくれれば、会話を続けることができる。電話を切った次の瞬間には、とはいかないまでも、会話はすぐに再開できる。

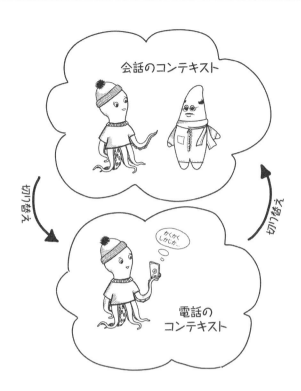

　あなたと同じように、プロセッサもタスクが実行されていたコンテキストを見つけ出し、再構築する必要がある。タスクの観点から見て、その周囲にあるものはすべて以前と同じ状態である。そのタスクがたった今開始されたものなのか、25分前に開始されたものなのかは問題ではない。コンテキストの切り替えは、OSによって実行される手続きであり、OSにマルチタスク機能を持たせる重要なメカニズムの1つである。

　コンテキストの切り替えは、システムリソースを要求するため、コストがかかると考えられている。タスクからタスクへの切り替えには、特定の手続きが必要である。まず、実行中のタスクのコンテキストをどこかに保存しなければならない。新しいタスクを開始するのはそれからである。新しいタスクが途中まで実行されたものだった場合は、そのコンテキストも保存されており、実行を再開する前にロードしておかなければならない。新しいタスクの実行が完了すると、スケジューラがその最終的なコンテキストを保存し、プリエンプトされたタスクのコンテキストを復元する。プリエンプトされたタスクは、（時間が推移していること以外は）何事もなかったかのように実行を再開する。

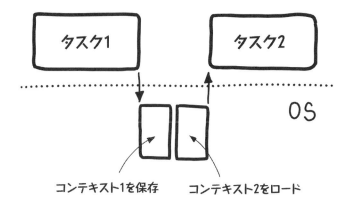

コンテキストを切り替えるときの状態の保存と復元に伴うオーバーヘッドは、プログラムのパフォーマンスに悪影響をおよぼす。コンテキストを切り替えるときに、アプリケーションが命令を実行する能力を失うからだ。すべてはプログラムが実行している演算の種類によって決まる。

NOTE コンテキストの切り替えに伴うレイテンシの量はさまざまな要因に左右されるが、1回の切り替えにつき、だいたい800〜1,300ナノ秒だとしよう（この数字は筆者のラップトップでLMbench[※2]を使ってはじき出したものだ）。平均すると、ハードウェアは1コアにつき、1ナノ秒あたり12個の命令を無理なく実行できるはずだ。つまり、コンテキストの切り替えには、約9,000〜15,000個の命令を実行するのに相当するコストがかかる。

アプリケーションで複数のタスクを使うときには、くれぐれも注意しよう。実行するタスクの数が多すぎると、システムパフォーマンスが低下するおそれがあるからだ。システムがコンテキストの切り替えに追われて、利用可能な時間の多くが無駄になるだろう。

マルチタスクとは何かがわかったところで、この機能をランタイム環境に統合し、並行処理の他のすべての概念と組み合わせてみよう。

6.4　マルチタスク環境

コンピュータ時代が幕を開けたばかりの頃、OSとアプリケーションはマルチタスクを前提とした設計にはなっていなかったので、1台のマシンで複数のタスクを同時に実行することを人々は考えていなかった。1つのアプリケーションを終了し、新しいアプリケーションを開始するという作業を毎回繰り返さなければならなかった。

今や、複数のタスクを同時に実行する能力は、ランタイムシステムの最も重要な要件の1つ

※2　https://lmbench.sourceforge.net

になっている。この要件に対処するのはマルチタスクである。インターリーブ方式の実行は、本当の意味での並列処理を達成するわけではなく、タスクの切り替えにはオーバーヘッドが伴う。それでも、処理の効率化とプログラムの構造化にとって大きなアドバンテージとなる。

　ユーザーにとって、マルチタスクシステムの利点は、複数のアプリケーションを同時に実行できることである。たとえば、あるアプリケーションでドキュメントを編集しながら、別のアプリケーションで映画を観ることができる。

　開発者にとって、マルチタスクシステムの利点は、複数のプロセスを使ってアプリケーションを作成したり、複数の実行スレッドを使ってプロセスを作成したりできることである。たとえば、キーボードやマウスによるユーザー入力を処理するユーザーインターフェイス（UI）スレッドと、UIスレッドがユーザー入力を待っている間に計算タスクを実行するワーカースレッドを持つプロセスが考えられる。

　タスクのスケジューリングと調整をランタイムシステムに任せれば、開発プロセスが単純になるだけではなく、さまざまなハードウェアアーキテクチャやソフトウェアアーキテクチャに透過的に適応できるような柔軟性が得られる。コンピュータのOS、IoT（Internet of Things）ランタイム環境、製造用OSなど、さまざまなランタイム環境を使うことで、さまざまな目的に応じた最適化が可能になる。たとえば、消費電力を最小限に抑えたい場合は、スループットを最大化したい場合とは異なるスケジューラが必要になるかもしれない。

> **NOTE**　1960年代から1970年代にかけて、IBMのOS/360やUNIXなどのマルチタスクOSが開発されると、1台のコンピュータで複数のプログラムを実行することが可能になったが、それには物理的に利用できる以上のメモリが必要だった。この問題を解決するために、仮想メモリが開発された。仮想メモリとは、データをRAMからディスクストレージに一時的に退避させることで、コンピュータに実際に搭載されている以上のメモリを利用できるようにするという技術のことである。仮想メモリが開発されたことで、コンピュータはより多くのプログラムを同時に実行できるようになった。仮想メモリは現代のOSでも依然として重要なコンポーネントである。

6.4.1　マルチタスクOS

　マルチプロセッサ環境でのマルチタスクは、利用可能なCPUコアにさまざまなタスクを割り振ることで補完できる。CPUは、プロセスやスレッドについては何も知らない。CPUの仕事は、マシン命令を実行することだけである。したがって、CPUから見て、実行スレッドは1つだけである。つまり、CPUはOSから送られてくるすべてのマシン命令を順番に実行する。これを可能にするために、OSはプロセスとスレッドという抽象化を用いる。そして、1つのCPUコアに対して複数の実行スレッドが存在する場合は、それらのスレッドをどうにかして調整する。ユーザーには並列実行をシミュレートしながら、それらのスレッドを並行に実行することが、OSの役目となる。

110　第6章　マルチタスク

　マルチタスクはランタイムシステムレベルの機能である。つまり、ハードウェアレベルには、マルチタスクの概念はない。ただし、マルチタスクの実装にも課題がないわけではない。多くの場合、ランタイムシステムには、各タスクを独立した状態で実行する強力なタスク分離機能と、効率的なタスクスケジューラが要求される。

6.4.2　タスクの分離

　マルチタスクの定義では、OS に複数のタスクが存在する。そこから OS によって提供されるプロセスとスレッドという抽象化の話になることはもう察しがついているかもしれないが、あなたがランタイムシステムを作っているとなれば、話は違ってくる。
　複数のタスクを作成する方法として、次の2つがある。

- 複数のスレッドを持つ単一のプロセス
- それぞれが1つ以上のスレッドを持つ複数のプロセス

　すでに説明したように、どちらの方法にも長所と短所があるが、どちらの方法でも（程度の差はあれ）タスクの実行を切り離すことになる。OS 側が対処するのは、これらの抽象化がコンピュータシステムの物理スレッドにどのようにマッピングされるのか、そしてハードウェア上でどのように実行されるのかという部分である。
　OS はハードウェアの動作の仕組みを抽象化する。それにより、システムにコアが1つしかない場合でも、開発者はそうではないかのような錯覚を覚える。そのため、並列化を利用できないシステムであっても、開発者は並行処理プログラミングを利用でき、OS のマルチタスク機能を活用できる。プログラムがこのように分割される場合は、プロセッサを思いのままに利用できるかのようにプログラムを記述できる。
　マルチタスクを実装する場合は、複数のプロセスを作成するよりも、マルチスレッドプロセスを1つだけ作成するほうが一般に効率的である。これには、次のような理由がある。

- プロセスはスレッドよりもオーバーヘッドが大きい（プロセスのコンテキストはスレッドのコンテキストよりも大きい）ため、システムでは、プロセスよりもスレッドのコンテキストを切り替えるほうが高速である。
- プロセスのスレッドはすべて同じアドレス空間を共有し、プロセスのグローバル変数にアクセスできるため、スレッド間の通信は単純である。

6.4.3　タスクのスケジュール

　スケジューラは、マルチタスク OS の中心的な機能であり、Ready 状態のすべてのタスク

の中から次に実行すべきタスクを選択する。

実行をスケジュールするときの考え方は単純である。CPU 時間をより有効に活用するには、常に何かが実行されているべきである。システムのタスクの数がプロセッサの数よりも多い場合（これはよくあることである）、すべてのタスクを常に実行できるわけではなく、一部のタスクは Ready 状態で待機する。次の瞬間にどのタスクを実行すべきかの選択は、Ready 状態のタスクに関する情報に基づいてスケジューラが行う基本的な意思決定である。

スケジューラは限られたリソース（CPU 時間）を割り当てるため、そのロジックは、相反する目標と優先順位のバランスを取ることに基づいている。一般的な目標は、スループットまたは公平性を最大化するか、応答時間または遅延を最小化することである。スループットはシステムが一定の期間に処理できるタスクの数であり、公平性は計算に優先順位を付ける（計算の順序を調整する）ことである。応答時間は操作を完了するまでの時間であり、遅延の最小化はよりすばやく反応することを意味する。

スケジューラは、（たとえば、タイマーを使って、またはより優先順位の高いタスクが出現したときに）タスクから制御を強制的に奪い取ることができる。ただし、タスクが（システムコールを使って）スケジューラに制御を明示的に明け渡すまで待つこともできるし、制御が（タスクが終了したときに）暗黙的に明け渡されるまで待つこともできる。つまり、いかなる時点においても、スケジューラはどのタスクが実行の対象として選択されるのかを予測できない。したがって、毎回同じ振る舞いになることは保証されないため、開発者は決して以前の振る舞いに基づいてプログラムを作成すべきではない。アプリケーションで決定論性を実現するには、タスクの同期と調整をコントロールしなければならない。この点については、以降の章で説明する。

最も重要なのは、「プログラムを変更することなくシステムパフォーマンスを向上させる新たな手法」を実装するための道がスケジューラによって開かれることである。もちろん、アプリケーションと OS の間に新たな層が導入されるため、実行時のオーバーヘッドは増える。このアプローチを成功させるには、ランタイム環境が提供できるパフォーマンス上の利点が、ランタイムの管理に伴うオーバーヘッドを上回らなければならない。

> **NOTE** 本章では OS に焦点を合わせたが、他のランタイム環境でも同じようなマルチタスクの概念が実装されている。たとえば、ランタイムでシングルスレッドのイベントループをサポートする JavaScript や Python などの言語では、マルチタスクで await を使っている。市場において最も効率的な JavaScript 実行エンジンの 1 つである V8 と、スケーラビリティと小さなメモリフットプリントで知られる Go プログラミング言語は、OS の上位層（ユーザーレベル）で独自のマルチタスクを実現する。このトピックについては、第 12 章で協調的マルチタスクと非同期通信について説明するときに取り上げる。

6.5 本章のまとめ

- プログラムには、CPU バウンドと I/O バウンドの 2 種類のボトルネックがある。これらのボトルネックは、最も使用量の多いリソースに基づいている。

  - CPU バウンドの演算では、計算を完了するために主に必要となるのはプロセッサリソースである。CPU バウンドの演算は、システムが何かを計算できる速度に制限される。

  - I/O バウンドの演算では、主に I/O が実行される。それらの演算は、ディスク操作の終了や外部サービスがリクエストに応答するのを待つなど、計算リソースに依存しない。I/O バウンドの演算は、ハードウェアの速度（ディスクがデータを読み取る速度、ネットワークがデータを転送する速度など）に制限される。

- **コンテキストの切り替え**は、タスクのコンテキストを別のタスクのコンテキストに物理的に切り替える手続きであり、コンテキストを切り替えた時点のタスクをあとから復元できる。コンテキストの切り替えは OS によって実行される手続きであり、OS にマルチタスクを提供する重要なメカニズムの 1 つである。

  コンテキストの切り替えにはコストが伴うため、アプリケーションで複数のタスクを使うときには注意が必要である。実行するタスクの数が多すぎると、システムパフォーマンスが低下するおそれがあるからだ。システムがコンテキストの切り替えに追われて、利用可能な時間の多くが無駄になるだろう。

- 複数のタスクを同時に実行する能力は、ランタイムシステムにとって非常に重要である。この問題を解決するのは**マルチタスク**である。このメカニズムはタスクのインターリーブ（交互）実行を制御する。タスクを絶えず切り替えることで、システムはタスクが同時に実行されているような錯覚を維持できるが、実際には、タスクは並列に実行されるわけではない。

- **マルチタスク**とは、複数のタスクを同時に処理することで、一定の期間にわたって複数のタスクを実行するという概念である。マルチタスクはランタイムシステムレベルの機能であり、ハードウェアレベルには、マルチタスクの概念はない。

  - プリエンプティブマルチタスクでは、スケジューラがタスクに優先順位を付け、タスクがその制御を他のタスクに強制的に明け渡すようにする。

  - 一般に、マルチタスクを実装するには、複数のプロセスを作成するのではなく、マルチスレッドプロセスを 1 つだけ作成するほうが効率的である。

  - システムリソースを最適に活用するには、ランタイムシステムのスケジューラが I/O バウンドのタスクと CPU バウンドのタスクを区別することが重要である。

分解 | 7

本章で学ぶ内容

- プログラミングの問題を個々の独立したタスクに効率よく分解する方法
- 並行処理アプリケーションを作成するための一般的な並行処理パターン（Pipeline、Map、Fork/Join、Map/Reduce）
- アプリケーションの粒度を選択する方法
- 凝集化を使って通信のオーバーヘッドを削減し、システムパフォーマンスを向上させる方法

　ここまで見てきたように、並行処理プログラミングでは、1つの問題が並行処理の独立した単位（タスク）に分解されることになる。問題を並行処理のタスクにどのように分解するのかを決定することは、より困難ではあるものの、重要なステップの1つである。並行処理プログラミングを使ったプログラムの自動的な分解は、難しい研究テーマである。というわけで、ほとんどの場合、分解は開発者の肩にかかっている。

　本章では、並行処理アプリケーションを設計するための手法と一般的なプログラミングパターンについて説明する。並行処理のアプリケーション層を定義し、タスクの独立性がどこで見つかるのかを調べる。そして、プログラムが実行される仕組みではなく（ただし、この部分にも触れる）、プログラムをどのように構造化・設計するのかを重点的に見ていく。

7.1 依存関係の分析

1つの問題を並行処理の複数のタスクに分解することは、並行処理アプリケーションを作成するために必要な最初のステップの1つである。並行処理プログラミングの鍵はそこにある。プログラミング問題をタスクに分解することにした場合は、それらのタスクが他のタスクに依存する可能性があることを忘れてはならない。したがって、問題を分解するための最初のステップは、その問題を構成しているすべてのタスクの依存関係を調べて、独立しているタスクを突き止めることである。プログラムを構成しているタスクが互いにどのような関係にあるのかをモデル化するのに役立つ手法の1つは、**タスク依存関係グラフ**を構築することである。

依存関係グラフは、タスク間の関係を説明するのに役立つ。シンプルなチキンスープの調理手順について考えてみよう。チキンスープを作るには、鶏肉を煮てダシをとり、骨を取り除き、人参、セロリ、玉ねぎをみじん切りにし、これらの材料をスープに混ぜて、鶏肉が柔らかくなるまで煮込む必要がある。下ごしらえのステップをすべて完了するまで、スープの煮込みに取りかかることはできない。ステップはそれぞれタスクを表している。スープの完成から各ステップの依存関係を逆にたどっていくと、次のような依存関係グラフを構築できる。

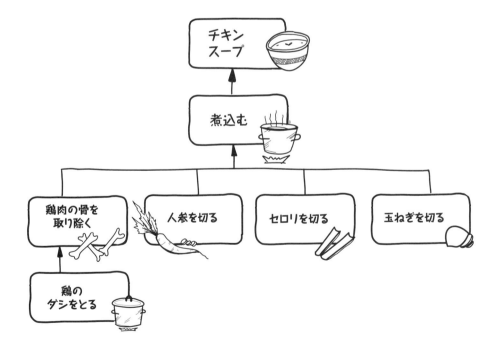

このような計算グラフを描画する方法はいくつかあるが、それらの一般的な目的は、プログラムの抽象的な表現を提供することにある。そうしたグラフは、タスク間の関係と依存関係を可視化するのに役立つ。ノード（グラフのボックス）はそれぞれタスクを表しており、エッジ（矢印付きの線）は依存関係を表している。

依存関係グラフには、プログラムをどの程度並行化できるかを把握するという目的もある。ダシをとるタスクと野菜を切るタスクを直接結ぶエッジがない時点で、並行処理が可能であることがわかる。したがって、このプログラムをスレッドベースで実装できるとしたら、ダシをとるために1つ、野菜を切るために3つ、合計4つのスレッドを作成できることになる。これらのスレッドはすべて同時に実行できる。ランタイムシステムでも、個々のタスクをスケジュールするときに同じ概念が使われる。

依存関係グラフの構築は、プログラムやシステムの設計に向けた第一歩であり、作業のどの部分を同時に実行できるかを突き止めるのに役立つ。さしあたり、利用できるプロセッサやコアの数といった実装上の問題は無視して、元の問題を並行化できる可能性にのみ着目する。依存関係グラフについて説明したところで、この問題を別の角度から捉えてみよう。

コードの依存関係には、制御依存関係とデータ依存関係の2種類がある。これらの依存関係に基づいて問題をより小さなタスクに分割する方法は、**タスク分解**と**データ分解**である。

7.2　タスク分解

タスク分解は、「問題を同時に実行できる独立した機能に分解するにはどうすればよいか」という質問に答える。平たく言えば、「問題をすべて一度に実行できるタスク群に分割するにはどうすればよいか」である。

大雪に見舞われたと想像してみよう。あなたは家のまわりから雪をどかすために、シャベルで雪かきをし、塩をまきたいと考えている。この作業を早く終わらせるために友人が手伝いに来てくれたが、シャベルは1本しかない。このため、交代で雪かきをすることになる。このプロセスは合理的だが、リソース（シャベル）が1つしかないので、作業は早く終わるどころか遅くなる。コンテキストの切り替えに伴うオーバーヘッドのせいで、雪かきのプロセスは絶えず中断され、効率がよくないからだ。

　家のまわりを除雪するという同じ目標のもとで、あなたは友人に別のサブタスクを与えることにする。1本しかないシャベルであなたが雪かきをしている間、友人は塩をまく。シャベルが空くのを待つ時間をなくしてしまえば、作業の効率が上がる。それがタスク分解から得られるものである。タスク分解は**タスクの並列化**とも呼ばれる。

　これは問題を機能別にタスクに分解する例である。しかし、タスクの分解は複雑で、かなり主観的なものであるため、あまり顕在的ではない。

タスク分解とは、アプリケーションの機能に基づいて、アプリケーションを機能的に独立したタスクに分解することを意味する。そうした分解が可能になるのは、解決すべき問題がさまざまな種類のタスクで自然に構成されていて、それぞれのタスクを独立した状態で解決できる場合である。

　たとえば、電子メール管理アプリケーションには、多くの機能要件がある。標準的な機能には、ユーザーインターフェイス（UI）、新しいメールを確実に受信する方法、ユーザーがメールを作成、送信、検索する機能などが含まれる。

　メールを検索する機能と、それらのメールを一覧表示する機能は、同じデータに依存している。ただし、これらの機能は互いに完全に独立しているため、2つのタスクに分割して別々に実行できる。メールの送信と受信も同じである。たとえば、複数のプロセッサを使って、それぞれに同じデータを操作させながら、それらのタスクを同時に実行できる。

　すでに見てきたように、タスク分解におけるさまざまなタスクの機能は多様で、幅広い演算に基づいている。このため、タスク分解を利用できるのは、MIMD（Multiple Instruction, Multiple Data streams）システムとMISD（Multiple Instruction, Single Data stream）システムだけである。

7.3 タスク分解：Pipeline パターン

　タスク分解の最も一般的なパターンは、Pipeline パターン —— いわゆる**パイプライン処理**である。パイプライン処理の本質は、アルゴリズムを複数の連続したステップに分解することにある。パイプラインの各ステップは、さまざまなコアに分配できる。コアはそれぞれ、組み立てラインの 1 人の組立工のようなものである。組立工は自分の作業が完了すると、次の組立工に結果を渡しながら、新しいデータを受け取る。つまり、それらのコアは複数のデータチャンクを同時に処理できるだけではなく、他のコアの計算が終了していなくても新しい計算を開始できる。

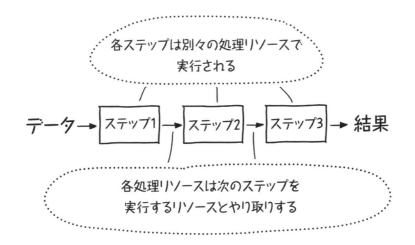

NOTE　無限の CPU 実行サイクルの話をしたことを覚えているだろうか。命令をたった 1 つ実行するだけで、命令のフェッチから、デコード、実行、結果の保存までのステップを通過することになる。現代のプロセッサは、パイプライン処理を使うことで、異なるステップを実行している (異なるステージにいる) 複数の命令の同時進行が可能になるように設計されている。

　第 2 章では、大急ぎで洗濯を行った。この例をもう少し現実に近づけてみよう。洗濯にはそれなりの時間がかかるが、洗濯物を洗うだけでなく、洗濯物を乾かしてたたむ必要もある —— せっかくのハワイ旅行にしわくちゃの服なんて着ていきたくない。
　パイプライン処理を使わない場合、1 台の洗濯機と乾燥機で 4 回分の洗濯物を洗って乾かしてたたむと、次のようになる。

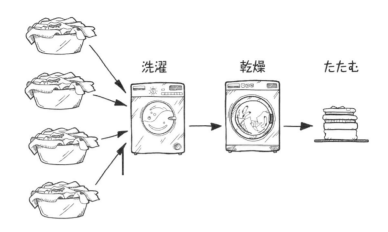

　これでは、リソース（洗濯機と乾燥機）が十分に活用されない。他の作業が行われている間、リソースがアイドル状態になるときがある。

　パイプライン処理を使う場合、洗濯機と乾燥機は常に稼働するため、無駄な時間がない。洗濯プロセスの3つのステップが、洗濯する人、乾かす人、たたむ人（おそらくあなた）という3人の作業員に分割される。作業員はそれぞれ共通のリソースをロックする。

　1つ目の洗濯物はReady状態であり、洗濯機に放り込まれる。洗濯が終わって洗濯機から取り出された洗濯物は、パイプラインの次のステップである乾燥機に移される。1つ目の洗濯物を乾燥機で乾かしている間、洗濯機は空いている（アイドル状態である）ため、2つ目の洗濯物の洗濯を開始できる。

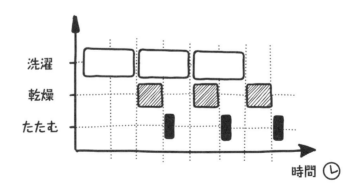

　パイプラインを通過する2つ目のワークロードが1つ目のワークロードと同時に実行されると、並行処理が発生する。あらかじめ分割された演算の同時実行が、処理の高速化につながることは間違いない。

120 第 7 章 分解

NOTE ビッグデータの世界でよく使われるパターンの 1 つに、ETL (Extract, Transform, Load) がある。ETL は、Pipeline パターンを実装しているさまざまなソースからデータを収集して処理するためのパラダイムとしてよく知られている。ETL ツールを使って 1 つまたは複数のソースからデータを**抽出** (extract) し、構造化された情報に**変換** (transform) し、ターゲットであるデータウェアハウスやその他のターゲットシステムに**ロード** (load) する。

このような機能を実装するには、独立した状態で実行されるタスクを作成する方法と、タスクを互いにやり取りさせる方法の 2 つが必要である。ここで役立つのが、スレッドとキューである。どのようなコードになるか見てみよう。

```python
# Chapter 7/pipeline.py
import time
from queue import Queue
from threading import Thread

Washload = str

class Washer(Thread):
    def __init__(self, in_queue: Queue[Washload],
                       out_queue: Queue[Washload]):
        super().__init__()
        self.in_queue = in_queue
        self.out_queue = out_queue

    def run(self) -> None:
        while True:
            washload = self.in_queue.get()          # 前のステップから洗濯物を受け取る
            print(f"Washer: washing {washload}...")
            time.sleep(4)                            # 実際の作業をシミュレート
            self.out_queue.put(f'{washload}')        # 洗濯物を次のステップに送る
            self.in_queue.task_done()

class Dryer(Thread):
    def __init__(self, in_queue: Queue[Washload],
                       out_queue: Queue[Washload]):
        super().__init__()
        self.in_queue = in_queue
        self.out_queue = out_queue

    def run(self) -> None:
        while True:
            washload = self.in_queue.get()          # 前のステップから洗濯物を受け取る
            print(f"Dryer: drying {washload}...")
            time.sleep(2)                            # 実際の作業をシミュレート
            self.out_queue.put(f'{washload}')        # 洗濯物を次のステップに送る
```

7.3 タスク分解：Pipeline パターン | 121

```python
            self.in_queue.task_done()

class Folder(Thread):
    def __init__(self, in_queue: Queue[Washload]):
        super().__init__()
        self.in_queue = in_queue

    def run(self) -> None:
        while True:
            washload = self.in_queue.get()          # 前のステップから洗濯物を受け取る
            print(f"Folder: folding {washload}...")
            time.sleep(1)                            # 実際の作業をシミュレート
            print(f"Folder: {washload} done!")
            self.in_queue.task_done()                # 洗濯物を次のステップに送る

class Pipeline:
    def assemble_laundry_for_washing(self) -> Queue[Washload]:
        washload_count = 4
        washloads_in: Queue[Washload] = Queue(washload_count)
        for washload_num in range(washload_count):
            washloads_in.put(f'Washload #{washload_num}')
        return washloads_in

    def run_concurrently(self) -> None:
        to_be_washed = self.assemble_laundry_for_washing()
        to_be_dried: Queue[Washload] = Queue()
        to_be_folded: Queue[Washload] = Queue()
                                                     # 洗濯物のキューを組み立て、
                                                     # キューによってリンクされた
                                                     # スレッドを正しい順序で開始
        Washer(to_be_washed, to_be_dried).start()
        Dryer(to_be_dried, to_be_folded).start()
        Folder(to_be_folded).start()

        to_be_washed.join()
        to_be_dried.join()                           # キューに配置された洗濯物が
        to_be_folded.join()                          # すべて処理されるまで待機
        print("All done!")

if __name__ == "__main__":
    pipeline = Pipeline()
    pipeline.run_concurrently()
```

Washer、Dryer、Folder の 3 つのメインクラスを実装している。このプログラムでは、関数がそれぞれ別のスレッドで同時に実行される。出力は次のようになる。

```
Washer: washing Washload #0...
Washer: washing Washload #1...
Dryer: drying Washload #0...
Folder: folding Washload #0...
Folder: Washload #0 done!
Washer: washing Washload #2...
Dryer: drying Washload #1...
Folder: folding Washload #1...
Folder: Washload #1 done!
Washer: washing Washload #3...
Dryer: drying Washload #2...
Folder: folding Washload #2...
Folder: Washload #2 done!
Dryer: drying Washload #3...
Folder: folding Washload #3...
Folder: Washload #3 done!
All done!
```

　Pipeline パターンを使うと、一度に洗濯できる洗濯物の量が増えるため、1回分ずつ洗濯するよりも効率がよくなる。衣類を洗濯するのに3つのステップが必要で、これらのステップにそれぞれ20分、10分、5分かかるとしよう。3つのステップをすべて順番に実行した場合、35分ごとに1回分の洗濯が終わることになる。

　Pipeline パターンを使う場合は、1つ目の洗濯物を35分で完了し、それ以降の洗濯物をすべて20分で完了できる。なぜなら、1つ目の洗濯物の洗濯ステップが終わるとすぐに2つ目の洗濯物が洗濯ステップに進み、その間に1つ目の洗濯物が乾燥ステップに進むからだ。したがって、1つ目の洗濯物は洗濯ステップの開始から35分後にパイプラインを抜け、2つ目の洗濯物は55分後、3つ目の洗濯物は75分後にパイプラインを抜けるといった具合になる。

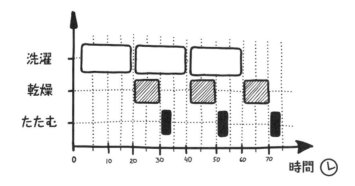

パイプライン処理は、単純な並列処理でうまく置き換えられるように思える。しかし、この例でさえ、並列化を維持するには 4 台の洗濯機と 4 台の乾燥機が必要になる。すべての機器と設置スペースのコストを考えただけでも、筆者に言わせれば無理である。

パイプライン処理を利用すれば、共有リソースの数が限られている場合に、特定のパイプラインステップに必要な（たとえば、スレッドプール内の）スレッドの数を制限できるため、スレッドがアイドル状態になるという無駄がなくなる。共有リソースの数が限られている場合にパイプライン処理が最も役立つのはそのためである。

> **NOTE**　たとえば、ファイルシステムには、同時に処理できる読み取り／書き込みリクエストの数に制限があり、その制限を超えると過負荷に陥る。このため、このステップに並行処理の利点をもたらすスレッドの数には上限がある。

パイプライン処理は、データ分解など、他の分解アプローチとよく組み合わされる。というわけで、次はデータ分解について見ていこう。

7.4　データ分解

よく使われるもう 1 つの並行処理プログラミングモデルは、**データ分解**である。データ分解では、コレクションの複数の要素に同じ演算が適用されるときに発生する並行性を開発者が利用できる。たとえば、配列のすべての要素の値を 2 倍にしたり、納税者の所得が特定の税率区分を超える場合に税金を増やしたりする場合である。各タスクが実行する命令セットは同じだが、それぞれ異なるデータチャンクを使う。

したがって、データ分解は、「タスクのデータを互いに独立した状態で処理できるチャンクに分解するにはどうすればよいか」という質問に答える。つまり、データ分解は、タスクの種類ではなく、データに基づいている。

シャベルの問題に戻ろう。シャベルは 1 本しかなく、目標は家のまわりから雪をどけることである。しかし、シャベルが 1 本ではなく 2 本あれば、領域（データ）を 2 つのゾーン（データチャンク）に分割し、異なるデータでの演算の独立性を利用して、雪かきを並列に行うことができる。

　データ分解では、データを**チャンク**に分割する。各データチャンクでの演算はそれぞれ独立したタスクとして扱うことができるため、結果として得られる並行処理プログラムはそうした演算のシーケンスで構成される。データ分解については、第5章のパスワードの解読の例ですでに使っている。その際には、考えられる限りのパスワード（データ）を独立したグループ（タスクの一部）に分割し、異なる計算リソースで均等に処理した。

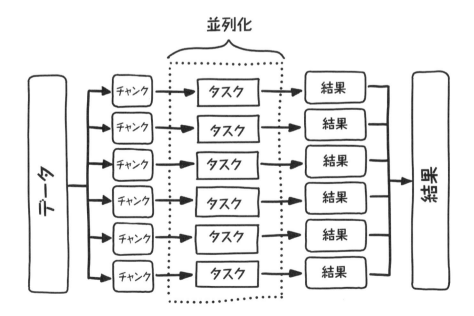

NOTE 本章では、アプリケーション層での並行処理について説明しているが、データ分解はハードウェア層での実際の並列化に大きく依存する。それなしには、この手法を使う意味がほとんどないからだ。

　分散システムでデータ分解を実現するには、ワークロードを複数のコンピュータの間で分割するか、1台のコンピュータ上の複数のプロセッサコアの間で分割する。分散に特化したシステムでは、入力データの量に関係なく、利用可能なすべての計算リソースで同じステップが同時に実行されるため、いつでもリソースの水平スケーリングでシステムパフォーマンスを向上させることができる。どこかで聞いたことがあるような。そう、これは SIMD（Single Instruction, Multiple Data streams）アーキテクチャに似ている。この種のアーキテクチャは、このカテゴリのタスクに最適である。

7.4.1　ループレベルの並列化

　データ分解の主な候補は、データチャンクごとに独立した状態で実行できる演算を使うプログラムである。一般に、ループはどのような形式のものでも（for ループ、while ループ、for-each ループ）、このカテゴリと申し分なく適合することが多く、そのため**ループレベルの並列化**とも呼ばれる。ループレベルの並列化は、ループから並行処理のタスクを抽出するためによく使われるアプローチである。コンパイラの中には、プログラムの逐次処理部分を同等の並行処理コードに自動的に変換できるものがある。そうしたコンパイラでは、ループレベルの並列化を自動的に利用できる。

　あるアプリケーションの作成を任されているとしよう。このアプリケーションは、ある検索キーワードが含まれているファイルをコンピュータ上で検索する。このアプリケーションに検索するテキスト文字列を入力すると、その検索キーワードが含まれているファイルの名前が出力される。

　このような機能を実装するにはどうすればよいだろうか。

　並行処理を使わずに単純な逐次処理形式でプログラムを実装する場合は、単純な for ループになる。

```python
# Chapter 7/find_files/find_files_sequential.py
import os
import time
import glob
import typing as T

def search_file(file_location: str, search_string: str) -> bool:
    with open(file_location, "r", encoding="utf8") as file:
        return search_string in file.read()
```

```python
def search_files_sequentially(file_locations: T.List[str],
                              search_string: str) -> None:
    for file_name in file_locations:
        result = search_file(file_name, search_string)
        if result:
            print(f"Found word in file: `{file_name}`")


if __name__ == "__main__":
    file_locations = list(
        glob.glob(f"{os.path.abspath(os.getcwd())}/books/*.txt"))
    search_string = input("What word are you trying to find?: ")

    start_time = time.perf_counter()
    search_files_sequentially(file_locations, search_string)
    process_time = time.perf_counter() - start_time
    print(f"PROCESS TIME: {process_time}")
```

検索するファイルの
場所からなるリスト
を作成

ユーザーが入力
した検索キー
ワードを取得

このスクリプトを使うには、プロンプトが表示されたら、books ディレクトリで検索する英単語を入力する。スクリプトは、このディレクトリにあるすべてのファイルを検索し、その英単語を含んでいるファイルの名前を出力する。出力は次のようになる。

```
What word are you trying to find?: brillig
Found string in file: `.../books/Through the Looking-Glass.txt`
PROCESS TIME: 0.75120013574
```

このコードを調べてみると、for ループでは、繰り返し（イテレーション）のたびに、そのつど異なるデータ（ファイル）で同じアクションを独立して実行することがわかる。ファイル N の処理が完了していなくても、ファイル N + 1 の処理を開始できる。それなら、これらのデータチャンクを分割して、複数のスレッドで処理を開始できるのでは？ もちろんである。

```python
# Chapter 7/find_files/find_files_concurrent.py
import os
import time
import glob
import typing as T
from multiprocessing.pool import ThreadPool

def search_file(file_location: str, search_string: str) -> bool:
    with open(file_location, "r", encoding="utf8") as file:
        return search_string in file.read()

def search_files_concurrently(file_locations: T.List[str],
```

```
                        search_string: str) -> None:
    with ThreadPool() as pool:
        results = pool.starmap(search_file,
                               ((file_location, search_string)
                                for file_location in file_locations))
        for result, file_name in zip(results, file_locations):
            if result:
                print(f"Found string in file: `{file_name}`")

if __name__ == "__main__":
    file_locations = list(
        glob.glob(f"{os.path.abspath(os.getcwd())}/books/*.txt"))
    search_string = input("What word are you trying to find?: ")

    start_time = time.perf_counter()
    search_files_concurrently(file_locations, search_string)
    process_time = time.perf_counter() - start_time
    print(f"PROCESS TIME: {process_time}")
```

それぞれのスレッドで同じ単語の
検索を並行して実行

複数のスレッドを使って、books ディレクトリ内のすべてのファイルで、指定された英単語を検索する。出力は次のようになる。

```
What word are you trying to find?: brillig
Found string in file: `.../books/Through the Looking-Glass.txt`
PROCESS TIME: 0.04880058398703113
```

NOTE この例では、利用可能な CPU コアをすべて使って、複数のファイルを同時に処理したい。しかし、ハードディスクからのファイルの取り出しは I/O 処理であるため、実行を開始した時点では、データがメモリ内に存在しないことに注意しなければならない。つまり、並列ハードウェアを使ったとしても、データチャンクが同時に処理されるとは限らない。ただし、ループレベルの並列化を使う場合は、データチャンクが少なくとも 1 つ読み取られた時点で、プログラムが有意な実行を開始できる。実行システムはシングルスレッドでもよく、作業が実行可能になったらすぐに完了するようなマルチタスクには依然として役立つ。

サンプルコードでは、スレッドが実行する作業は同じだが、イテレーション（ひいてはデータ）が異なる。スレッドが N 個ある場合、スレッドはそれぞれ N 分の 1 のデータを同時に処理できる。

7.4.2 Map パターン

前項で実装したのは、**Map パターン**という新しいプログラミングパターンである。Map パターンの考え方は、関数型プログラミング言語の手法に基づいている。このパターンは、コレ

クションのすべての要素に単一の演算が適用される状況で使われるが、個々のタスクはすべて自律的に処理され、副作用は発生しない（つまり、プログラムの状態は変更されず、入力データが出力データに変換されるだけである）。

Map パターンは、バカパラタスクを解決するために使われる。バカパラタスクは、通信や同期を必要としない独立したサブタスクに分解できるタスクである。そうしたサブタスクは、1 つ以上のプロセス、スレッド、SIMD トラック、または複数のコンピュータで実行される。

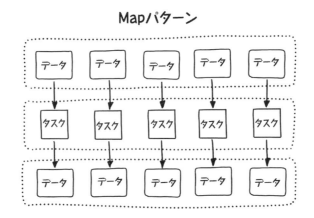

Mapパターン

多くのプログラム ── 特に科学システムや分析システムでは、実行時間のかなりの部分をループが占めている。それらのループの形状はさまざまである。自分の問題がこのパターンに当てはまるかどうかを理解するには、ソースコードレベルか、それに近いレベルで分析を行う必要がある。その際には、ループのイテレーション間の依存関係 ── つまり、前のイテレーションのデータが後続のイテレーションで使われるかどうかを理解することが重要となる。

NOTE ちまたの多くのライブラリやフレームワークでは、ループレベルの並列化が使われている。OpenMP (Open MultiProcessing) は、マルチコアプロセッサアーキテクチャでループレベルの並列化を使っている。NVIDIA の CUDA ライブラリは、GPU アーキテクチャでループレベルの並列化を提供する。Map パターンは、Scala、Java、Kotlin、Python、Haskell など、現代のほとんどのプログラミング言語で広く実装されている。

このように、データ分解は広く使われているが、さらによく使われているパターンがもう 1 つある。

7.4.3　Fork/Join パターン

残念ながら、アプリケーションには逐次処理部分と並行処理部分が含まれることが多い。逐

次処理部分とは、独立しておらず、特定の順序で実行しなければならない部分のことである。並行処理部分とは、順不同で、場合によっては並列に実行できる部分のことである。この種のアプリケーションでよく使われる並行処理パターンがもう1つある。

地方の市長選挙の開票作業の準備を担当しているとしよう（これは架空のシナリオなので、そのつもりで読んでほしい）。作業は単純で、投票用紙を調べて、候補者の得票数を数えるだけである。

あなたにとって初めての選挙なので、作業の段取りについてはあまり考えず、選挙日の投票が締め切られたあとにすべて自分1人で行うことにする。あなたは山積みの投票用紙を1枚ずつ調べていく。1日がかりの作業になるが、何とかやり遂げる。逐次処理ソリューションは次のようなものになる。

```python
# Chapter 7/count_votes/count_votes_sequential.py
import typing as T
import random

Summary = T.Mapping[int, int]

def process_votes(pile: T.List[int]) -> Summary:
    summary = {}
    for vote in pile:
        if vote in summary:
            summary[vote] += 1
        else:
            summary[vote] = 1
    return summary

if __name__ == "__main__":
    num_candidates = 3
    num_voters = 100000
    pile = [random.randint(1, num_candidates) for _ in range(num_voters)]
    counts = process_votes(pile)
    print(f"Total number of votes: {counts}")
```

> 3人の候補者に対する膨大な量の票を生成。各票は選ばれた候補者を表す整数

この関数は、引数として配列を受け取り、各候補者の得票数が含まれた連想配列を返す。引数として渡される配列の各要素は、特定の候補者の票を表している。

この選挙での功績が認められたあなたは、選挙当日の開票作業のまとめ役に抜擢される。しかも、地方選挙ではなく、国の大統領選挙である。そして、さまざまな州から膨大な数の票が集まるため、あなたは同じ逐次的なアプローチを用いるのは現実的ではないことに気付く。

限られた時間内に膨大な数の票を処理するには、どのような段取りで作業を行えばよいだろうか。

大量の投票用紙を処理する方法としてすぐに思い浮かぶのは、投票用紙をいくつかの小さな山に分け、それぞれの山を別々の開票スタッフに渡して同時に処理させることである。作業を複数のメンバーまたはグループに分配すれば、このプロセスを簡単に高速化できる。ただし、それで終わりではなく、各候補者の得票数をまとめたレポートを作成する必要もある。各スタッフの集計結果を報告するのではなく、それらの集計結果を1つにまとめなければならない。そこで、最初に投票用紙を分割し、分割した投票用紙を開票スタッフに分配し、開票作業が終わったらそれぞれの結果をあなたがまとめることにする。

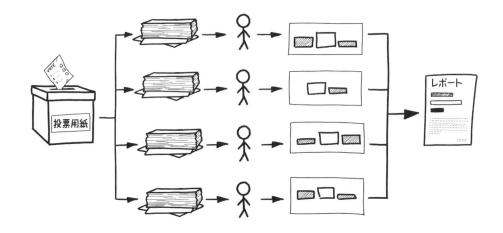

並列実行を活用するために、開票作業を行うスタッフを増員する。4人のスタッフを雇う場合は、次のようになる。

- 1人目のスタッフに投票用紙の最初の4分の1を集計してもらう。
- 2人目のスタッフに投票用紙の次の4分の1を集計してもらう。
- 3人目のスタッフに投票用紙の次の4分の1を集計してもらう。
- 4人目のスタッフに投票用紙の残りの4分の1を集計してもらう。
- 4つの結果をすべて受け取り、それらをまとめてレポートを作成する。

最初の4つのタスクは並列実行できるが、最後のタスクはそれまでのステップの結果に依存するため、逐次実行になる。

次のコードを見る前に、この問題を解く方法を自分で考えてみよう。

```
# Chapter 7/count_votes/count_votes_concurrent.py
import typing as T
import random
```

```python
from multiprocessing.pool import ThreadPool

Summary = T.Mapping[int, int]

def process_votes(pile: T.List[int], worker_count: int = 4) -> Summary:
    vote_count = len(pile)
    vpw = vote_count // worker_count

    vote_piles = [
        pile[i * vpw:(i + 1) * vpw]
        for i in range(worker_count)
    ]

    with ThreadPool(worker_count) as pool:
        worker_summaries = pool.map(process_pile, vote_piles)

    total_summary = {}
    for worker_summary in worker_summaries:
        print(f"Votes from staff member: {worker_summary}")
        for candidate, count in worker_summary.items():
            if candidate in total_summary:
                total_summary[candidate] += count
            else:
                total_summary[candidate] = count

    return total_summary

def process_pile(pile: T.List[int]) -> Summary:
    summary = {}
    for vote in pile:
        if vote in summary:
            summary[vote] += 1
        else:
            summary[vote] = 1
    return summary

if __name__ == "__main__":
    num_candidates = 3
    num_voters = 100000
    pile = [random.randint(1, num_candidates) for _ in range(num_voters)]
    counts = process_votes(pile)
    print(f"Total number of votes: {counts}")
```

Fork ステップ：投票用紙をスタッフ
に分配し、開票作業を同時に実行

Join ステップ：スタッフの
集計をまとめる

　この例では、並行処理アプリケーションを作成するためのプログラミングパターンとしてよく知られているものを利用している。このパターンは **Fork/Join パターン**と呼ばれる。

　このパターンの仕組みは次のようになる —— データを複数の小さなチャンクに分割し、そ

れぞれを独立したタスクとして処理する。この例では、投票用紙の小さな山を開票スタッフに分配する。このステップを **Fork**（フォーク）と呼ぶ。ループレベルの並列化と同様に、処理リソースを追加すると、水平方向へのスケーリングが可能になる。

続いて、元の問題の解が得られるまで、個々のタスクの結果を結合するプロセスを実行する。この例では、各開票スタッフの集計結果に基づいて、各候補者の最終得票数を集計する必要があるが、これを同期ポイントとして考えることができる。このステップでは、依存先のタスクがすべて完了するのを待ってから、最終結果を計算する。このステップを **Join**（結合）と呼ぶ。

これら2つのステップを組み合わせたものが、Fork/Join パターンである。先に述べたように、Fork/Join は現在最もよく使われているパターンの1つであり、多くの並行処理システムや並行処理ライブラリがこのスタイルで記述されている。

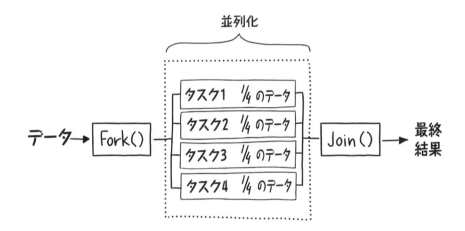

7.4.4　Map/Reduce パターン

Map/Reduce は、Fork/Join パターンとの関連が深いもう1つの並行処理パターンである。Map フェーズの考え方は Map パターンと同じであり、1つの関数ですべての入力をマッピングし、新しい結果を取得する（「2倍にする」など）。Reduce フェーズでは、集計を行う（「個々の得票数を合計する」、「最小値を求める」など）。Map フェーズと Reduce フェーズは、通常は順番に実行される。つまり、Map フェーズで生成された中間結果を、Reduce フェーズで処理する。

Map/Reduce パターンでは、Fork/Join パターンと同様に、一連の入力データが複数の処理リソースによって並列に処理される。それらの結果は、最終的に1つになるまで結合される。構造的には同じだが、実行される作業の種類に少し異なる理念が反映されている。Map フェーズと Reduce フェーズは、1台のコンピュータの域を超えるスケーリングが可能である点で、標準の Fork/Join よりも独立性が高い。つまり、大量のデータで1つの演算を実行するた

めにずらりと並んだマシンを活用できる。Fork/Join パターンとのもう 1 つの違いは、Map フェーズを Reduce フェーズなしで実行できる場合があることだ（その逆もまた同様である）。

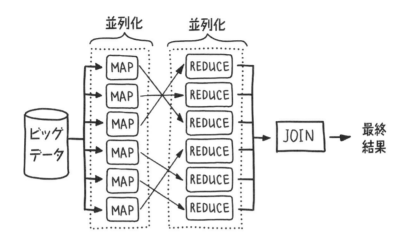

この考え方は、Google の MapReduce フレームワークと Yahoo のオープンソースバージョンの Apache Hadoop のベースとなっている重要な概念の 1 つである。そうしたシステムでは、データのマッピングと集計の方法を表す処理を開発者が記述するだけでよい。そうすると、システムがすべての作業を自動的に実行し、多くの場合は、数百または数千ものコンピュータを使って数ギガまたは数テラバイトものデータを処理する。開発者は、そのために必要なロジックを、そのフレームワークが提供している計算プリミティブとしてラップするだけでよい。それ以外の作業はすべてランタイムシステムに任せることができる。

NOTE　現在最もよく使われているフレームワークの 1 つは、MapReduce をモデルとする Apache Spark である。このフレームワークは、関数型プログラミングとパイプライン処理を使って Map/Reduce パターンを実装している。Apache Spark では、MapReduce のようにジョブごとにデータをディスクに書き込むのではなく、複数のジョブにまたがって結果をキャッシュできる。Apache Spark は、Spark SQL/DataFrames、GraphX、Spark Streaming など、さまざまなシステムのベースとなっているフレームワークでもある。このため、同じアプリケーションでこれらのシステムを組み合わせて利用するのも簡単である。こうした特徴を持つ Apache Spark は、反復的なジョブやインタラクティブな分析に最適であり、パフォーマンスを向上させるのに役立つ。

データ分解とタスク分解は相互排他的なプロセスではなく、同じアプリケーションで組み合わせることで、同時に実装できる。このようにして並行処理をうまく活用すれば、アプリケーションを最大限にパワーアップできる。

7.5　粒度

先の投票の例では、かなり疑問の余地がある2つの仮定を採用した。

- 1つ目の仮定は、4つの処理リソース（開票スタッフ）があり、処理リソースがそれぞれ同じ量の作業を行うというものだった。しかし、処理リソースの数を制限するのは意味をなさない。並行処理アプリケーションには、利用可能なすべての処理リソースを効率よく使わせたい。常にちょうど4つのスレッドを使うというのは、最適なアプローチではない。3つのコアを搭載したシステムでプログラムを実行するとしたら、シングルコアのシステムで3つのスレッドに均等に分配する場合よりも時間がかかるだろう。逆に、8つのコアを搭載したシステムでは、4つのスレッドがアイドル状態になってしまう。

- 2つ目の仮定は、アプリケーションが実行時にすべての処理リソースを独占的に利用できるというものだった。しかし、そのシステムで実行されるアプリケーションはそれだけではなく、他のアプリケーションやシステム自体で処理リソースが必要になるかもしれない。

　これらの仮定はひとまず措いて、「タスクをできるだけ効率よく実行するために、システムの利用可能なリソースをすべて活用するにはどうすればよいか」という問題がある。ランタイムシステムの柔軟性を向上させる上で理想的なのは、問題を分解するときのタスクの数が、利用可能な処理リソースの数と同じか、できればそれ以上であることだ。

　問題を複数のタスクに分解するときのタスクの数とサイズにより、分解の**粒度**（granularity）が決まる。粒度は、通常は特定のタスクで実行される命令の数によって表される。たとえば先の問題では、作業を（4つではなく）8つのスレッドに分割すると、プログラムが**細粒度**になり、この場合は柔軟性が高くなる。つまり、計算リソースがさらに利用できる場合は、それらのリソースを使って実行できる。1つのコアで一度に実行できるスレッドは、物理的には1つだけなので、システムで利用できるコアが4つだけの場合は、すべてのスレッドが同時に実行されるわけではない。とはいえ、問題はない。ランタイムシステムは、順番を待っているスレッドに絶えず注意を払い、すべてのコアがビジー状態になるようにするからだ。たとえばスケジューラは、最初の4つのスレッドを並列に実行し、それらが終了したら残りの4つのスレッドを実行するかもしれない。システムにコアが8つ搭載されている場合は、すべてのタスク（スレッド）を並列に実行できる。

　粗粒度のアプローチでは、プログラムはより大きなタスクに分割される。結果として、大量の計算がプロセッサに割り当てられる。このため、一部のタスクによってデータのほとんどが処理され、他のタスクがアイドル状態になるなど、負荷が不均衡になり、プログラムの並行性が制限されることがある。ただし、このアプローチには、通信と調整のオーバーヘッドが小さ

いという利点もある。

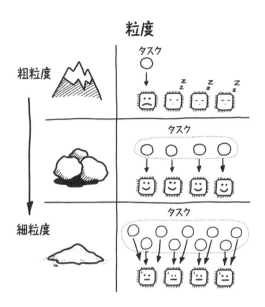

　細粒度のアプローチをとる場合、プログラムはいくつもの小さなタスクに分割される。このようにすると、並列度が高くなり、タスクが複数のプロセッサに均等に分配されるようになる。並行処理タスクに関連する作業量が少なくなり、それらのタスクが非常にすばやく実行されるようになるため、システムのパフォーマンスがよくなる。

　ただし、小さなタスクを大量に作成することには、欠点もある。やり取りしなければならないタスクの数が増えれば、通信のコストも大幅に増える。タスクをやり取りさせるには、タスクの計算を中断してメッセージを交換しなければならない。通信のコストに加えて、タスクを作成するコストも見ておく必要があるだろう。先に述べたように、スレッドとプロセスの作成には、オーバーヘッドというコストが伴う。タスクの数を、たとえば 1,000,000 に増やしたらどうなるだろうか。OS のスケジューラの負荷が大幅に増加し、システムのパフォーマンスが大幅に低下するだろう。したがって、最適なパフォーマンスが達成されるポイントは、細粒度と粗粒度という 2 つの極値の間のどこかにある。

　タスク分解に基づいて開発されたアルゴリズムの多くは、複数のタスクと構造化された通信で構成される。これらのタスクの数は固定であり、サイズはそれぞれ同じである。通信には、ローカル接続とグローバル接続がある。このような場合、効率的なマッピングは単純明快であり、プロセッサ間の通信が最小限になるような方法でタスクをマッピングすればよい。また、1 つのプロセッサにマッピングされたタスクを（まだ結合されていなければ）結合し、プロセッサごとに粗粒度のタスクを 1 つ作成することもできる。タスクをグループ化するこのプロセス

を**凝集化**（agglomeration）と呼ぶ。凝集化については、第13章で詳しく見ていく。

データ分解に関しては、小さなタスクをできるだけ多く定義することに努めるべきである。このようにすると、並列実行の可能性を幅広く検討せざるを得なくなるからだ。それらのタスクは（必要であれば）より大きなタスクに結合される —— この凝集化のプロセスは、パフォーマンスの向上や通信の削減を目的として実行される。

タスク分解に基づいて開発された複雑なアルゴリズムでは、有効な凝集化・マッピング戦略が開発者にとって明白ではない場合がある。というのも、タスクごとのワークロードにばらつきがあったり、通信方式が構造化されていなかったりするからだ。そのような場合は、ロードバランシング（負荷分散）アルゴリズムを利用するという手がある。このアルゴリズムの目的は、通常はヒューリスティックを使って、効率的な凝集化・マッピング戦略を特定することにある。

7.6　本章のまとめ

- プログラミング問題を分解する方法に魔法の公式はない。分解に役立つテクニックの1つは、**タスク依存関係グラフ**を構築してアルゴリズムを構成しているタスクの依存関係を可視化し、そこから独立しているタスクを見つけ出すことである。

- アプリケーションに明らかな機能コンポーネントがある場合は、**タスク分解**を使ってアプリケーションを機能的に独立したタスクに分解し、MIMD/MISDシステムを使って実行すると有利に働くことがある。タスク分解は、「問題を同時に実行できる複数のタスクに分解するにはどうすればよいか」という質問に答える。

- **パイプライン処理**は、よく知られているタスク分解パターンであり、共有リソースの数が限られている場合にシステムのスループットを向上させるのに役立つ。このパターンは他の分解アプローチと組み合わせて使うことができる。

- アプリケーションを構成しているステップの中に、異なるデータチャンクで独立して実行できるものがある場合は、**データ分解**を活用すると有利に働くことがある。実行には、SIMDシステムを使うことができる。データ分解は、「問題のデータを比較的独立した状態で処理できるチャンクに分解するにはどうすればよいか」という質問に答える。

- **Mapパターン**、**Fork/Joinパターン**、**Map/Reduceパターン**は、よく知られているデータ分解パターンであり、多くの一般的なライブラリやフレームワークで広く利用されている。

- タスクの数とサイズによってシステムの**粒度**が決まる。ランタイムシステムの柔軟性を向上させる上で理想的なのは、問題を分解するときのタスクの数が、少なくとも利用可能な処理リソースの数と同じか、できればそれ以上であることだ。

並行処理問題の解決：競合状態と同期 | 8

本章で学ぶ内容

- 並行処理の最もよくある問題の1つである競合状態を特定して解決する方法
- 同期プリミティブを使ってタスク間でリソースを安全かつ確実に共有する方法

逐次処理プログラムでは、コードの実行は予測可能性と決定論性からなるハッピーパス（正常系）をたどる —— コードを調べてその振る舞いを理解したければ、プログラムの現在の状態をもとに、各関数の動作の仕組みを理解するだけでよい。しかし、並行処理プログラムでは、プログラムの状態は実行の途中で変化する。OSのスケジューラ、キャッシュコヒーレンシ、プラットフォームのコンパイラといったプログラムを取り巻く状況が、実行の順序やプログラムがアクセスするリソースに影響を与える可能性がある。それに加えて、並行処理タスクは同じリソース（CPU、共有変数、ファイルなど）をめぐって競合し、OSでは制御できないことがよくある。そのどれもが、プログラムの結果に影響を与える可能性がある。

並行処理の制御の重要性が明らかになったのは、2012年5月にFacebookが待望の新規株式公開（IPO）を行ったときだった。NASDAQ市場でシステム障害が発生し、Facebookの取引開始は30分遅れた。競合状態が発生したために売買注文の変更や取消が遅れ、トレーダーが大きな損失を被った。IPOの出来高が期待外れに終わったことは、アメリカ市場最大級のIPOの1つを成功させるというNASDAQの役割に暗い影を投げかけ、効果的な並行処理の制御が決定的に必要であることを浮き彫りにした[※1]。

※1　https://www.computerworld.com/article/1545892/nasdaq-s-facebook-glitch-came-from-race-conditions-2.html

このように、詳細な要件やプログラムの流れが明白であるとは限らないため、プログラムのタスクや共有リソースの管理と調整をランタイムシステムに任せっきりにするわけにはいかない。本章では、共有リソースに対するアクセスを同期させるためのコードの書き方を学び、並行処理のよくある問題を調べ、解決策として考えられるものとよく知られている並行処理パターンを紹介する。

8.1　共有リソース

以前に紹介したレシピの例に戻ろう。多くの場合、レシピは複数のステップで構成されている。厨房に複数の料理人がいる場合は、それらのステップを同時に実行することができる。しかし、オーブンが1台しかない場合、七面鳥と別の料理を異なる温度で同時に調理することはできない。この場合、オーブンは共有リソースである。

要するに、「複数の料理人」は効率を上げる機会を提供するが、**通信**と**調整**が必要になるため、調理の工程はもっと難しくなる。プログラミングも同じである —— OSは複数のタスクを同時に実行し、これらのタスクも限られたリソースに依存する。そうしたタスクは独立した状態で実行され、多くの場合は、互いの存在や行動を知らない。結果として、実行時に共有リソースにアクセスしようとして、競合が発生するかもしれない。そうした競合を防ぐには、各タスクが利用するリソースがどのようなものであろうと、その状態に影響を与えないようにすることが不可欠である。たとえば、2つのタスクが同時にプリンタを使おうとする状況について考えてみよう。プリンタに対するアクセスをうまく制御しないと、エラーが発生し、アプリケーション（場合によっては、システム全体）が、未知の —— ともすれば無効な状態に陥るかもしれない。

関数または演算を**スレッドセーフ**と呼べるのは、複数のタスクからアクセスされても正常に動作する場合である。つまり、スレッドセーフな関数または演算は、それらのタスクが実行環

境によってどのようにスケジュール（インターリーブ）されるのかにかかわらず、正常に動作しなければならない。スレッドセーフに関しては、アプリケーションを適切に設計することが、開発者にできる最善の防御である。リソースを共有しないようにし、タスク間の通信を最小限にすれば、それらのタスクが互いに干渉する可能性は低くなる。ただし、共有リソースを使わないアプリケーションの作成が常に可能であるとは限らない。

> **NOTE**　イミュータブル（不変）オブジェクトと純粋関数を使うと、スレッドセーフを簡単に実現できる。イミュータブルオブジェクトや純粋関数は状態を変更できないため、スレッドの干渉によって破壊されたり、一貫性のない状態になったりすることがないからである。プログラミング言語やアプリケーションのレベルでイミュータブル性が確保されれば、複数のスレッドによって使われている最中のデータが変化してしまうという心配はなくなる。なお、そうした手法については、本書では説明しない。

スレッドセーフとは何かを理解するために、まず、いつものように例を見ながら、安全ではないスレッドとはどのようなものなのかを理解することにしよう。

8.2　競合状態

バンキングソフトウェアを作成しているとしよう。このシステムでは、銀行口座ごとにオブジェクトが存在する。同じ口座で預入や引出を行うタスクは異なることがある（窓口、ATMなど）。この銀行のATMは共有メモリアプローチに基づいているため、すべてのATMが同じ銀行口座オブジェクトを読み書きできるものとする。

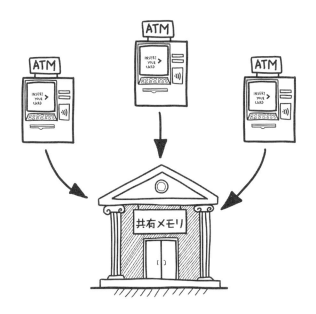

140 第 8 章 並行処理問題の解決：競合状態と同期

たとえば、銀行口座クラスに預入と引出のメソッドがあるとしよう。

```python
# Chapter 8/race_condition/unsynced_bank_account.py
from bank_account import BankAccount

class UnsyncedBankAccount(BankAccount):
    def deposit(self, amount: float) -> None:
        if amount > 0:
            self.balance += amount
        else:
            raise ValueError("You can't deposit a negative amount of money")

    def withdraw(self, amount: float) -> None:
        if 0 < amount <= self.balance:
            self.balance -= amount
        else:
            raise ValueError("Account does not have sufficient funds")
```

　銀行口座を実装しているクラスがあり、口座の残高を表す内部変数 balance と、残高を増やすメソッド deposit() と減らすメソッド withdraw() が定義されている。
　現実世界の通常の想定では、あちこちに設置されている ATM で同じ取引が同時に実行される。コードでは、次のようになる。

```python
# Chapter 8/race_condition/race_condition.py
import sys
import time
from threading import Thread
import typing as T

from bank_account import BankAccount
from unsynced_bank_account import UnsyncedBankAccount

THREAD_DELAY = 1e-16

class ATM(Thread):
    def __init__(self, bank_account: BankAccount):
        super().__init__()
        self.bank_account = bank_account

    def transaction(self) -> None:
        self.bank_account.deposit(10)
        time.sleep(0.001)
        self.bank_account.withdraw(10)
```

1回の取引は銀行口座からの連続した預入と引出で構成される

```python
    def run(self) -> None:
        self.transaction()

def test_atms(account: BankAccount, atm_number: int = 1000) -> None:
    atms: T.List[ATM] = []
    for _ in range(atm_number):
        atm = ATM(account)
        atms.append(atm)
        atm.start()

    for atm in atms:
        atm.join()

if __name__ == "__main__":
    atm_number = 1000
    sys.setswitchinterval(THREAD_DELAY)

    account = UnsyncedBankAccount()
    test_atms(account, atm_number=atm_number)

    print("Balance of unsynced account after concurrent transactions:")
    print(f"Actual: {account.balance}\nExpected: 0")
```

銀行口座で取引を同時に実行するATMスレッドをいくつか作成

ATMスレッドの実行が完了するまで待機

コンテキストの切り替えによって処理が中断される可能性が大幅に高まるため、同期を効果的にテスト

ATMをスレッドとして実装している。このスレッドは、deposit()メソッドを呼び出したあと、同じ金額(たとえば10ドル)でwithdraw()メソッドを呼び出す。この例では、1,000台のATMを同時に実行する。口座に対して同じ金額の追加と削除を行った場合、口座の残高は変わらないはずである。プログラムの最後に残高は0になるはずだ。

しかし、このコードを実行すると、プログラムの最後に残高が食い違っていることがたびたびある。

```
Balance of unsynced account after concurrent transactions:
Actual: 380
Expected: 0
```

どうしてこうなるのだろうか。

第 8 章　並行処理問題の解決：競合状態と同期

メソッドが低レベルの命令に分解される仕組みを詳しく見てみよう。

deposit()	withdraw()		残高
残高を取得		←	0
10 を足す			0
結果を出力		→	10
	残高を取得	←	10
	10 を引く		10
	結果を出力	→	0

　2 台の ATM（A、B とする）が 1 つの銀行口座で預入を同時に行うとしよう。多くのシナリオでは、2 つのメソッド呼び出しを同時に実行しても、問題は発生しない。

ATM A の deposit()	ATM B の deposit()		残高
残高を取得		←	0
10 を足す			0
結果を出力		→	10
	残高を取得	←	10
	10 を足す		10
	結果を出力	→	20

　問題はなさそうだ。残高は正しく（20 ドル）、A と B の両方が取引を正しく実行している。
　しかし、ATM A と ATM B が同時に実行された場合、これらの低レベルの命令は次のようにインターリーブされる可能性がある。

ATM A の deposit()	ATM B の deposit()		残高
残高を取得		←	0
	残高を取得	←	0
10 を足す			
	10 を足す		
結果を出力		→	10
	結果を出力	→	10

　この場合、ATM A と ATM B は同時に残高を読み取り、異なる最終残高を計算し、新しい残高を保存するが、他の ATM の貢献は考慮されていない。そのため、預入の 1 つが失われ、残高は 10 ドルになる。10 ドルの預入が消えてしまった！

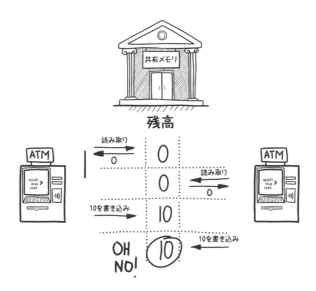

　2つのスレッドは異なるプロセッサコアで同時に実行される。または、OSのスケジューラが何らかのタイミングで一方のスレッドを停止し、もう一方のスレッドを開始するという切り替えを何度も繰り返す。deposit()メソッドの呼び出しが何度か繰り返されるうちに、残高が正しい状態ではなくなる可能性がある。一方のスレッドが預入を行い、もう一方のスレッドが引出を行う場合、引出を行っているスレッドによってスローされる例外は、処理の順序によって異なることがある。

　　　　　　　　　　　　　　これは**競合状態**の例である。競合状態では、タスクがアクセスしている共有リソースや共通の変数が、他のタスクによって同時に使われる可能性がある。結果として、プログラムの正確さは並行処理の相対的なタイミング次第ということになる。こうした状況を、「あるタスクが他のタスクと競合している」と言う。

　競合状態が発生する理由はさまざまである。コンパイラは、コードのセマンティクスを変えることなくコードの実行を高速化するために、通常はさまざまな最適化を行う。コンパイラがコードのインターリーブやその他の最適化を行わないように強制すると、コンパイラの効率が悪くなる。同様に、ハードウェアでは、たった1つの共有メモリ領域にプログラム内のデータがすべてコピーされるわけではなく、実際にはさまざまなキャッシュやバッファが存在する。第3章で説明したように、プロセッサが一部のメモリ領域に他の領域よりも高速にアクセスできるのはそのためである。結果として、ハードウェアはデータのさまざまなコピーを追跡し、それらのコピーをあちこちに移動させなければならない。この場合、他のスレッドから「見え

る」メモリ演算の順序は、プログラムで実行される順序とは違っている可能性がある。コンパイラの場合と同様に、すべての読み取り演算と書き込み演算をそれらが発生したときと同じ順序でハードウェアに実行させることは、パフォーマンスの観点から見て負担が大きすぎると考えられる。こうした最適化と順序の入れ替えはすべて開発者から完全に隠されており、競合状態さえ回避できれば、それらについて心配する必要はまったくない。

競合状態が原因で発生するエラーは、再現したり分離したりするのが難しい。それらは**ハイゼンバグ**（heisenbug）と呼ばれるプログラムエラーであり、調査しようとすると消えたり、動作が変わったりする。競合状態はセマンティックバグであるため、検出できるのは実行時だけである。プログラムを実行せずにコードを調べるだけでは、そうしたバグを理解するのは難しい。このため、残念ながら、競合状態を検出する普遍的な方法はない。なお、コード内のさまざまな場所に sleep 演算子を配置すると、タイミングが変化してスレッドの順序が変わるため、潜んでいる競合状態を引っ張り出せることがある。

> **NOTE** 使っているライブラリがスレッドセーフであることを確認しておこう。ライブラリがスレッドセーフではない場合は、ライブラリの呼び出しを同期させなければならない。また、ライブラリのコードが複数の同時呼び出しに対処するような設計になっていない場合、ライブラリ内のグローバル変数が問題の引き金になるかもしれない点にも注意しよう。そのような場合、そのライブラリを使うのはあきらめたほうがよいかもしれない。

結論として、アクセスを同期させるメカニズムが必要である。このメカニズムは、複数のタスクがそれぞれの処理を交互に実行すると不正確な結果につながるという状況を回避し、スレッドの安全性を確保するものになる。

8.3　同期

同期（synchronization）は、複数のタスクの間で共有リソースへのアクセスを制御するメカニズムであり、上記の問題に対する1つの解決策である。このメカニズムが特に重要となるのは、同時にアクセスすることが不可能なリソースに複数のタスクが同時にアクセスしようとする場合である。適切な同期メカニズムがあれば、リソースに対する排他的で秩序あるアクセスがタスク間で保証される。第2章と第6章では、実行ポイントを同期させ、依存先のタスクが終了するのを待つことによる調整について説明した。開発者は、コードの**クリティカルセクション**（critical section）を保護する目的でも同期を使うことができる。

クリティカルセクションとは、複数のタスクによって同時に実行される可能性があり、かつ共有リソースにアクセスできるコードのことである。たとえば、クリティカルセクションでは、開発者が特定のデータ構造を操作したり、プリンタのように一度に1つのクライアントにしか対応できないリソースを使ったりすることが考えられる。

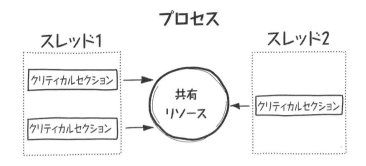

この制約は OS が理解して適用してくれると言いたいところだが、それは当てにできない。なぜなら、OS のスケジューラには細かい要件がわからないことがあるからだ。たとえば、プリンタでファイル全体を印刷するのであれば、個々のプロセスにプリンタを制御させたい。そうしないと、競合するプロセスの行が割り込んでしまうからだ。クリティカルセクションの中に、一度に 1 つのタスクだけが印刷を実行できるようにする何らかの相互排他メカニズムがなければならない。

ただし、プロセッサには、同期を実装するための命令がある。これらの命令を使うと、コードの特定のセクション内で割り込みを一時的に無効にすることができる。この機能は、実行が中断されることがあってはならないコードのクリティカルセクションの保護にも役立つ。こうした同期命令は、コンパイラや OS の開発者によってよく使われているものだが、さまざまなプログラミング言語でライブラリ関数としても抽象化されている。このため、プログラマーはそうした言語固有の関数を使ってコードのクリティカルセクションを保護することができる。プロセッサレベルの命令を直接操作しなくてもよいのである。

クリティカルセクションに対するアクセスは、**ロック**（lock）によって制御される。ロックはよく知られている同期プリミティブであり、振る舞いや意味が異なるさまざまな種類のロックがある。

8.3.1 相互排他

ロックのベースとなっている考え方は、タスクが処理を開始する前に、これから使うリソースに「Do not disturb（このリソースにアクセスしないで）」の札をかけて、処理が完了するまで外さないというものである。すべてのタスクが、「Do not disturb」の札をかけて処理を開始する前に、この札がすでにかかっているかどうかを確認する。そのような札がすでにかかっている場合、タスクはブロックされ、札が外されるまで待機する。このように、札をかけたタスクだけが処理を実行できるようにすることで、処理の競合を回避する。

たった今説明したように、プロセスとスレッドには、**Blocked**（ブロック）というもう1つの状態がある。次の図は、Created（作成済み）からReady（実行可能）、Running（実行中）、場合によってはBlocked（ブロック）、そしてTerminated（終了）までのスレッドのライフサイクルを示している。プロセスのライフサイクルも同じである。

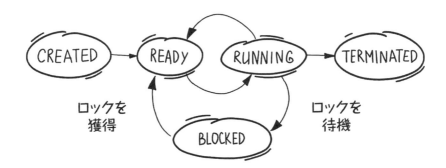

タスクが共有リソースを操作するには、最初にそのリソースのロックを獲得しなければならない。別のスレッドがすでにロックを獲得している場合、最初のスレッドはロックが解放されて獲得できる状態になるまで待機しなければならず、それまではBlocked状態になる。常に1つのタスクだけが共有リソースに排他的にアクセスできるようになることから、この手法は**相互排他**（mutual exclusion）、略して**ミューテックス**（mutex）と呼ばれる。多くのプログラミング言語やOSでは、並行処理のプリミティブが同じ名前で定義されている。

ミューテックスの状態は、ロックとアンロックの2つだけである。このプリミティブは、アンロック状態で作成され、acquire()とrelease()の2つのメソッドを持つ。acquire()メソッドは、ミューテックスをロックし、release()メソッドによってロックが解除されるまで実行をブロックする。release()メソッドは、ミューテックスのロックを解除するためのもので、ロック状態でのみ呼び出すことができる。release()メソッドが呼び出されると、ミューテックスがアンロック状態になり、そのタイミングで呼び出し元のスレッドに制御が戻される。

ミューテックスを使って残高の問題を解決してみよう。ミューテックスを使って内部変数balanceを保護するには、この変数を操作するコードブロック（プログラムのクリティカルセクション）をacquire()とrelease()の呼び出しで囲まなければならない。

```python
# Chapter 8/race_condition/synced_bank_account.py
from threading import Lock
from unsynced_bank_account import UnsyncedBankAccount

class SyncedBankAccount(UnsyncedBankAccount):
    def __init__(self, balance: float = 0):
        super().__init__(balance)
        self.mutex = Lock()

    def deposit(self, amount: float) -> None:
        self.mutex.acquire()
        super().deposit(amount)
        self.mutex.release()

    def withdraw(self, amount: float) -> None:
        self.mutex.acquire()
        super().withdraw(amount)
        self.mutex.release()
```

共有リソースのミューテックスを獲得。これにより、ミューテックスを獲得している1つのスレッドだけが実行可能状態になる

ミューテックスを解放

2つのメソッドにミューテックスを追加して、同じ種類の処理が一度に1つだけ実行されるようにしている。このようにすると、競合状態が発生しなくなる。残高を読み書きするdeposit()とwithdraw()がその処理を実行するのは、ロックを所有している間だけだからだ。あるスレッドが所有しているロックを別のスレッドが獲得しようとした場合、後者のスレッドはロックが解放されるまでブロックされる。したがって、ミューテックスを所有できるスレッドは常に1つだけであり、読み取り／書き込みまたは書き込み／書き込みを同時に行うことはできない。このことを実際に確認してみよう。

```python
# Chapter 8/race_condition/race_condition.py
......
```

第 8 章　並行処理問題の解決：競合状態と同期

```python
from synced_bank_account import SyncedBankAccount
......

if __name__ == "__main__":
    atm_number = 1000
    sys.setswitchinterval(THREAD_DELAY)

    account = UnsyncedBankAccount()
    test_atms(account, atm_number=atm_number)

    print("Balance of unsynced account after concurrent transactions:")
    print(f"Actual: {account.balance}\nExpected: 0")

    account = SyncedBankAccount()
    test_atms(account, atm_number=atm_number)

    print("Balance of synced account after concurrent transactions:")
    print(f"Actual: {account.balance}\nExpected: 0")
```

このスクリプトを実行した結果は次のようになる。

```
Balance of synced account after concurrent transactions:
Actual: 0
Expected: 0
```

　同期は、アプリケーション内のすべてのスレッドによって一貫して使われる場合にのみ有効となる。共有リソースへのアクセスを制限するためにミューテックスを作成する場合は、すべてのスレッドが共有リソースを操作する前に同じミューテックスを受け取らなければならない。それを怠った場合、ミューテックスによる保護は失われ、エラーが発生する可能性がある。

8.3.2　セマフォ

　セマフォ（semaphore）とは、ミューテックスと同様に、共有リソースへのアクセスを制御するために利用できるもう 1 つの同期メカニズムである。ただし、ミューテックスとは異なり、セマフォの場合は複数のタスクが同時にリソースにアクセスできる。したがって、ミューテックスでは、ロックの獲得と解放を行うことができるのは同じタスクだけだが、セマフォでは、複数のタスクがロックの獲得と解放を行うことができる。

　セマフォの内部には、獲得または解放された回数を追跡するカウンタがある。このカウンタの値が正である限り、どのタスクでもセマフォを獲得することができる。セマフォが獲得されると、カウントの値がデクリメントされる。カウンタが 0 になった場合、セマフォを獲得しようとするタスクはブロックされ、セマフォを獲得できる状態になる（カウンタの値が正になる）

まで待機する。共有リソースを使い終えたタスクがセマフォを解放すると、カウンタの値がインクリメントされる。そして、セマフォが空くのを他のスレッドが待っている場合は、それらのスレッドを起こしてセマフォを獲得させる。

ミューテックスについては、基本的には、**バイナリセマフォ**と呼ばれる特殊なセマフォと見なすことができる。ミューテックスの場合、内部カウンタの値は 0 または 1 のどちらかである。

NOTE セマフォは、1960 年代にコンピュータサイエンティストの Edsger Dijkstra によって造られた用語である。Dijkstra は、スレッド間で信号を送り合うのに利用できる同期プリミティブを、この用語で表した。セマフォは、船舶間の通信に旗や信号灯を使うことに由来している。Dijkstra は後に、**セマフォ**は信号以外の目的で使ったとしてもおかしくない一般的な概念であるため、自分がかつて説明した同期プリミティブにとって理想的な選択ではなかったことを認めている。

セマフォを使って公共駐車場をシミュレートしてみよう。この駐車場には、一定数の駐車スペースと、2 つの入口がある。駐車場には、車が出入りする。駐車スペースがない場合、車は駐車場に入れないが、駐車場から出たければ、いつでもそうすることができる。

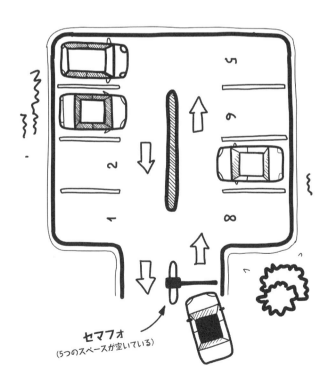

第 8 章　並行処理問題の解決：競合状態と同期

車が駐車場に入るには、駐車券を受け取らなければならない。駐車券の受け取りはセマフォの獲得に相当する。空いている駐車スペースがある場合は、1 つのスペースが割り当てられ、セマフォのカウンタがデクリメントされる。ただし、駐車場が満車になった場合、セマフォのカウンタは 0 になり、車は駐車場に入れなくなる。別の車がセマフォを獲得して駐車場に入れるようになるのは、現在セマフォを獲得している車がセマフォを解放したとき（通常は駐車場を出たあと）だけである。コードにすると、次のようになる。

```python
# Chapter 8/semaphore.py
import typing as T
import time
import random
from threading import Thread, Semaphore, Lock

TOTAL_SPOTS = 3

class Garage:

    def __init__(self) -> None:
        self.semaphore = Semaphore(TOTAL_SPOTS)
        self.cars_lock = Lock()
        self.parked_cars: T.List[str] = []

    def count_parked_cars(self) -> int:
        return len(self.parked_cars)

    def enter(self, car_name: str) -> None:
        self.semaphore.acquire()
        self.cars_lock.acquire()
        self.parked_cars.append(car_name)
        print(f"{car_name} parked")
        self.cars_lock.release()

    def exit(self, car_name: str) -> None:
        self.cars_lock.acquire()
        self.parked_cars.remove(car_name)
        print(f"{car_name} leaving")
        self.semaphore.release()
        self.cars_lock.release()
```

セマフォは駐車場の空いている駐車スペースの数を制御

駐車中の車のリストを変更できるのは一度に 1 つのスレッドだけ

駐車スペースがあることを通知するためにセマフォを解放

　ここでは、ミューテックスとセマフォの両方を使っている。ミューテックスとセマフォの性質はよく似ているが、それぞれ使用目的が異なる。ミューテックスは、内部変数（駐車している車のリスト）に対するアクセスを制御するために使われている。セマフォは、駐車場のenter() メソッドと exit() メソッドを調整することで、空いている駐車スペース（この例

では3つ)に基づいて車の台数を制限するために使われている。

　セマフォを獲得できない(カウンタの値が0である)場合、車(スレッド)は駐車スペースが空く(セマフォが解放される)まで待機する。セマフォを獲得したスレッドは、駐車したことを示すメッセージを出力したあと、ランダムな期間にわたってスリープ状態になる。次に、スレッドは駐車場から出ることを示すメッセージを出力してセマフォを解放し、セマフォのカウンタをインクリメントすることで、駐車スペースが空くのを待っている別のスレッドがセマフォを獲得できるようにする。この駐車場の忙しい1日をシミュレートしてみよう。

```python
# Chapter 8/semaphore.py

def park_car(garage: Garage, car_name: str) -> None:
    garage.enter(car_name)              # 車が駐車場に駐車し、待機し、
    time.sleep(random.uniform(1, 2))    # 駐車場を出る
    garage.exit(car_name)


def test_garage(garage: Garage, number_of_cars: int = 10) -> None:
    threads = []
    for car_num in range(number_of_cars):
        t = T hread(target=park_car,
                    args=(garage, f"Car #{car_num}"))   # 複数の車が駐車場に同時に駐車することをシミュ
        threads.append(t)                               # レートするために、複数のスレッドを作成
        t.start()

    for thread in threads:
        thread.join()

if __name__ == "__main__":
    number_of_cars = 10
    garage = Garage()
    test_garage(garage, number_of_cars)     # 駐車場に出入りする車を表すスレッド
                                            # を生成することで、駐車場の忙しい1
                                            # 日をシミュレート
    print("Number of parked cars after a busy day:")
    print(f"Actual: {garage.count_parked_cars()}\nExpected: 0")
```

ミューテックスの場合と同様に、期待どおりの結果が得られる。

```
Car #0 parked
Car #1 parked
Car #2 parked
Car #0 leaving
Car #3 parked
Car #1 leaving
Car #4 parked
```

152 第 8 章　並行処理問題の解決：競合状態と同期

```
Car #2 leaving
Car #5 parked
Car #4 leaving
Car #6 parked
Car #5 leaving
Car #7 parked
Car #3 leaving
Car #8 parked
Car #7 leaving
Car #9 parked
Car #6 leaving
Car #8 leaving
Car #9 leaving
Number of parked cars after a busy day:
Actual: 0
Expected: 0
```

　同期の問題を解決するもう 1 つの方法は、1 ステップで実行されるより強力な演算を作成して、割り込みが発生する余地をなくしてしまうことである。このような演算は存在し、**アトミック**（atomic）と呼ばれる。

8.3.3　アトミックな演算

　アトミック演算は、最も単純な形式の同期であり、プリミティブデータ型を操作する。**アトミック**とは、部分的に完了した状態の演算は他のスレッドからまったく見えないという意味である。

　カウンタ変数をインクリメントするといった単純な演算では、アトミック演算を使うと、従来のロックメカニズムよりもパフォーマンスが大幅によくなる可能性がある。アトミック演算では、ロックを獲得し、変数を変更し、ロックを解放する代わりに、もっと合理的なアプローチをとる。アセンブリコードを使った例を見てみよう。

```
add 0x9082a1b, $0x1
```

　このアセンブリ命令は、アドレス 0x9082a1b のメモリ位置に 1 の値を追加する。この演算が割り込まれることなく不可分に実行されることは、ハードウェアによって保証される。割り込みが発生した場合、演算はまったく実行されないか、最後まで実行されるかのどちらかになる。つまり、中間の状態はない。

　アトミック演算の利点は、競合するタスクをブロックしないことである。そのようにして並行性を最大限に高め、同期のコストを最小限に抑えることができる。ただし、こうした演算は特別なハードウェア命令に依存している。ハードウェアとソフトウェアのやり取りが良好であ

れば、ハードウェアレベルでのアトミック性の保証をソフトウェアレベルにまで広げることができる。

> **NOTE** ほとんどのプログラミング言語にはアトミックなデータ構造があるが、すべてのデータ構造がアトミックであるとは限らないことに注意しなければならない。たとえば、Javaの一部のコレクションはスレッドセーフである。それに加えて、Javaには、AtomicBoolean、AtomicInteger、AtomicLong、AtomicReferenceなどのノンブロッキングのアトミックなデータ構造がある。もう1つの例として、C++の標準ライブラリには、std::atomic_intやstd::atomic_boolといったアトミック型がある。

ただし、すべての演算がアトミックというわけではないので、そのことを前提にすべきではない。並行処理アプリケーションを作成するときの長年の慣習は、「プログラミング言語が表明していること以外は何も知らないふりをする」ことである。アトミック演算が利用できなければ、ロックを使えばよい。

同期に関する以上の知識を念頭に置いて、次章では、その他の一般的な並行処理問題を調べることにしよう。

8.4　本章のまとめ

- 並行処理プログラムではよく共有リソースを使うが、その場合はどのタスクも実行の途中で割り込まれる可能性があるため、共有リソースに対する同期アクセスは使わないように注意する。そうした問題は、予想外の振る舞いや、ずっと後になるまで表面化しない微妙なバグにつながりかねない。

- コードの**クリティカルセクション**とは、複数のタスクによって同時に実行される可能性があり、かつ共有リソースにアクセスできるコードのことである。クリティカルセクションが排他的に使われることを担保するには、同期メカニズムが必要である。

- クリティカルセクションでの予想外の振る舞いを阻止する最も単純な方法は、アトミック演算を使うことである。**アトミック**とは、部分的に完了した状態の演算は他のスレッドからまったく見えないという意味である。ただし、こうした演算は環境（ハードウェアとランタイム環境のサポート）に依存する。

- 同期のもう1つの（最も一般的な）手法は、**ロック**を使うことである。ロックは抽象的な概念であり、その大前提は共有リソースへのアクセスを保護することである。ロックを所有している場合は、保護されている共有リソースにアクセスできる。ロックを所有していない場合は、共有リソースにアクセスできない。

- タスクでは、相互排他な処理が必要になることがある。そうした処理は、あるタスクが共有データを読み取り、別のタスクがそのデータを更新するという状況を阻止するために、**相互排他**なロック、略して**ミューテックス**で保護できる。

- **セマフォ**とは、ミューテックスと同様に、共有リソースへのアクセスを制御するために利用できるロックのことである。ただし、ミューテックスとは異なり、セマフォの場合は複数のタスクが同時にリソースにアクセスできる。したがって、ミューテックスでは、ロックの獲得と解放を行うことができるのは同じタスクだけだが、セマフォでは、複数のタスクがロックの獲得と解放を行うことができる。

- 同期は高くつくため、可能であれば、同期をいっさい使わないような設計にする。

- 2つのタスクが共有リソースに同時にアクセスし、スレッドがリソースにアクセスする順序にその実行結果が依存する状態を、**競合状態**と呼ぶ（あるスレッドが他のスレッドと競合している）。この状態は、ロック、アトミック演算、またはメッセージパッシングによるIPCへの切り替えなどの手法を使って、クリティカルセクションでスレッドをうまく同期させることによって回避できる。

並行処理問題の解決: 9
デッドロックと飢餓状態

本章で学ぶ内容

- 並行処理の一般的な問題を突き止めて解決する方法：デッドロック、ライブロック、飢餓状態
- 並行処理の一般的なデザインパターン：Producer-Consumer、Reader-Writer

　前章では、競合状態と、この状態に対処するための同期プリミティブなど、並行処理プログラミングの課題を調べた。本章では、やはり並行処理においてよく見られる問題である、デッドロック、ライブロック、飢餓状態の3つに焦点を合わせる。

　まさに私たちが命を預けるあらゆる種類のテクノロジーで並行処理が使われていることを考えると、こうした問題はきわめて深刻な結果につながる可能性がある。2018年と2019年には、並行処理問題に起因するソフトウェアエラーのせいで、2機のBoeing 737 Max旅客機が墜落した。墜落した旅客機のMCAS（Maneuvering Characteristics Augmentation System）は、航空機の失速を防ぐように設計されていたが、競合状態によって誤動作し、346人の死者を出す大惨事を引き起こした。その10年前の2009年と2010年には、トヨタ車が突然急加速するという事故が発生していたが、この事故も電子スロットル制御システムで並行処理問題を引き起こすソフトウェアエラーに関連していた。このエラーによってスロットルが

156　第9章　並行処理問題の解決：デッドロックと飢餓状態

不意に開いたことが、数件の事故と死亡事故につながった[※1]。

　本章では、並行処理でよく見られる問題を突き止めて解決する方法を詳しく調べることで、そうした問題にうまく対処するための知識とツールを提供する。本章を最後まで読めば、並行処理でよく見られる問題と、よく知られている並行処理パターン（Producer-Consumer、Reader-Writer など）を包括的に理解し、大惨事を未然に防ぐ適切なソリューションを実装できるようになるだろう。

9.1　食事をする哲学者

　ロック（ミューテックスとセマフォ）の取り扱いには注意が必要である。ロックの使い方を誤ると、獲得したロックが解放されなかったり、ロックがいつまでも獲得できる状態にならなかったりして、アプリケーションが正常に動作しなくなる可能性がある。複数のタスクがロックをめぐって競合するときの同期問題の説明に使われる古典的な例と言えば、昼食をとる哲学者である。この例は 1965 年にコンピュータサイエンティストの Edsger Dijkstra が考え出したもので、同期アプローチを評価するための標準的なテストケースである。

　5 人の寡黙な哲学者が、小籠包のセイロが置かれた円卓を囲んでいる。隣り合う哲学者の間には、箸が 1 本ずつ置かれている。彼らは哲学者が最も得意とすることを行う —— つまり、思考にふけり、食事をする。

　それぞれの箸を持つことができる哲学者は 1 人だけなので、哲学者が箸を使えるのは、他の哲学者が箸を使っていない場合だけである。哲学者は小籠包を食べ終えると、箸を 2 本とも置いて、他の人が使えるようにしなければならない。哲学者は自分の左右にある箸しか手に取ることができない。箸を手に取れるのは、箸が置かれている場合だけである。そして、両方の箸を手に取らなければ、小籠包を口に運ぶことはできない。

※1　［訳注］アメリカ運輸省と高速道路交通安全局（NHTSA）は、2011 年の最終報告で電子制御装置に問題点は見つからなかったとしている。ただし、2013 年 10 月に Barr Group が電子スロットル制御システムに急加速を発生させるバグが発見されたと主張。原告側の弁護士がソフトウェアの問題を特定できなかったにもかかわらず、状況証拠からそのような問題が存在したと陪審員が推測することを判事が認めたため、トヨタが原告との和解交渉を開始している。

- https://www.nhtsa.gov/document/technical-assessment-toyota-electronic-throttle-control-etc-systems
- http://www.safetyresearch.net/Library/BarrSlides_FINAL_SCRUBBED.pdf
- https://web.archive.org/web/20131216153208/http://www.businessweek.com/articles/2013-12-16/toyota-enters-settlement-talks-over-sudden-acceleration-lawsuits
- http://www.toyotaelsettlement.com/

　ここでの問題は、どの哲学者にも他の哲学者が食事をしたり思考にふけったりするタイミングがわからないと仮定した上で、すべての哲学者が食事と思考を交互に繰り返せるような儀式（アルゴリズム）を設計することである。つまり、並行処理システムを作成するのである。

　セイロから小籠包を取るという行為はクリティカルセクションであるため、2本の箸をミューテックスとして使って、クリティカルセクションを保護する相互排他プロセスを開発すればよい。つまり、哲学者が小籠包にかぶりつきたいときは、まず、左側の箸があればそれを取ってロックをかける。次に、右側の箸があればそれを取ってロックをかける。これで2本の箸が揃い、クリティカルセクションに入ったので、小籠包を食べる。その後、右側の箸を置いてロックを解除し、左側の箸を置いてロックを解除する。最後に、哲学者の本分である哲学的な思考にふける。

　このプロセスをコードで表すと、次のようになる。

```
# Chapter 9/deadlock/deadlock.py
import time
from threading import Thread

from lock_with_name import LockWithName

dumplings = 20

class Philosopher(Thread):
```

第9章　並行処理問題の解決：デッドロックと飢餓状態

```python
    def __init__(self, name: str,
                 left_chopstick: LockWithName,
                 right_chopstick: LockWithName):
        super().__init__()
        self.name = name
        self.left_chopstick = left_chopstick
        self.right_chopstick = right_chopstick
```

それぞれの哲学者に、左に1本、右に1本の合計2本の箸を関連付ける

```python
    def run(self) -> None:
        global dumplings

        while dumplings > 0:
            self.left_chopstick.acquire()
            print(f"{self.left_chopstick.name} grabbed by {self.name} "
                  f"now needs {self.right_chopstick.name}")
            self.right_chopstick.acquire()
            print(f"{self.right_chopstick.name} grabbed by {self.name}")
            dumplings -= 1
            print(f"{self.name} eats a dumpling. "
                  f"Dumplings left: {dumplings}")
            self.right_chopstick.release()
            print(f"{self.right_chopstick.name} released by {self.name}")
            self.left_chopstick.release()
            print(f"{self.left_chopstick.name} released by {self.name}")
            print(f"{self.name} is thinking...")
            time.sleep(0.1)
```

小籠包がなくなるまで食事をする

左の箸を手に取る

右の箸を手に取る

小籠包が1つ減る

右の箸を置く

左の箸を置く

　このコードでは、Philosopher スレッドは1人の哲学者を表している。このスレッドには、哲学者の名前に加えて、哲学者が箸を手に取る順序を指定するための left_chopstick と right_chopstick の2つのミューテックスが含まれている。

　また、セイロに残っている小籠包を表す共有変数 dumplings も定義されている。while ループのおかげで、哲学者はセイロが空になるまで小籠包を取り続ける。ループの中では、哲学者は左の箸を手に取ってロックを獲得し、次に右の箸を手に取ってロックを獲得する。続いて、セイロにまだ小籠包が残っている場合は、小籠包を1つ取って dumplings 変数をデクリメントし、残りの小籠包の数を示すメッセージを表示する。

　哲学者である彼らは、食事と思考を交互に繰り返す。ただし、哲学者スレッドは並行処理タスクとして動作するため、他の哲学者がどのタイミングで食事をしたり思考にふけったりするのかは知らない。このことは問題につながる可能性がある。このコードの実行時に発生するかもしれない問題と、その解決策として考えられるものをいくつか見てみよう。

9.2　デッドロック

　説明を単純にするために、アルゴリズムはいじらずに、哲学者の人数を２人に減らしてみよう。

```
# Chapter 9/deadlock/deadlock.py

if __name__ == "__main__":
    chopstick_a = LockWithName("chopstick_a")
    chopstick_b = LockWithName("chopstick_b")

    philosopher_1 = Philosopher("Philosopher #1", chopstick_a, chopstick_b)
    philosopher_2 = Philosopher("Philosopher #2", chopstick_b, chopstick_a)

    philosopher_1.start()
    philosopher_2.start()
```

このプログラムを実行すると、次のような出力が表示される。

```
Philosopher #1 eats a dumpling. Dumplings left: 19
Philosopher #1 eats a dumpling. Dumplings left: 18
Philosopher #2 eats a dumpling. Dumplings left: 17
......
Philosopher #2 eat a dumpling. Dumplings left: 9
```

　プログラムは最後まで実行されずに止まってしまい、セイロにはまだ小籠包が残っている。何が起きているのだろうか。

　お腹が空いた１人目の哲学者が箸Ａを手に取るとしよう。同じタイミングで、やはりお腹が空いた２人目の哲学者が箸Ｂを取る。それぞれのスレッドは必要な２つのロックのうちの１つを獲得するが、どちらも他のスレッドからもう１つのロックが解放されるのをいつまでも待ち続ける。

　これは**デッドロック**（deadlock）と呼ばれる状況の例である。デッドロックでは、複数のタスクが他のタスクによって占有されているリソースを待っており、どのタスクも実行を継続できない。プログラムはこの状態のままいつまでも待ち続けることになるため、プログラムの実行を手作業で終了するはめになる。同じプログラムを再び実行すると、小籠包の数は違えど、再びデッドロックに陥ることになる。小籠包がいくつになると哲学者がお預けを食らうことになるかは、それらのタスクがシステムによってスケジュールされる方法による。

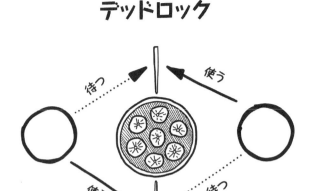

競合状態の場合と同様に、運がよければ、アプリケーションでこの問題に遭遇せずに済むかもしれない。ただし、デッドロックの存在が可能性にすぎないとしても、回避するに越したことはない。タスクが一度に複数のロックを獲得しようとするたびに、デッドロックに陥る可能性がある。相互排他メカニズムを使ってコードのクリティカルセクションを保護する並行処理プログラムでは、デッドロックの回避は決して珍しい問題ではない。

NOTE 実行の具体的な順序を想定するのは禁物である。ここまで見てきたように、複数のスレッドが存在するときの実行順序は不確定である。あるスレッドの実行順序を基準として、別のスレッドの実行順序を想定する場合は、同期を適用しなければならない。ただし、パフォーマンスの最大化が目的なら、同期は避けるに越したことはない。具体的には、同期を必要としない、非常に詳細なタスクにしたほうがよい。そのようにすると、コアに割り当てられたそれぞれのタスクが可能な限り高速に実行されるようになる。

もう少し現実的な例として（哲学者に小籠包をご馳走する機会はそうそうない）、実際のシステムを思い浮かべてみよう。あなたが自宅で使っているコンピュータには、ビデオチャットアプリ（Zoom、Skypeなど）と動画を観るためのアプリ（NetflixやYouTubeなど）の2つがインストールされている。これら2つのプログラムの目的はそれぞれ異なる。1つは同僚や友人とチャットをするためのものであり、もう1つはおもしろい動画を観るためのものだが、どちらもコンピュータの同じサブシステム（画面、オーディオなど）にアクセスする。両方のプログラムが画面とオーディオへのアクセスを要求するとしよう。これらのプログラムがリクエストを同時に送信したところ、動画アプリには画面へのアクセスが許可され、ビデオチャットにはオーディオへのアクセスが許可される。どちらのプログラムも、獲得したリソースをブロックし、もう1つのリソースが利用可能になるのを待つ。哀れな哲学者と同じように、どちらの

プログラムも永遠に待つことになるだろう。OSが1つ以上のプロセスを強制終了するか、1つ以上のプロセスを強制的にバックトラックする（巻き戻す）などの思い切った措置を講じない限り、デッドロック状態はいつまでも解消されない。

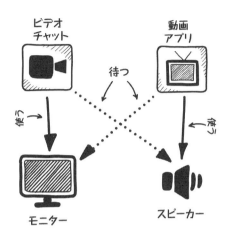

9.2.1 調停者による解決

哲学者の例に戻ろう。デッドロックを回避する手立てとして、それぞれの哲学者が両方の箸を取るか、箸を1本も取らないかのどちらかになるようにするという方法が考えられる。そのための最も簡単な方法は、**調停者**（arbitrator）を立てることである。つまり、ウェイターのように箸を任される人物を登場させるのである。哲学者が箸を取るには、まず、ウェイターにその許可を求めなければならない。ウェイターはその哲学者に両方の箸を取ることを許可するが、両方の箸を取れるのは常に1人の哲学者だけである。ただし、箸はいつでも戻してよい。

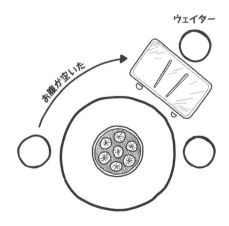

162 | 第9章　並行処理問題の解決：デッドロックと飢餓状態

ウェイターの実装には、別のロックを使うことができる。

```python
# Chapter 9/deadlock/deadlock_arbitrator.py
import time
from threading import Thread, Lock
from lock_with_name import LockWithName

dumplings = 20

class Waiter:
    def __init__(self) -> None:
        self.mutex = Lock()

    def ask_for_chopsticks(self,
                           left_chopstick: LockWithName,
                           right_chopstick: LockWithName) -> None:
        with self.mutex:
            left_chopstick.acquire()
            print(f"{left_chopstick.name} grabbed")
            right_chopstick.acquire()
            print(f"{right_chopstick.name} grabbed")

    def release_chopsticks(self,
                           left_chopstick: LockWithName,
                           right_chopstick: LockWithName) -> None:
        right_chopstick.release()
        print(f"{right_chopstick.name} released")
        left_chopstick.release()
        print(f"{left_chopstick.name} released\n")
```

クリティカルセクションを保護するための内部ミューテックス。一度に1つのスレッドだけがアクセスできるようにする

箸の獲得と解放を管理するのはウェイター

そして、ウェイターを次のようにロックとして使うことができる。

```python
# Chapter 9/deadlock/deadlock_arbitrator.py

class Philosopher(Thread):
    def __init__(self, name: str, waiter: Waiter,
                 left_chopstick: LockWithName,
                 right_chopstick: LockWithName):
        super().__init__()
        self.name = name
        self.left_chopstick = left_chopstick
        self.right_chopstick = right_chopstick
        self.waiter = waiter

    def run(self) -> None:
        global dumplings
```

```
        while dumplings > 0:
            print(f"{self.name} asks waiter for chopsticks")
            self.waiter.ask_for_chopsticks(
                self.left_chopstick, self.right_chopstick)

            dumplings -= 1
            print(f"{self.name} eats a dumpling. "
                  f"Dumplings left: {dumplings}")
            print(f"{self.name} returns chopsticks to waiter")
            self.waiter.release_chopsticks(
                self.left_chopstick, self.right_chopstick)
            time.sleep(0.1)

if __name__ == "__main__":
    chopstick_a = LockWithName("chopstick_a")
    chopstick_b = LockWithName("chopstick_b")

    waiter = Waiter()
    philosopher_1 = Philosopher("Philosopher #1", waiter,
                                chopstick_a, chopstick_b)
    philosopher_2 = Philosopher("Philosopher #2", waiter,
                                chopstick_b, chopstick_a)

    philosopher_1.start()
    philosopher_2.start()
```

哲学者がウェイターに箸を要求

哲学者は食べ終えると
ウェイターに箸を返す

このアプローチでは、新しい中央エンティティとしてウェイターが導入されるため、並行性が制限される可能性がある —— ある哲学者が食事をしているときに、隣の哲学者の1人が箸を要求した場合、他の哲学者全員が、この要求が満たされるまで待たなければならないからだ。現実のコンピュータシステムでは、調停者がウェイターとほぼ同じことを行い、ワーカースレッドによるアクセスが秩序正しいものになるように制御する。このアプローチでは並行性が低下するが、もっとよい方法がある。

9.2.2 リソース階層による解決

ロックに優先順位を設定し、哲学者が最初に取る箸が同じになるようにするのはどうだろう。このようにすれば、同じ最初のロックをめぐって競合することになるため、デッドロックの問題は発生しなくなるはずだ。

どちらの哲学者も、2本の箸のうち、常に優先順位が高いほうの箸を最初に取ることに同意しなければならない。この場合は、両方の哲学者が優先順位が高いほうの箸をめぐって競合する。戦いに勝った哲学者が、優先順位が高いほうの箸を取ると、優先順位が低いほうの箸だけ

がテーブルに残る。哲学者は優先順位が高いほうの箸を最初に取ることに同意しているため、もう1人の哲学者が残っている箸を取ることはできない。さらに、最初の箸を取った哲学者は、優先順位が低いほうの箸を取れるようになり、2本の箸で小籠包を口に運ぶことができる。これならうまくいく！

　箸の優先順位を設定してみよう。箸Aのほうが箸Bよりも優先順位が高いとする。それぞれの哲学者は、常に優先順位が高いほうの箸を最初に取らなければならない。

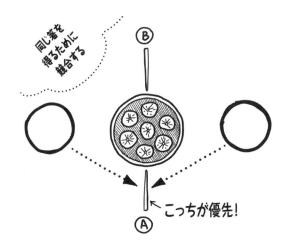

　先のコードでは、哲学者2が箸Aよりも先に箸Bを取ると問題が発生する。この問題を修正するには、他のコードはいっさい変更せずに、箸を取る順序だけを変更する。最初に箸Aを取り、次に箸Bを取る。

```python
# Chapter 9/deadlock/deadlock_hierarchy.py
from lock_with_name import LockWithName
from deadlock import Philosopher

if __name__ == "__main__":
    chopstick_a = LockWithName("chopstick_a")
    chopstick_b = LockWithName("chopstick_b")

    philosopher_1 = Philosopher("Philosopher #1", chopstick_a, chopstick_b)
    philosopher_2 = Philosopher("Philosopher #2", chopstick_a, chopstick_b)

    philosopher_1.start()
    philosopher_2.start()
```

この変更を行ったあとにプログラムを実行すると、デッドロックが発生することなく最後まで実行される。

> **NOTE**　獲得しなければならないすべてのロックをタスクが事前に知っているとは限らない場合、ロックに順序を付ける方法は必ずしも可能ではない。デッドロックの回避には、RAG (Resource Allocation Graph) やロック階層といったデッドロック回避メカニズムを使うこともできる。RAG は、プロセスとリソースの関係から循環 (閉路) を見つけ出して阻止するのに役立つ。プログラミング言語やフレームワークの中には、高レベルの同期プリミティブでロックの管理を単純にしているものがある。ただし、そうしたテクニックをもってしてもデッドロックが完全に排除されるわけではなく、やはり設計とテストを入念に行う必要がある。

デッドロックを回避するもう 1 つの方法は、ブロッキングにタイムアウトを設定することである。タスクが所定の時間内に必要なロックをすべて獲得できない場合は、そのスレッドに現在所有しているすべてのロックを強制的に解放させる。ただし、そのようにすると、ライブロックという別の問題が発生することがある。

9.3　ライブロック

ライブロック (livelock) は、2 つのタスクが同じリソースセットをめぐって競合するときに発生するという点では、デッドロックに似ている。ただし、ライブロックでは、タスクは 2 つ目のロックを獲得しようとするときに 1 つ目のロックを解放する。そして、2 つ目のロックを獲得したあと、再び 1 つ目のロックを獲得しようとする。タスクのすべての時間が、実際の作業を行うことではなく、1 つのロックを解放して別のロックを獲得することに費やされるため、タスクはここでも Blocked 状態に陥る。

あなたが電話をかけているときに、その相手もあなたに電話をかけようとしている、そんな場面を想像してみよう。2 人が同時に電話を切って再び電話をかけると、同じ状況に戻ってしまう。結局、どちらも相手につながらない。

第 9 章　並行処理問題の解決：デッドロックと飢餓状態

　ライブロックが発生するのは、「タスクは並行処理を積極的に実行しているが、プログラムの状態を前進させるには至っていない」という状況である。ライブロックはデッドロックに似ているが、タスクが「礼儀正しく」、他のタスクに処理を譲るという違いがある。

　我らが哲学者が以前よりも譲り合うようになったとしよう。つまり、箸が 2 本とも手に入らない場合、哲学者は箸をあきらめることができる。

```python
# Chapter 9/livelock.py
import time
from threading import Thread
from deadlock.lock_with_name import LockWithName

dumplings = 20

class Philosopher(Thread):
    def __init__(self, name: str,
                 left_chopstick: LockWithName,
                 right_chopstick: LockWithName):
        super().__init__()
        self.name = name
        self.left_chopstick = left_chopstick
        self.right_chopstick = right_chopstick

    def run(self) -> None:
        global dumplings

        while dumplings > 0:
            self.left_chopstick.acquire()
            print(f"{self.left_chopstick.name} chopstick "
                  f"grabbed by {self.name}")
            if self.right_chopstick.locked():
                print(f"{self.name} cannot get the "
                      f"{self.right_chopstick.name} chopstick, "
                      f"politely concedes...")
            else:
                self.right_chopstick.acquire()
                print(f"{self.right_chopstick.name} chopstick "
                      f"grabbed by {self.name}")
                dumplings -= 1
                print(f"{self.name} eats a dumpling. Dumplings "
                      f"left: {dumplings}")
                time.sleep(1)
                self.right_chopstick.release()
            self.left_chopstick.release()

if __name__ == "__main__":
```

哲学者が右の箸を取ろうとする。右の箸がある場合、哲学者はその箸を取り、小籠包を食べる。右の箸がなければ、譲歩して左の箸を置く

哲学者が左の箸を取る。哲学者は 2 人いて、それぞれがテーブルから 1 本ずつ箸を取る

```
chopstick_a = LockWithName("chopstick_a")
chopstick_b = LockWithName("chopstick_b")

philosopher_1 = Philosopher("Philosopher #1", chopstick_a, chopstick_b)
philosopher_2 = Philosopher("Philosopher #2", chopstick_b, chopstick_a)

philosopher_1.start()
philosopher_2.start()
```

残念ながら、こういう思いやりのある人々は食事にありつけない。

```
chopstick_a chopstick grabbed by Philosopher # 1
Philosopher # 1 cannot get the chopstick_b chopstick, politely concedes...
chopstick_b chopstick grabbed by Philosopher # 2
Philosopher # 2 cannot get the chopstick_a chopstick, politely concedes...
chopstick_b chopstick grabbed by Philosopher # 2
chopstick_a chopstick grabbed by Philosopher # 1
Philosopher # 2 cannot get the chopstick_a chopstick, politely concedes...
Philosopher # 1 cannot get the chopstick_b chopstick, politely concedes...
chopstick_b chopstick grabbed by Philosopher # 2
chopstick_a chopstick grabbed by Philosopher # 1
Philosopher # 2 cannot get the chopstick_a chopstick, politely concedes...
Philosopher # 1 cannot get the chopstick_b chopstick, politely concedes...
......
```

　このアプローチでは、作業がまったく行われないだけではなく、コンテキストが頻繁に切り替えられてシステムが過負荷に陥り、システム全体のパフォーマンスが低下する可能性がある。それに加えて、OS のスケジューラには、共有リソースを最も長く待っているタスクがどれであるかがわからないため、公平性を欠いた実装になってしまう。

　ライブロックを回避する手立てとして、ロックシーケンスを階層方式で順序付けするという方法が考えられる。要するに、デッドロック問題を解決したときと同じである。この方法では、1 つのプロセスだけが、両方のロックを正しくブロックできる。

NOTE　ライブロックの検出と解決は、デッドロックよりも難しいことが多い。というのも、ライブロックのシナリオには、複数のエンティティによる動的で複雑な相互作用が伴うため、その分だけ識別と解決が難しくなるからだ。

　ライブロックは、**飢餓状態**（starvation）と呼ばれる、より幅広い問題の一部である。

9.4 飢餓状態

各 Philosopher スレッドが食べる小籠包の数をローカル変数で追跡してみよう。

```python
# Chapter 9/starvation.py
import time
from threading import Thread
from deadlock.lock_with_name import LockWithName

dumplings = 1000

class Philosopher(Thread):
    def __init__(self, name: str,
                 left_chopstick: LockWithName,
                 right_chopstick: LockWithName):
        super().__init__()
        self.name = name
        self.left_chopstick = left_chopstick
        self.right_chopstick = right_chopstick

    def run(self) -> None:
        global dumplings

        dumplings_eaten = 0
        while dumplings > 0:
            self.left_chopstick.acquire()
            self.right_chopstick.acquire()
            if dumplings > 0:
                dumplings -= 1
                dumplings_eaten += 1
                time.sleep(1e-16)
            self.right_chopstick.release()
            self.left_chopstick.release()
        print(f"{self.name} took {dumplings_eaten} pieces")

if __name__ == "__main__":
    chopstick_a = LockWithName("chopstick_a")
    chopstick_b = LockWithName("chopstick_b")

    threads = []
    for i in range(10):
        threads.append(
            Philosopher(f"Philosopher #{i}", chopstick_a, chopstick_b))

    for thread in threads:
        thread.start()
```

変数 dumplings_eaten は、この哲学者が食べた小籠包の数を追跡する

```
for thread in threads:
    thread.join()
```

　この変数に dumplings_eaten という名前を付け、ゼロで初期化している。今回は哲学者もさらに追加した。哲学者が小籠包を食べるたびに、dumplings_eaten をインクリメントしている。プログラムが終了すると、それぞれの哲学者が食べた小籠包の数が異なっていることがわかる。これでは、公平とは言えない。

```
Philosopher #1 took 417 pieces
Philosopher #9 took 0 pieces
Philosopher #6 took 0 pieces
Philosopher #7 took 0 pieces
Philosopher #5 took 0 pieces
Philosopher #0 took 4 pieces
Philosopher #2 took 3 pieces
Philosopher #8 took 268 pieces
Philosopher #3 took 308 pieces
Philosopher #4 took 0 pieces
```

　哲学者 1 が食べた小籠包の数は哲学者 8 よりもずっと多く、400 個を超えている。哲学者 8 は箸を取るのが遅いときがあるようだ。哲学者 1 は思考をさっさと切り上げて再び箸を取るが、哲学者 8 は相変わらず待っている。2 本の箸を一度も取らなかった哲学者もいる。このようなことがたまに起きるだけならおそらく問題はないが、定期的に起きるとしたら、スレッドは飢餓状態になるだろう。

　飢餓状態とは、その名のとおり、スレッドがまさに「飢えた」状態になることだ。スレッドは必要なリソースにまったくアクセスできず、まったく前進しない。別の貪欲なスレッドが共有リソースを頻繁にロックする場合、飢えたスレッドは実行の機会を得られなくなる。

　　NOTE　飢餓状態は、DoS (Denial of Service) 攻撃の基本的な発想の 1 つである。DoS 攻撃は、オンラインサービスに対する攻撃としては最もよく知られているもので、攻撃者がサーバーのリソースをすべて使い果たそうとする。サービスが利用できるリソース (ストレージ、メモリ、計算リソース) は不足し始め、ついにはクラッシュし、サービスを提供することは不可能になる。

　飢餓状態のよくある原因の 1 つは、単純化されすぎたスケジューリングアルゴリズムである。第 6 章で説明したように、スケジューリングアルゴリズムはランタイムシステムの一部であり、すべてのタスクにリソースを均等に分配する。つまり、「作業を完了するのに必要なリソースへのアクセスを絶えずブロックされるタスクは 1 つもない」という状態にすることが、スケジューラの役目となる。さまざまなタスクの優先順位の扱い方は OS によって異なるが、通常

170　第 9 章　並行処理問題の解決：デッドロックと飢餓状態

は優先順位の高いタスクがより頻繁に実行されるようにスケジュールされるため、優先順位の低いタスクは飢餓状態になる可能性がある。飢餓状態のもう 1 つの原因は、システム内のタスクの数が多すぎて、タスクが実行を開始できる状態になるのに時間がかかることである。

　飢餓状態に対する解決策として、優先順位付きのキューに基づくスケジューリングアルゴリズムを使うことが考えられる。このアルゴリズムでは、エージング手法も使われる。**エージング**（aging）とは、システムにおいて長時間待機しているスレッドの優先順位を徐々に引き上げる手法のことである。最終的には、スレッドの優先順位がリソース／プロセッサにアクセスできるほど高くなり、実行される順番が回ってきて無事に終了する。エージングはかなり特殊な概念であり、ここでは詳しく説明しない。興味がある場合は、Andrew Tanenbaum 著『Modern Operating Systems』[2] が参考になるだろう。ただし、1 冊の本に限らず、他の本もぜひ調べてみよう。

　同期の知識が身についたところで、並行処理の設計に関する問題をいくつか見てみよう。

9.5　同期を設計する

　システムを設計するときには、目の前の問題を既知の問題に結び付けて考えてみると効果的である。文献において重要視されている問題がいくつかあり、それらは現実のシナリオでもよく見られる。そうした問題の 1 つ目は、**プロデューサー／コンシューマー問題**である。

9.5.1　プロデューサー／コンシューマー問題

　プロデューサーが 1 つ以上存在し、それらがアイテムを生成してバッファに格納するとしよう。いくつかのコンシューマーが同じバッファからアイテムを取り出し、一度に 1 つずつ処理する。プロデューサーはそれぞれ自分のペースでアイテムを生成し、バッファに配置することができる。コンシューマーも同じように動作するが、空のバッファを読み取ることがないようにしなければならない。そこで、バッファでの相反する操作を阻止すべく、システムに制約を課さなければならない。もう少しかみ砕いて言うと、バッファがいっぱいの状態では、プロデューサーがデータを追加しないようにし、バッファが空の状態では、コンシューマーがデータにアクセスしないようにする必要がある。先に進む前に、並行処理プログラミングのここまでの知識を活かして、この問題を自分で解いてみよう。

　基本的な実装は次のようになる。

※ 2　Andrew S. Tanenbaum, Modern Operating Systems, 4th ed., Pearson Education, 2015.

9.5　同期を設計する　**171**

```python
# Chapter 9/producer_consumer.py
import time
from threading import Thread, Semaphore, Lock


SIZE = 5
BUFFER = ["" for i in range(SIZE)]          共有バッファ
producer_idx: int = 0


mutex = Lock()
empty = Semaphore(SIZE)
full = Semaphore(0)

class Producer(Thread):
    def __init__(self, name: str, maximum_items: int = 5):
        super().__init__()
        self.counter = 0
        self.name = name
        self.maximum_items = maximum_items

    def next_index(self, index: int) -> int:
        return (index + 1) % SIZE

    def run(self) -> None:
        global producer_idx                          バッファに空きスロット
        while self.counter < self.maximum_items:     が少なくとも1つある
            empty.acquire()
            mutex.acquire()
            self.counter += 1
            BUFFER[producer_idx] = f"{self.name}-{self.counter}"
            print(f"{self.name} produced: "
                  f"'{BUFFER[producer_idx]}' into slot {producer_idx}")
            producer_idx = self.next_index(producer_idx)
            mutex.release()
            full.release()                    バッファに新しいアイテムが追加
            time.sleep(1)                     され、空きスロットが1つ減る

class Consumer(Thread):
    def __init__(self, name: str, maximum_items: int = 10):
        super().__init__()
        self.name = name
        self.idx = 0
        self.counter = 0
        self.maximum_items = maximum_items

    def next_index(self) -> int:                     消費する次のバッファ
        return (self.idx + 1) % SIZE                 インデックスを取得
```

共有バッファ
を変更するク
リティカルセ
クションに入
る

第 9 章　並行処理問題の解決：デッドロックと飢餓状態

```python
    def run(self) -> None:
        while self.counter < self.maximum_items:
            full.acquire()
            mutex.acquire()
            item = BUFFER[self.idx]
            print(f"{self.name} consumed item: "
                f"'{item}' from slot {self.idx}")
            self.idx = self.next_index()
            self.counter += 1
            mutex.release()
            empty.release()
            time.sleep(2)
if __name__ == "__main__":
    threads = [
        Producer("SpongeBob"),
        Producer("Patrick"),
        Consumer("Squidward")
    ]

    for thread in threads:
        thread.start()

    for thread in threads:
        thread.join()
```

バッファには消費可能なアイテムが少なくとも１つある

共有バッファを変更する
クリティカルセクション
に入る

アイテムが消費されたあと、バッファ
に新しい空きスロットができる

このコードを分析してみよう。このコードでは、次の３つの同期を使っている。

● full
このセマフォはプロデューサーが埋めるスペースを追跡する。プログラムを開始した時
点では、プロデューサーにはまだバッファを埋める時間がなく、バッファは完全に空で
あるため、ロックされた状態で初期化される（カウンタは０）。

● empty
このセマフォはバッファの空きスロットを追跡する。最初はバッファが空であるため、
最大値（SIZE）に設定される。

● mutex
このミューテックスは相互排他の制御に使われる。それにより、常に１つのスレッドだ
けが共有リソース（バッファ）にアクセスできるようになる。

プロデューサーは、バッファにデータをいつでも追加できる。クリティカルセクションでは、
プロデューサーがバッファにデータを追加し、すべてのプロデューサーが使っているバッファ

インデックスをインクリメントする。クリティカルセクションへのアクセスは、ミューテックスによって制御される。ただし、バッファにデータを追加する前に、プロデューサーは empty セマフォを獲得してその値をデクリメントしようとする。empty の値が 0 の場合は、バッファがいっぱいであることを意味する。このため、バッファに空きスロットができる（empty セマフォの値が 0 よりも大きくなる）まで、このセマフォによってすべてのプロデューサーがブロックされる。プロデューサーはデータを 1 つ追加したあと、full セマフォを解放する。

　一方、コンシューマーはバッファのデータを消費する前に、full セマフォを獲得しようとする。このセマフォの値が 0 の場合、バッファは空である。その場合は、full セマフォの値が 0 よりも大きくなるまで、このセマフォによってすべてのコンシューマーがブロックされる。その後、コンシューマーはバッファからデータを取り出し、クリティカルセクションで処理する。バッファのデータをすべて処理したあと、コンシューマーは empty セマフォを解放し、新しいデータのための空きスロットができたことをプロデューサーに知らせるために、このセマフォの値をインクリメントする。

　プロデューサーがコンシューマーに先行する場合（通常はそうなる）、バッファはたいてい空ではないため、コンシューマーが empty セマフォでブロックされることはまずないだろう。結果として、プロデューサーとコンシューマーの両方が共有バッファを問題なく扱うことができる。

> **NOTE**　Linux でのパイプによるプロセス間通信 (IPC) の実装でも同じ問題が発生する。パイプにはそれぞれ独自のパイプバッファがあり、セマフォによって保護される。

　次項では、もう 1 つの古典的な問題である**リーダー／ライター問題**に取り組む。

9.5.2　リーダー／ライター問題

　すべての演算が生まれながらにして平等というわけではない。アクセスするデータが変更されない限り、任意の数のタスクが同じデータを同時に読み取ったとしても、並行処理の問題は発生しない。データはファイルかもしれないし、メモリブロックかもしれないし、はたまた CPU レジスタかもしれない。データを書き込む人がそれを排他的に行う限り —— つまり、同時にデータを書き込む人が他にいなければ、複数の人が同時にデータを読み込むことができる。

　たとえば、共有データが図書館の目録であるとしよう。図書館をよく利用する人は、興味のある本を探すために目録を調べる。この目録は 1 人以上の司書によって更新されるかもしれない。目録に対するアクセスは一般にクリティカルセクションとして扱われ、利用者が目録を調べることができるのは、順番が回ってきたときだけである。となると、受け入れがたい遅延が生じることは明らかである。それと同時に、司書が互いに干渉しないようにすることも重要で

あり、競合する情報へのアクセスを防ぐために、書き込み中は読み取りを阻止する必要もある。

もう少し一般的に言うと、データを読み取るだけのタスク（リーダー＝図書館の利用者）と、データを書き込むだけのタスク（ライター＝司書）があると考えればよい。

- 任意の数のリーダーが共有データの読み取りを同時に行うことができる。
- 共有データに書き込みを行うことができるライターは一度に1つだけ。
- ライターが共有データに書き込みを行っている間、リーダーが共有データを読み取ることはできない。

このようにして、読み取り／書き込みエラーや書き込み／書き込みエラーによる競合状態や不適切なインターリーブを防ぐ。

したがって、リーダーは相互排他であってはならないタスクであり、ライターは他のすべてのタスク（リーダーとライターの両方）に対して排他的でなければならないタスクである。このようにすれば、共有リソースをあらゆる操作に対して相互排他にすることなく、問題を効率よく解決できる。

ライブラリやプログラミング言語には、こうした問題を解決する読み取り／書き込みロック（RWLock）が含まれていることがよくある。このタイプのロックは、通常は大規模な処理で使われるものであり、保護されているデータ構造の読み取りが頻繁に発生し、変更がたまにしか発生しない場合に、パフォーマンスを大幅に向上させることができる。Python にはそうしたロックがないので、ここで実装してみよう。

```python
# Chapter 9/reader_writer/rwlock.py
from threading import Lock

class RWLock:
    def __init__(self) -> None:
        self.readers = 0
        self.read_lock = Lock()
        self.write_lock = Lock()

    def acquire_read(self) -> None:
        self.read_lock.acquire()
        self.readers += 1
        if self.readers == 1:
            self.write_lock.acquire()
        self.read_lock.release()
```

現在のスレッドの読み取りロックを獲得。ライターがロックを待っている場合は、ライターがロックを解放するまでブロックされる

9.5　同期を設計する　**175**

```python
    def release_read(self) -> None:
        assert self.readers >= 1
        self.read_lock.acquire()
        self.readers -= 1
        if self.readers == 0:
            self.write_lock.release()
        self.read_lock.release()

    def acquire_write(self) -> None:
        self.write_lock.acquire()

    def release_write(self) -> None:
        self.write_lock.release()
```

現在のスレッドが所有している読み取りロックを解放。ロックを所有しているリーダーがなくなったら、書き込みロックを解放

現在のスレッドの書き込みロックを獲得。リーダーまたはライターがロックを所有している場合は、ロックが解放されるまでブロック

現在のスレッドが所有している書き込みロックを解放

　通常の処理では、複数のリーダーが同時にロックにアクセスできる。ただし、ライタースレッドが共有データを更新したい場合は、すべてのリーダースレッドがロックを解放するまでブロックされる。ライタースレッドがロックを獲得し、共有データを更新するのは、そのあとである。ライタースレッドが共有データを更新している間は、そのスレッドが終了するまで、新しいリーダースレッドはブロックされる。

　リーダースレッドとライタースレッドの実装例を見てみよう。

```python
# Chapter 9/reader_writer/reader_writer.py
import time
import random
from threading import Thread
from rwlock import RWLock

counter = 0
lock = RWLock()

class User(Thread):
    def __init__(self, idx: int):
        super().__init__()
        self.idx = idx

    def run(self) -> None:
        while True:
            lock.acquire_read()
            print(f"User {self.idx} reading: {counter}")
            time.sleep(random.randrange(1, 3))
            lock.release_read()
            time.sleep(0.5)

class Librarian(Thread):
```

共有データ

第 9 章　並行処理問題の解決：デッドロックと飢餓状態

```python
    def run(self) -> None:
        global counter
        while True:
            lock.acquire_write()
            print("Librarian writing...")
            counter += 1
            print(f"New value: {counter}")
            time.sleep(random.randrange(1, 3))
            lock.release_write()

if __name__ == "__main__":
    threads = [
        User(0),
        User(1),
        Librarian()
    ]

    for thread in threads:
        thread.start()

    for thread in threads:
        thread.join()
```

　共有メモリを読み取る 2 つの利用者スレッド(User)と、共有メモリを変更する 1 つの司書スレッド(Librarian)がある。出力は次のようになる。

```
User 0 reading: 0
User 1 reading: 0
Librarian writing...
New value: 1
User 0 reading: 1
User 1 reading: 1
Librarian writing...
New value: 2
User 0 reading: 2
User 1 reading: 2
User 0 reading: 2
User 1 reading: 2
User 0 reading: 2
User 1 reading: 2
User 0 reading: 2
Librarian writing...
New value: 3
......
```

この出力から、司書が書き込みを行っている間、利用者は読み取りを行わないことと、利用者が共有メモリをまだ読み取っている間、司書は書き込みを行わないことがわかる。

9.6 最後に

長い章だったので、要点をおさらいしておこう。

スレッドセーフに関しては、よい設計が開発者にとって最高の保護になる。共有リソースを使わないようにし、タスク間の通信を最小限に抑えると、それらのタスクが干渉し合う可能性が低くなる。とはいえ、共有リソースを使わないアプリケーションの作成が常に可能であるとは限らない。その場合は、うまく同期をとる必要がある。

同期はコードの正確さを保証するのに役立つが、その分だけパフォーマンスが犠牲になる。ロックを使うと、競合が発生していない場合でも、遅延は避けられない。タスクが共有データにアクセスするには、その前に、そのデータに紐付けられたロックを獲得しなければならない。ロックを獲得し、タスク間で同期させ、共有データを監視するには、開発者からは見えない多くの作業をプロセッサが行わなければならない。ロックとアトミック演算では、コードをきちんと保護するために、通常はメモリバリアとカーネルレベルの同期が必要になる。複数のタスクが同じロックを獲得しようとする場合、オーバーヘッドはさらに増加する。また、グローバルロックがスケーラビリティの妨げになることもある。

したがって、可能であれば、同期と名の付くものはいっさい使わない設計にしてみよう。通信に関しては、共有メモリの代わりに、メッセージパッシングによる IPC を使うことを検討しよう。そのようにすると、異なるタスク間でメモリを共有する必要がなくなり、各タスクがデータの独自のコピーを使って処理を安全に行えるようになる。このアプローチは、アルゴリズムの効率化、よい設計モデル、適切なデータ構造、または同期に依存しないクラスに基づいて実現できる。

9.7 本章のまとめ

- 並行処理は簡単な概念ではない。開発者がアプリケーションで並行処理を実装するときには、さまざまな問題に直面するかもしれない。次に、最もよくある問題を挙げておく。
  - 同期プリミティブを軽はずみに使うと、デッドロックを引き起こすことがある。デッドロックとは、他のタスクが占有しているリソースを複数のタスクが待っていて、どのタスクも実行を再開できない状態のことである。

- ライブロックでもデッドロックと同じような状況が発生する。ライブロックは並行処理の実装で頻繁に発生するもう1つの問題である。ライブロックでは、排他ロックに対するリクエストが繰り返し拒否される。なぜなら、複数のタスクがリソースを譲り合うという状況から抜け出せなくなるからだ。タスクは実行されたままだが、それらの作業は完了しない。

- アプリケーションスレッドは飢餓状態に陥ることがある。飢餓状態とは、他の「貪欲な」スレッドがリソースを独占しているために、CPU時間や共有リソースへのアクセスがいつまで経っても得られない状態のことである。タスクが飢餓状態に陥った（リソースがいつまでも得られない）場合、その作業は完了しない。飢餓状態は、スケジューリングアルゴリズムのエラーや、同期を使っていることが原因で発生することもある。

- 並行処理は新しい分野ではないため、一般的な設計問題の多くはすでに解決されており、習得すべきベストプラクティスやデザインパターンとして確立されている。最もよく知られている問題として、**プロデューサー／コンシューマー問題**と**リーダー／ライター問題**の2つがある。これらの問題を最も効率よく解決する方法は、セマフォとミューテックスを使うことである。

Part 3

非同期のタコ：並行処理でピザを作ろう

　次のシーンを思い浮かべてみよう。あなたはピザレストランにいて、シェフ（もちろんタコ）が厨房でピザを同時に何枚も作っているのを目にする。シェフの動きは軽やかで、8本の触手がよどみなく動いている。生地を混ぜるところから、ソースを塗り、トッピングを散りばめるところまで、シェフのマルチタスクぶりには目を見張るものがある。しかし、このレストランはどのようにして数十、あるいは数百もの注文を同時にさばいているのだろうか。その答えは、非同期通信にある！

　並行処理に関する最後のパートでは、「非同期のタコ」という別の種類のタコに着目する。同期のタコと同じように、この生き物はマルチタスクのエキスパートであり、複数のタスクを同時にこなす。しかし、次のタスクを開始する前に、ブロッキングを使って1つのタスクが完了するのを待ったりしないという違いがある。

　第10章から第13章では、ノンブロッキングI/O、イベントベースの並行処理、非同期通信という世界を、ピザレストランという視点から探っていく。並行処理に対するさまざまなアプローチがアプリケーションの速度と効率にどのような影響を与えるのか、大量のリクエストを処理できる並行処理アプリケーションをどのように作成するのかを明らかにする。

　だからといって、そう身構える必要はない。並行処理を扱うためのさまざまなテクニックやアプローチを学んでいくうちに、オーケストラの指揮者がさまざまな楽器の音色を合わせて交響曲を奏でるのと同じように、全体像が見えてくるはずだ。

　では、触手をつかんで —— もとい、ピザをひと切れ手に取って、さっそく始めよう！

ノンブロッキング I/O | 10

本章で学ぶ内容

- 分散コンピュータネットワークでのメッセージパッシングによる IPC
- クライアント／サーバーアプリケーション
- I/O 処理で複数のスレッドまたはプロセスを使うときの制限
- ノンブロッキング処理：ノンブロッキング処理は I/O バウンドの処理の隠蔽にどのように役立つか

　プロセッサは高速化の一途をたどっており、同じ時間内に実行できる演算の数はますます増えている。こうした状況に I/O は必死に追いつこうとしている。最近のアプリケーションは CPU での演算よりも I/O のほうに大きく依存しており、CPU での演算と比べて、ハードディスクへの書き込みやネットワークからの読み取りといったタスクには時間がかかる。結果として、I/O が完了するのを待っている間、プロセッサはアイドル状態となり、アプリケーションは他のタスクを実行できなくなる。ハイパフォーマンスアプリケーションでは、この制限が大きなボトルネックとなる。

　本章では、メッセージパッシングによるプロセス間通信（IPC）を詳しく調べることで、この問題に対する解決策を探っていく。スレッドベースのモデルに関するここまでの知識をもとに、この IPC が高負荷 I/O シナリオでどのように応用されるのかを調べる。その際には、Web サーバー開発での一般的な使い方に着目する。非同期プログラミングの仕組みと、開発者がそうしたタスクで並行処理をフル活用するための基本的な概念を具体的に理解するにあたって、Web サーバーは申し分のない例である。以降の章では、このアプローチをさらに肉付けしていく。

10.1　分散化された世界

　並行処理が1台のコンピュータの枠を超えたのはずっと前のことである。インターネットとWorld Wide Webは現代生活のバックボーンとなり、現代のテクノロジーは数百あるいは数千台もの分散コンピュータを接続できるまでになった。かくして、分散システムと分散コンピューティングが登場した。そうしたシステムでは、同じローカルネットワーク上にある同じコンピュータや別のコンピュータで、または地理的に離れた場所にある別のコンピュータでタスクを実行することができる。そのすべてが相互に関連するさまざまなテクノロジーに基づいている。その中でも最も重要なのは、(第5章で紹介した)メッセージパッシングによるIPCである。

　このコンテキストにおける「コンポーネント」とは、1台のマシン上のタスクのことである。「リソース」とは、コンピュータ上のすべてのハードウェアコンポーネントと、特定の計算ノードに委譲される個々の機能のことである。データはアプリケーションプロセスのメモリに格納され、ノード間の通信は特殊なプロトコルを使ってネットワーク上で行われる。そうしたノード間通信の最も一般的な設計モデルは、**クライアント／サーバーモデル**である。

10.2　クライアント／サーバーモデル

　このモデルには、**クライアント**と**サーバー**という2種類のプロセスがある。サーバーアプリケーションは、クライアントアプリケーションにサービスを提供する。クライアントは、サーバーに接続して通信を開始する。そうすると、クライアントがサーバーにメッセージを送信してサービスをリクエストできるようになる。サーバーは、さまざまなクライアントからサービスリクエストを受け取り、サービスを実行し、(必要に応じて)完了メッセージをクライアントに返すという作業を繰り返す。最後に、クライアントが接続を終了する。

　多くのネットワークアプリケーションは、このような仕組みになっている。Webブラウザはサーバーのクライアントであり、電子メールプログラムは電子メールサーバーのクライアントである。クライアントとサーバーはネットワークソケットを使って通信できる。

10.2.1　ネットワークソケット

第 5 章でメッセージパッシングによる IPC について説明したときには、ソケットという概念の話をした。ここで「ソケット」と呼んでいるのは、それとは別の種類の**ネットワークソケット**のことである。ネットワークソケットは UNIX ドメインソケット（UDS）と同じだが、メッセージをネットワーク経由で送信するために使われる。ネットワークは、論理ネットワークのこともあれば、コンピュータからなるローカルネットワークのこともある。あるいは、外部ネットワークに物理的に接続され、他のネットワークに独自に接続するネットワークのこともある。わかりやすい例はインターネットである。

ネットワークソケットにはさまざまな種類があるが、本章では、TCP/IP ソケットにスポットを当てる。TCP/IP ソケットは、データ配信を保証するため、最もよく使われている。このソケットを使うときには、接続が確立される。つまり、2 つのプロセス間で情報を送信するには、それらのプロセスがそのことについて合意していなければならない。どちらのプロセスも、通信セッションが終了するまで、この接続を維持する。

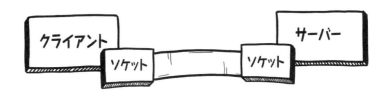

ネットワークソケットは、OS がネットワークと通信するために用いる抽象化である。開発者からすると、ネットワークソケットはこの接続のエンドポイントに相当する。ネットワークソケットは、ネットワークからデータを読み込んだりソケット（のバッファ）に書き込んだりしたあと、ネットワーク経由でデータを送信する。どのソケットにも、IP アドレスとポートという 2 つの重要な要素が含まれている。

IP アドレス

ネットワークに接続するデバイス（ホスト）には、それぞれ一意な識別子が割り当てられている。この一意な識別子は、IP アドレスとして表される。IP アドレス（バージョン 4）には共通のフォーマットがあり、8.8.8.8 のように、ドットで区切られた 4 つの数字を使う。私たちは IP アドレスを使うことで、ネットワーク上のどこかにあるホスト（プリンタ、レジ、冷蔵庫、サーバー、メインフレーム、PC など）にソケットを接続できる。

いろいろな意味で、IP アドレスは通りにある家の住所に似ている。通りには 5th Avenue などの名前が付いていて、その通り沿いに複数の家が建ち並んでいるかもしれない。それぞれの家には一意な番地が割り当てられている。したがって、175 5th Avenue と 350 5th

Avenue は、番地からまったく別の住所であることがわかる。

ポート

　クライアントの接続先となる複数のサーバーアプリケーションが 1 台のマシン上で実行されているとしよう。それらのアプリケーションに対処するには、同じネットワークインターフェイスからさまざまなアプリケーションにトラフィックを転送するメカニズムが必要である。このメカニズムは、各マシンで複数の**ポート**を使うという方法で実現される。

　ポートはそれぞれ特定のアプリケーションのエントリポイントとして機能し、リクエストが送信されてくるのを能動的に待ち受ける。サーバープロセスは、特定のポートにバインドされ、クライアント接続を処理するために待ち受け（リッスン）状態のままとなる。一方、クライアントが接続を確立するには、サーバーが待ち受けているポート番号を認識する必要がある。

　既知のポートの一部は、システムレベルのプロセスのために予約されており、特定のサービスの標準ポートとして使われる。こうした予約ポートは、対応するサービスに接続するクライアントにとって、認識しやすい一貫した手段となる。ビジネスセンター（複数の会社やオフィスが集まっていて、受付や会議室などを共有している）にあるオフィスを思い浮かべてみよう。どのビジネスも、そのサービスを提供する設備を独自に持っている。

　クライアントとサーバーはどちらも独自のソケットを持っており、そのソケットはもう一方のソケットに接続される。サーバーソケットは特定のポートで待ち受け、クライアントソケットはそのポートでサーバーソケットに接続する。接続が確立されると、データの交換が開始される。ビジネスセンターでビジネス A がオフィスを構えていて、顧客がそのオフィスを訪問してサービスを受けるようなものだ。

　送信側のプロセスは、必要な情報をメッセージにまとめて、受信側のソケットにネットワーク経由で明示的に送信する。第 5 章で Unix ドメインソケットを取り上げたときにも述べたように、受信側のプロセスはそのメッセージを読み取る。メッセージを交換するプロセスは、同じマシン上で実行されているプロセスでも、ネットワーク接続された別のマシン上で実行されているプロセスでもよい。

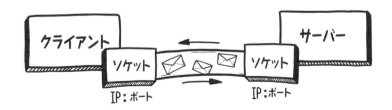

　ここでは、並行処理がどのような進化を遂げたのか、新たな課題は何かを理解するための具体的な例として、サーバー実装を使うことにする。この実装はよい勉強にもなるはずだ。なお、

この通信に対するネットワークモデルとプロトコルスタックについては、あまり詳しく説明しない。ネットワークとソケットは広大なテーマであり、専門書ならいくらでもある。ネットワークやソケットになじみがない場合、これから登場する用語や詳細を見て不安になるのは仕方のないことだ。このトピックを詳しく調べてみたい場合は、Andrew Tanenbaum 著『Modern Operating Systems』[1] が参考になるだろう。

ネットワークソケットとクライアント／サーバー通信の基礎を理解したところで、最初のサーバーを構築する準備ができたようだ。まず、最も単純な逐次処理バージョンを確認したあと、この実装を書き換えて、どのようにして並行処理から非同期に移行するのか、なぜ移行するのかを詳しく見ていく。

10.3　ピザ注文サービス

1980 年代のこと、Santa Cruz Operation が開発者のために大量のピザを注文した（ちなみに、Santa Cruz Operation は Al Gore よりもインターネットの発展に貢献している）。そのピザ店はカリフォルニア州サンタクルーズのダウンタウンにあった。電話での注文にあまりにも時間がかかったので、開発者たちは世界初の e コマースアプリを作成した。そのアプリでは、自分たちの端末とピザ店に設置した別の端末との間で通信を行い、ピザを注文して代金を支払うことができた。当時は、パーソナルコンピュータではなく、ワイドエリアネットワークで接続されたダム端末の時代だった。現在、そのプロセスはもう少し複雑である。そこで、より現代的なテクノロジーでその取り組みを再現してみよう。今回は、地元のピザレストラン向けのピザ注文サービスを実装する。このサービスは、クライアントからピザの注文を受け取り、「ご注文ありがとうございます」というメッセージで応答するサーバーである。

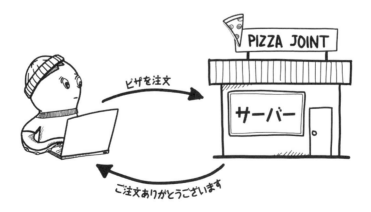

---

[1]　Andrew S. Tanenbaum, Modern Operating Systems, 4th ed., Pearson Education, 2015

サーバーアプリケーションは、クライアントが接続するためのサーバーソケットを提供しなければならない。この部分は、サーバーソケットをサーバーマシンの IP アドレスとポートにバインドするという方法で行う。その後、サーバーアプリケーションはクライアントからの接続を待ち受けなければならない。

```python
# Chapter 10/pizza_server.py
from socket import socket, create_server
```

一度に受信するデータの最大量を設定

```python
BUFFER_SIZE = 1024
ADDRESS = ("127.0.0.1", 12345)
```

ホストマシンのアドレスとポートを定義

```python
class Server:
    def __init__(self) -> None:
```

指定されたアドレスにバインドされたサーバーソケットオブジェクトを作成

```python
        try:
            print(f"Starting up at: {ADDRESS}")
            self.server_socket: socket = create_server(ADDRESS)
        except OSError:
            self.server_socket.close()
            print("¥nServer stopped.")
```

クライアントがサーバーソケットに接続するまでブロックされ、新しい接続とそのクライアントのソケットを返す

```python
    def accept(self) -> socket:
        conn, client_address = self.server_socket.accept()
        print(f"Connected to {client_address}")
        return conn

    def serve(self, conn: socket) -> None:
        try:
            while True:
                data = conn.recv(BUFFER_SIZE)
                if not data:
                    break
```

データが送信されてくるまでクライアントソケットから継続的にデータを受信

```python
                try:
                    order = int(data.decode())
                    response = f"Thank you for ordering {order} pizzas!\n"
                except ValueError:
                    response = "Wrong number of pizzas, please try again\n"
                print(f"Sending message to {conn.getpeername()}")
                conn.send(response.encode())
```

クライアントソケットにレスポンスを送信

```python
        finally:
            print(f"Connection with {conn.getpeername()} has been closed")
            conn.close()
```

そのクライアントに対する serve メソッドの実行が終了したら、クライアントソケットを閉じる

```python
    def start(self) -> None:
        print("Server listening for incoming connections")
```

```
        try:
            while True:
                conn = self.accept()
                self.serve(conn)
        finally:
            self.server_socket.close()
            print("\nServer stopped.")

if __name__ == "__main__":
    server = Server()
    server.start()
```

サーバーが停止するまで、接続を受け入れながら各クライアントにサービスを提供

　ここでは、ローカルコンピュータのアドレス 127.0.0.1（ローカルマシン）とポート 12345 を使っている。create_server() を呼び出し、このホストのアドレスにソケットをバインドすると、サーバーがクライアントからの接続を受け入れるようになる。accept() メソッドは、クライアントからの接続を待つ。このタイミングで、サーバーはクライアントからの接続を受信するまで待機する。

　クライアントがサーバーに接続したら、新しい socket オブジェクトを返す。このオブジェクトは、その接続とクライアントのアドレスを表す。その時点で、クライアントとの通信に使われる新しいソケットをサーバーソケットが作成する。これでクライアントとの接続が確立され、通信できる状態になった。サーバー側の準備は完了である。

　さっそくサーバーを起動してみよう。

```
$ python pizza_server.py
```

　このコマンドを実行すると、サーバーが accept() 呼び出しでブロックされ、新しいクライアントが接続してくるのを待つため、ターミナルがハング状態になるはずだ。

　この例では、クライアントとして Netcat[2] を使う（または、Chapter 10/pizza_client.py を使うこともできる[3]）。UNIX/macOS でクライアントを実行するには、別のターミナルウィンドウを開いて、次のコマンドを実行する。

```
$ nc 127.0.0.1 12345
```

　NOTE　Windows では、ncat 127.0.0.1 12345 を使う。

※2　https://netcat.sourceforge.net

※3　［訳注］pizza_client.py は、本書で後ほど取り上げる非同期サーバーで正常に動作しないことがある。

クライアントが起動したら、メッセージの入力（ピザの注文）を開始できる。サーバーが稼働していれば、サーバーからのレスポンスが表示されるはずだ。

```
$ nc 127.0.0.1 12345
10
Thank you for ordering 10 pizzas!
```

サーバーの出力は次のようになる。

```
Starting up at: ('127.0.0.1', 12345)
Server listening for incoming connections
Connected to ('127.0.0.1', 52856)
Sending message to ('127.0.0.1', 52856)
Connection with ('127.0.0.1', 52856) has been closed
```

サーバーはクライアントからの接続を待ち受ける。クライアントが接続してきたら、接続が閉じられるまでクライアントと通信する（クライアントを終了すると、接続も閉じられる）。その後は、引き続き新しい接続を待ち受ける。少し時間をかけて、このコードを調べてみるとよいだろう。

サーバーは正常に動作しており、クライアントはサーバーにピザを注文できるようになった。しかし、この実装には、私たちが見逃している問題がある。

10.3.1　並行処理が必要

Santa Cruz Operation の実装と同じように、このバージョンのサーバーには並行性がない。複数のクライアントがほぼ同時にサーバーに接続しようとした場合は、1つのクライアントが接続してサーバーを占有する。その間、他のクライアントは現在のクライアントが接続を終了するのを待つことになる。先のコードでは、サーバーは基本的に1つのクライアント接続によってブロックされる。

論より証拠というわけで、別のターミナルで新しいクライアントを実行してみよう。1つ目のクライアントが接続を終了するまで、2つ目のクライアントの接続は保留状態になることがわかる。並行性がないことは、サーバーが複数のクライアント接続を同時に処理する妨げになる。

しかし、現実の Web アプリケーションでは、並行処理を避けて通ることはできない。複数のクライアントとサーバーがネットワークで接続され、同時にメッセージを交換し、レスポンスがタイミングよく返されることが期待される。つまり、Web アプリケーションは本質的に、並行処理のアプローチを必要とする並行処理システムである。したがって、並行処理は Web アーキテクチャの特性であるだけではなく、ハードウェアを最大限に活用する大規模な Web

アプリケーションを実装するために必要な、決定的な原則でもある。

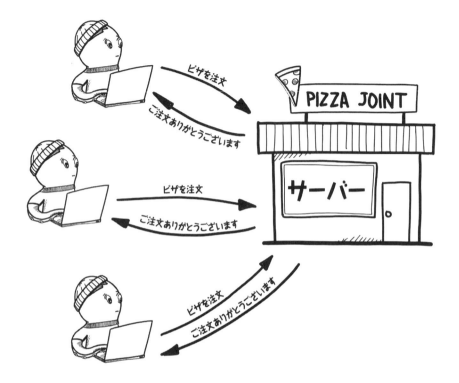

10.3.2　ピザサーバーのスレッド化

　標準的な解決策の1つは、スレッドまたはプロセスを使うことである。先に述べたように、スレッドのほうが一般に軽量であるため、この実装にはスレッドを使うことにする。

```
# Chapter 10/threaded_pizza_server.py
from socket import socket, create_server
from threading import Thread

BUFFER_SIZE = 1024
ADDRESS = ("127.0.0.1", 12345)

class Handler(Thread):
    def __init__(self, conn: socket):
        super().__init__()
        self.conn = conn

    def run(self) -> None:
        print(f"Connected to {self.conn.getpeername()}")
```

```python
        try:
            while True:
                data = self.conn.recv(BUFFER_SIZE)
                if not data:
                    break
                try:
                    order = int(data.decode())
                    response = f"Thank you for ordering {order} pizzas!\n"
                except ValueError:
                    response = "Wrong number of pizzas, please try again\n"
                print(f"Sending message to {self.conn.getpeername()}")
                self.conn.send(response.encode())
        finally:
            print(f"Connection with {self.conn.getpeername()} "
                  f"has been closed")
            self.conn.close()

class Server:
    def __init__(self) -> None:
        try:
            print(f"Starting up at: {ADDRESS}")
            self.server_socket = create_server(ADDRESS)
        except OSError:
            self.server_socket.close()
            print("\nServer stopped.")

    def start(self) -> None:
        print("Server listening for incoming connections")
        try:
            while True:
                conn, address = self.server_socket.accept()
                print(f"Client connection request from {address}")
                thread = Handler(conn)
                thread.start()
        finally:
            self.server_socket.close()
            print("\nServer stopped.")

if __name__ == "__main__":
    server = Server()
    server.start()
```

クライアントからの接続リクエストを受信したら、クライアントごとに、接続を処理するための新しいスレッドを作成

　この実装では、クライアントからの接続を待ち受けるサーバーソケットがメインスレッドに含まれている。サーバーに接続しているクライアントはそれぞれ別のスレッドで処理される。クライアントとやり取りする新しいスレッドはサーバーによって作成される。コードの残りの

部分は同じままである。

　並行処理は複数のスレッドを使うことによって実現される。複数のスレッドは、OSによってプリエンプティブスケジューリングで実行される。このアプローチについては、すでに説明したとおりである —— リクエストを処理するのに必要なスレッドをすべて一貫した方法で記述できるため、プログラミングモデルが単純になる。さらに、単純な抽象化が実現されるため、開発者は低レベルのスケジューリングの詳細から解放され、スケジューリングをOSと実行環境に任せることができる。

> **NOTE**　このアプローチは、Apache WebサーバーのMPM prefork、Jakarta EE (バージョン3以上) のサーブレット、Spring Framework (バージョン5以上)、Ruby on RailsのPhusion Passenger、PythonのFlaskなど、よく知られている多くのテクノロジーで使われている。

　ここで説明したスレッド化されたサーバーは、複数のクライアントにサービスを提供するという問題を見事に解決しているようだが、それには代償が伴う。

10.3.3　C10k問題

　現代のサーバーアプリケーションは、レスポンスがタイミングよく返されるのを待っている数百、数千、あるいは数万ものクライアントリクエスト (スレッド) を同時に処理する。スレッドの作成と管理には比較的コストがかからないが、OSによるスレッドの管理には相当な時間がかかり、貴重なRAMスペースなどのリソースが費やされる。リクエストを1つだけ処理するといった小さなタスクでは、スレッドの管理に伴うオーバーヘッドが並行実行のメリットを上回るかもしれない。

> **NOTE**　多くのOSは、スレッドが数千を超えるとうまく処理できなくなる (なお、うまく処理できなくなるスレッドの数は、通常はもっと少ない)。Chapter 10/thread_cost.pyのコードを使って、各自のマシンでぜひ試してみてほしい。

　スレッドが実行を再開できる状態かどうかに関係なく、OSは常にCPU時間をすべてのスレッドと共有する。たとえば、スレッドがソケットでデータを待っているだけであるとしても、OSのスケジューラは、有益な作業を完了させる前にそのスレッドに切り替え、そこから戻ってくるという操作を1,000回も繰り返すかもしれない。複数のスレッド (またはプロセス) を使って数千もの接続リクエストに同時に応答すれば、膨大な量のシステムリソースが消費され、応答性が低下してしまう。

　第6章で説明したプリエンプティブスケジューラは、スレッドにCPUコアを割り当てる。マシンの負荷が高い場合は、CPUコアが割り当てられるまで少し待つことになるかもしれな

い。その後、スレッドは（通常は）割り当てられた CPU 時間を使い、Ready 状態に戻って、CPU 時間が新たに割り当てられるのを待つ。

ここで、スケジューラの持ち時間（サイクル）が 10 ミリ秒だとしよう。スレッドが 2 つあると仮定すれば、スレッドはそれぞれ 5 ミリ秒のタイムスライスを受け取る。スレッドが 5 つある場合は、それぞれ 2 ミリ秒のタイムスライスを受け取る。しかし、スレッドが 1,000 個ある場合はどうなるだろうか。スレッドはそれぞれ 10 マイクロ秒のタイムスライスを受け取ることになる。その場合、スレッドはコンテキストの切り替えに大半の時間を使ってしまい、肝心の作業は実行できないだろう。

そこで、タイムスライスの長さを制限する必要がある。先のシナリオで言うと、最も短いタイムスライスが 2 ミリ秒で、スレッドが 1,000 個ある場合は、スケジューラのサイクルを 2 秒に増やす必要がある。スレッドが 10,000 個ある場合、サイクルは 20 秒になる。

この単純な例では、各スレッドがタイムスライスを使い切る場合、すべてのスレッドを同時に実行するのに 20 秒かかる。これでは時間がかかりすぎる。

スレッドのコンテキストの切り替えは、貴重な CPU 時間を消費する。スレッドの数が増えるほど、実際の作業ではなくコンテキストの切り替えにかかる時間が増える。したがって、スレッドの開始と停止のオーバーヘッドはかなり大きくなるかもしれない。

並行性が高い場合 —— たとえば、スレッドが 10,000 個ある（それだけの数のスレッドを作成するように OS を設定できる）場合は、コンテキストの切り替えが頻発することによるオーバーヘッドがスループットに影響を与えることになりかねない。これはスケーラビリティの問題であり、**C10k 問題**[4] という名前で知られている。C10k 問題は、同時接続の数が 10,000 を超えるとサーバーが対処できなくなるという問題である。

> **NOTE** それからテクノロジーは進歩し、この問題は C10m になっている。つまり、1,000 万の同時接続、または 1 秒あたり 100 万の接続にどう対処するかという問題になっている。

残念ながら、C10k 問題は、スレッドでは解決できない。この問題を解決するには、アプローチを変える必要がある。その前に、そもそもなぜスレッドが必要なのかを理解する必要がある。スレッドが必要なのは、ブロッキング処理に対処するためだ。

※ 4　Daniel Kegel, "The C10K problem", http://www.kegel.com/c10k.html

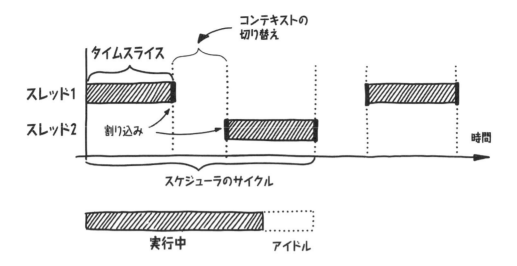

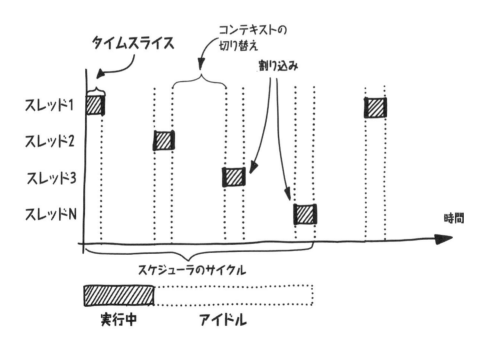

10.4　ブロッキングI/O

　I/O からのデータを待っていると、レスポンスが遅れて返される。この遅れは、ハードディスク上のファイルをリクエストしているときは短いが、ネットワーク経由でデータをリクエストしているときは長くなる。というのも、呼び出し元までの長い距離をデータが移動しなければならないからだ。たとえば、ハードディスクに格納されているファイルは、SATA ケーブルとマザーボードのバスを通って CPU に到達しなければならない。リモートサーバーにあるネットワークリソースのデータは、何マイルもの長さのネットワークケーブル、ルーター、そして最終的には私たちのコンピュータのネットワークインターフェイスカード（NIC）を通って CPU に到達しなければならない。つまり、I/O システムコールが完了するまで、アプリケーションは**ブロックされる**。呼び出し元のアプリケーションは、単にレスポンスを待っていて CPU を使っていない状態なので、処理の観点から見て効率がよいとは言えない。そして、I/O 処理が増えれば増えるほど、同じ問題に遭遇する確率は高くなる。つまり、CPU がアイドル状態になり、肝心の作業を何も行わなくなる。

> **NOTE**　I/O 処理はどれも逐次的な性質を持つ。つまり、信号を送り、レスポンスを待つ。このプロセスでは、同時に進行するものは何もないため、アムダールの法則（第 2 章）が完全に当てはまる。

10.4.1　例

　ピザを注文する代わりに、ピザを自宅で作ることにしたとしよう。ピザを焼くために、生地の上にソース、チーズ、ペパロニ、オリーブを乗せる（我が家では、ピザにパイナップルは禁断のレシピである）。ピザをオーブンに入れ、チーズが溶けて生地に焼き目がつくのを待つ。あとは何もする必要はない ―― ここからはオーブンが調理してくれる。あなたの役目は、ピザをオーブンから取り出すタイミングを見計らうことだけである。

　そこで、オーブンの前に椅子を置いて座り、オーブンを油断なく監視しながら、ピザが焦げ始める直前の決定的瞬間を見逃さないようにする。

　このアプローチでは、ほとんどの時間がオーブンの前で待つことに費やされ、他のことは何もできない。これは**同期**タスクであり、あなたはオーブンと「同期」している。ピザが焼き上がる瞬間まで、オーブンの前で待っていなければならない。

　同様に、従来のソケット呼び出しである send() と recv() は、本質的にブロッキングである。recv() システムコールは、受信するデータがなければ、データが届くまでプログラムをブロックする。プログラムは椅子に座って、クライアントがデータを送信してくるのをじっと待っている。

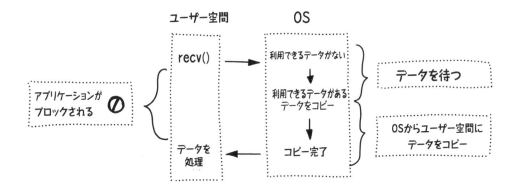

　特に指定されない限り、I/O インターフェイス（ネットワークソケットインターフェイスを含む）のほぼすべてがブロッキングである。従来のデスクトップアプリケーションでは、I/O バウンドの処理は（通常は）たまに実行されるタスクである。Web サーバーでは、I/O は基本的なタスクであり、クライアントからのレスポンスを待っている間、サーバーは CPU を使っていない。この通信はブロッキングであるため、非常に効率が悪い。

10.4.2　OS の最適化

　じっと座ってリクエストを待っているだけなのに、なぜ CPU を使うのだろうか。タスクがブロックされると、OS は I/O 処理が完了するまでそのタスクを Blocked 状態にする。物理リソースを効率よく使うために、OS はブロックされたタスクを直ちに「パーク（park）」する。つまり、そのタスクを CPU コアから削除してシステムに格納し、別の Ready 状態のタスクに CPU 時間を割り当てる。そして、I/O が完了するとすぐにタスクは Blocked 状態から Ready 状態へ遷移する。OS のスケジューラの決定如何によっては、そこから Running 状態に遷移することもある。

　プログラムが CPU バウンドの場合は、ここまで見てきたように、コンテキストの切り替えはパフォーマンスにとって脅威となるだろう。計算タスクには常に何かしらやることがあるため、何かを待つ必要はない。そのせっかくの有益な作業が、コンテキストの切り替えによって実行できなくなるのである。

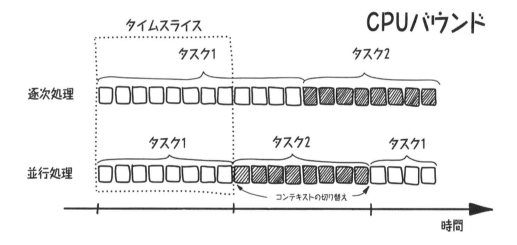

　プログラムに I/O バウンドの処理が大量に含まれている場合は、コンテキストの切り替えが追い風になる。タスクが Blocked 状態になったらすぐに Ready 状態のタスクと交代させる。このようにすれば、作業（Ready 状態のタスク）を実行する必要がある場合は、プロセッサをビジー状態に保つことができる。この状況は、CPU バウンドのタスクで発生するものとは根本的に異なっている。

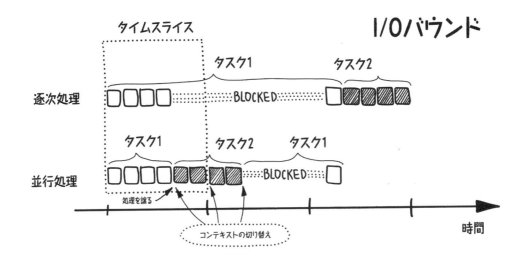

したがって、（理由は何であれ）関数がブロックされれば、他のタスクが遅れ、システム全体がうまく進行しなくなるおそれがある。関数がCPUタスクを実行しているためにブロックされた場合、私たちにできることはあまりない。しかし、I/Oが原因でブロックされた場合、CPUはアイドル状態であり、CPUを必要とする別のタスクの実行に回すことができる。

ブロッキングは、I/O（プロセス内外のやり取り、ネットワーク経由でのやり取り、ファイルの読み書き、コマンドラインまたはGUIでのユーザーとのやり取りなど）だけではなく、すべての並行処理プログラムで発生する。並行処理モジュールは、逐次処理プログラムのように同期的に動作するわけではない。協調的な動作が要求される場合、通常は互いの処理が完了するのを待たなければならない。

では、ブロックされない処理を作成できるとしたらどうだろうか。

10.5　ノンブロッキングI/O

第6章で説明したように、並列化をいっさい行わずに並行性を達成することは可能であり、大量のI/Oバウンドのタスクに対処するときに役立つ可能性がある。スケーラビリティを向上させるために、スレッドベースの並行処理をあきらめ、C10k問題を**ノンブロッキングI/O**で回避するのである。

ノンブロッキングI/Oとは、要するに、I/O処理をリクエストし、レスポンスを待たずに他のタスクに進むことである。たとえば、ノンブロッキングの読み取りでは、実行スレッドが他のこと（別の接続での作業など）を行っている間に、データがバッファに配置されて消費できる状態になるまで、ネットワークソケット経由でデータをリクエストできる。欠点は、データ

が読み込める状態になったかどうかを定期的に確認しなければならないことだ。

ここまでの実装には、各スレッドがブロックされ、I/Oからデータを返されるのを待たなければならないという問題があった。そこで、もう1つのソケットアクセスメカニズムである**ノンブロッキングソケット**を試してみることにしよう。ブロッキングソケットの呼び出しはすべてノンブロッキングモードにできる。

ピザを焼く例に戻ろう。今回は、ピザをじっと監視するのではなく、ときどきオーブンのところに行って、ピザが焼けたかどうかを「尋ねる」。つまり、オーブンのライトを点けて、ピザが焼けたかどうかをチェックする。

ソケットでも同じである。ソケットをノンブロッキングモードにすると、ポーリングを効果的に行えるようになる。ノンブロッキングモードでは、I/Oコマンドを直ちに実行することはできない。ノンブロッキングソケットからデータを読み込もうとしたところ、データがなかったという場合は、エラーが返される（実装によっては、EWOULDBLOCKやEAGAINといった特別な値が返されることがある）。最も単純なノンブロッキングアプローチは、同じソケットでI/O処理の呼び出しを繰り返すことで、無限ループを作成することである。いずれかのI/O処理に「完了」のマークが付いたら、そのデータを処理する。このアプローチを**ビジーウェイト**（busy-waiting）と呼ぶ。

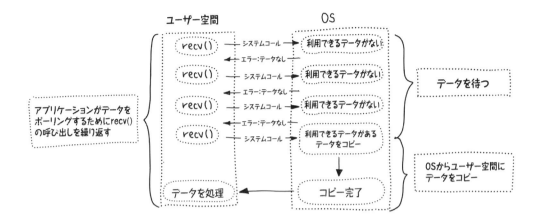

　Pythonのノンブロッキング実装では、send()、recv()、accept()の呼び出し時に読み込める状態のデータがデバイスにない場合、実行をブロックするのではなく、BlockingIOError例外を生成する。この例外は、ここでブロックされているはずであることと、呼び出し元がその処理をあとから繰り返すべきであることを示す。

　また、新しいスレッドの作成をなくしてしまうこともできる。ノンブロッキングI/Oアプローチで新しいスレッドを作成しても特にメリットはないからだ。それどころか、コンテキストの切り替えによってRAMを余計に消費し、時間を無駄にするだけである。実装例を見てみよう。

```
# Chapter 10/pizza_busy_wait.py
import typing as T
from socket import socket, create_server

BUFFER_SIZE = 1024
ADDRESS = ("127.0.0.1", 12345)

class Server:
    clients: T.Set[socket] = set()

    def __init__(self) -> None:
        try:
            print(f"Starting up at: {ADDRESS}")
            self.server_socket = create_server(ADDRESS)
            self.server_socket.setblocking(False)
        except OSError:
            self.server_socket.close()
            print("\nServer stopped.")

    def accept(self) -> None:
        try:
```

サーバーソケットをノンブロッキングモードに設定し、接続を待っている間にブロックされないようにする

10.5 ノンブロッキングI/O | **199**

```python
            conn, address = self.server_socket.accept()
            print(f"Connected to {address}")
            conn.setblocking(False)
            self.clients.add(conn)
        except BlockingIOError:
            pass

    def serve(self, conn: socket) -> None:
        try:
            while True:
                data = conn.recv(BUFFER_SIZE)
                if not data:
                    break
                try:
                    order = int(data.decode())
                    response = f"Thank you for ordering {order} pizzas!\n"
                except ValueError:
                    response = "Wrong number of pizzas, please try again\n"
                print(f"Sending message to {conn.getpeername()}")
                conn.send(response.encode())
        except BlockingIOError:
            pass

    def start(self) -> None:
        print("Server listening for incoming connections")
        try:
            while True:
                self.accept()
                for conn in self.clients.copy():
                    self.serve(conn)
        finally:
            self.server_socket.close()
            print("\nServer stopped.")

if __name__ == "__main__":
    server = Server()
    server.start()
```

サーバーソケットをノンブロッキングモードに設定し、接続を待っている間にブロックされないようにする

この例外は、ソケットから読み込めるデータがない場合に、ノンブロッキングソケットに対処するためにキャッチされる。このようにすると、プログラムがブロッキングを回避し、読み込めるデータを持つ他のクライアントの実行を継続できるようになる

　このサーバー実装では、setblocking(False) を呼び出してソケットをノンブロッキングモードにしている。したがって、サーバーアプリケーションは処理が完了するのを待たなくなる。続いて、ノンブロッキングソケットごとに、無限 while ループ（**ポーリングループ**）で accept()、recv()、send() の実行を試みる。ポーリングループでは、ブロッキングではなくなった処理の実行を試み —— send() を実行するときにソケットの準備ができているかどうかはわからない —— その試みを成功するまで繰り返す。したがって、send()、 recv()、accept()の呼び出しでは、他に何もせずにメインスレッドに制御を戻せばよい。

> **NOTE** ノンブロッキングI/Oにすると I/O 処理が高速になるというのは、よくある誤解である。ノンブロッキングI/Oはタスクをブロックしないが、だからといって実行が高速になるとは限らない。そうではなく、I/O 処理が完了するのを待つ間、アプリケーションが他のタスクを実行できるようになる。それにより、処理時間の有効活用と複数の接続の効率的な処理が可能になるため、最終的には、全体的なパフォーマンスがよくなる。それでもなお、I/O 処理の速度はハードウェアとネットワークのパフォーマンス特性に大きく左右されるが、ノンブロッキングI/Oはそうした要因に影響を与えない。

ブロッキングI/Oがなくなったので、スレッドが1つだけの場合であっても、複数のI/O処理がオーバーラップした状態で実行される。複数のタスクが同時に実行されるため、並列化されているような錯覚を覚える（第6章で行ったのと仕組みは同じ）。

ノンブロッキングI/Oを適切な状況で使うと、レイテンシが隠蔽され、アプリケーションのスループットや応答性がよくなる。また、たった1つのスレッドで作業できるため、スレッド間の同期の問題から解放され、スレッドの管理と関連するシステムリソースのコストを回避できる可能性もある。

10.6　本章のまとめ

- メッセージパッシングによる IPC を使ってやり取りするクライアント／サーバーアプリケーションでは、並行処理を避けて通ることはできない。複数のクライアントとサーバーがネットワークで接続され、同時にメッセージを交換し、レスポンスがタイミングよく返されることが期待される。

- プログラムで I/O バウンドのコードが実行される場合は、I/O が完了するのを待つしかないため、プロセッサ時間の多くが何もせずに費やされることになりがちである。

- **ブロッキング**インターフェイスでは、呼び出し元に制御を戻す前にすべての作業を実行する。**ノンブロッキング**インターフェイスでは、作業を開始したらすぐに制御を戻すため、他の作業を実行できるようになる。CPU よりも I/O の作業のほうが多いワークロードでは、ノンブロッキングI/Oによって効率が大幅によくなることが期待できる。

- OS スレッド（特にプロセス）は、限られた数の時間のかかるタスクに適している。というのも、大量のスレッドを使うと、スレッドのスタックサイズに関連して繰り返されるコンテキストの切り替えやメモリの消費が原因で、パフォーマンスの低下に拍車をかけることになるからだ。コストのかかるスレッドやプロセスの作成という問題を打開する単純なアプローチの1つは、ビジーウェイトアプローチを使うことである。このアプロー

チでは、ノンブロッキング処理を使うことで、たった1つのスレッドで複数のクライアントリクエストを同時に処理できる。

イベントベースの並行処理 | 11

本章で学ぶ内容

- 第 10 章の非効率なビジーウェイトアプローチの課題を克服する方法
- イベントベースの並行処理
- Reactor デザインパターン
- メッセージパッシングによる IPC での同期

　並行処理は、現代のソフトウェア開発の非常に重要な側面である。並行処理により、アプリケーションが複数のタスクを同時に実行し、ハードウェアの使用効率を最大化することが可能になる。従来のスレッド／プロセスベースの並行処理はよく知られているテクニックだが、どのようなアプリケーションにも最適なアプローチであるとは限らない。実際には、負荷の高い I/O バウンドアプリケーションでは、イベントベースの並行処理のほうがより効果的な解決策であることが多い。

　イベントベースの並行処理では、スレッドやプロセスではなく、イベント（メッセージ）を中心としてアプリケーションを構造化する。イベントが発生すると、アプリケーションはハンドラ関数を呼び出して応答する。そして、ハンドラ関数が必要な処理を実行する。このアプローチには、リソース使用量の削減、スケーラビリティの向上、応答性の改善など、従来の並行処理モデルよりも有利な点がいくつかある。

　イベントベースの並行処理の実例は、Web サーバー、メッセージングシステム、ゲームプラットフォームなど、多くのハイパフォーマンスアプリケーションでよく見つかる。たとえばWeb サーバーでは、イベントベースの並行処理を使って、大量の同時接続に最小限のリソー

ス消費で対処できる。メッセージングシステムでは、イベントベースの並行処理を使って、大量のメッセージを効率よく処理できる。

　本章では、イベントベースの並行処理を詳しく調べて、従来のスレッド／プロセスベースの並行処理と比較する。また、クライアント／サーバーアプリケーションでの最も一般的な使い方についても説明する。そして、イベントベースの並行処理の長所と短所を明らかにし、イベント駆動型アプリケーションを効果的に設計・実装する方法についても説明する。本章を最後まで読めば、イベントベースの並行処理とその応用をしっかりと理解し、各自のプロジェクトに適したアプローチを選択できるようになるだろう。

11.1　イベント

　第 10 章のピザ作りの例を振り返ってみると、ビジーウェイトアプローチでのピザ作りは、非効率でうんざりする作業であることがわかる。このアプローチでは、ソケットの状態に関係なく、すべてのソケットを絶えずポーリングする必要がある。10,000 個のソケットがあり、最後のソケットだけがデータを送受信できる状態にあるとしたら、すべてのソケットを調べまくった挙句、待ちわびていたメッセージが最後のソケットでやっと見つかる、ということになるかもしれない。各ソケットをポーリングしてそのステータスをチェックしている間、CPU は絶えず実行されている。つまり、CPU 時間の 99% は、他の CPU バウンドのタスクの実行ではなく、ポーリングに費やされている。なんともったいない。

　効率的なメカニズムが必要である。**イベントベースの並行処理**が必要だ。

　私たちが知りたいのは、ピザがいつ焼き上がるかである。それなら、ピザが焼き上がったことを知らせるタイマーをセットすればよいのでは？ そうすれば、そのイベントを待っている間に、他の作業を行うことができる。ピザが焼き上がったことをタイマーが知らせたら、そのイベントを処理して、できたての熱々のピザを楽しむことができる。

　イベントベースの並行処理では、**イベント**に焦点を合わせる。単に、何かが起きるのを待つ —— その何かが、イベントである。それは、消費できる状態のデータや書き込みができる状態のソケットといった I/O イベントかもしれないし、タイマーの作動といった他のイベントかもしれない。イベントが発生したら、その種類を確認し、そのイベントを処理する少量の作業 (I/O リクエストの実行、他のイベント

204 第 11 章 イベントベースの並行処理

のスケジューリングなど）を実行する。

> **NOTE**　ユーザーインターフェイス (UI) の目的はユーザーアクションに応答することであるため、UI は必ずと言ってよいほどイベント駆動型のプログラムとして設計される。たとえば JavaScript には、DOM (Document Object Model) でのやり取りや Web ブラウザでのユーザーとのやり取りに使われてきたという経緯がある。このため、イベント駆動型のプログラミングモデルは JavaScript にうってつけである。しかし、Node.js などのサーバー側フレームワークをはじめとする現代のシステムでも、このスタイルの人気が高まっている。イベントベースの並行処理に関するもう 1 つの例は、UI の構築によく使われる React.js ライブラリである。React.js は、DOM を直接更新するのではなく、仮想 DOM とイベントハンドラを使って、ユーザー入力などのイベントへの応答として UI を更新する。このアプローチにより、DOM の更新回数を最小限に抑えることと、更新を一括で行ってパフォーマンスを向上させることが可能になっている。

11.2　コールバック

　イベント駆動型プログラムでは、各イベントが発生したときに実行されるコードを指定する必要がある。このコードを**コールバック**（callback）と呼ぶ。

　コールバックとは、「Call me back（あとで呼んで）」という意味である。コールバックの原理は、折り返し電話をすることに似ている。ピザを注文するために電話をかけたところ、「ただ今大変混雑しております。オペレーターにおつなぎするまでお待ちいただくか、こちらから折り返しお電話するかのどちらかを選択してください」という留守番電話の心地よい音声メッセージが流れてきたとしよう。折り返しの電話を選択すると、オペレーターが手の空いたときに電話をかけてきて、注文を取ってくれる。オペレーターにつながるまで待つ代わりに、折り返しの電話を要求して他の作業を行うことができる。折り返し電話がかかってきたら、注文しようとしていたピザを注文できる。

> **NOTE**　コールバックベースのコードでは、制御フローがわかりにくくなったり、デバッグが難しくなったりしがちである。コードはもはやクリーンで読みやすいものではなくなっている。以前はコードを逐次的に読むことができたが、今やロジックを複数のコールバックに分散させる必要に迫られている。このコードでの処理の連鎖により、コールバックが何重にも入れ子になることもある。いわゆる**コールバック地獄**である。

　イベントとコールバックがこれでわかった。ところで、どのようにしてイベントとコールバックを連動させるのだろうか。イベントベースの並行処理は、イベントループがなければ始まらない。

11.3 イベントループ

さまざまなイベントと、それらのイベントに対するコールバックを組み合わせると、制御エンティティを導入することになる。この制御エンティティは、さまざまなイベントを追跡し、それらにふさわしいコールバックを実行する。このようなエンティティをよく**イベントループ**と呼ぶ。

ビジーウェイト実装でイベントポーリングを使ったのとは対照的に、イベントループでは、イベントは**イベントキュー**に追加される。

次ページの図は、イベント指向プログラムが実行する一般的なフローの例を示している。イベントループは、イベントキューからイベントを取り出して適切なコールバックを呼び出すという操作を繰り返す。この図が示しているのは、1つのコールバックにマッピングされた1つのイベントだけである。ただし、イベント駆動型アプリケーションによっては、イベントとコールバックの数が（理論的には）無限であってもよいことに注意しよう。

基本的には、イベントループはイベントが発生するのを待ち、開発者が事前に登録したコールバックに各イベントをマッピングし、このコールバックを実行する。

> **NOTE** JavaScript の中心にはイベントループがある。JavaScript では、新しいスレッドを作成することはできない。JavaScript の並行処理は、イベントループのメカニズムによって実現される。そのようにしてマルチスレッドと並行処理の間のギャップを埋めることができる JavaScript は、Java、Go、Python、Rust など、並行処理言語がひしめく分野で存在感を放っている。Java Swing をはじめとする多くの GUI ツールキットもイベントループを使っている。

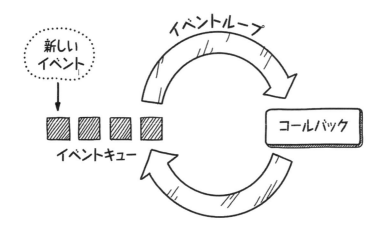

イベントループと同じ仕組みをコードで実装してみよう。

```python
# Chapter 11/event_loop.py
from __future__ import annotations

from collections import deque
from time import sleep
import typing as T

class Event:
    def __init__(self, name: str, action: T.Callable[..., None],
                 next_event: T.Optional[Event] = None) -> None:
        self.name = name
        self._action = action
        self._next_event = next_event

    def execute_action(self) -> None:
        self._action(self)
        if self._next_event:
            event_loop.register_event(self._next_event)

class EventLoop:
    def __init__(self) -> None:
        self._events: deque[Event] = deque()

    def register_event(self, event: Event) -> None:
        self._events.append(event)

    def run_forever(self) -> None:
        print(f"Queue running with {len(self._events)} events")
```

Event クラスはイベントループによって実行されるアクションを表す

イベントループによって実行されるイベントの格納先となるキューを作成

イベントキューにイベントを追加

11.3 イベントループ | 207

```
        while True:
            try:
                event = self._events.popleft()
            except IndexError:
                continue
            event.execute_action()

def knock(event: Event) -> None:
    print(event.name)
    sleep(1)

def who(event: Event) -> None:
    print(event.name)
    sleep(1)

if __name__ == "__main__":
    event_loop = EventLoop()
    replying = Event("Who's there?", who)
    knocking = Event("Knock-knock", knock, replying)
    for _ in range(2):
        event_loop.register_event(knocking)
    event_loop.run_forever()
```

イベントループを無限ループとして開始し、キューに追加されたイベントをそれぞれ実行

コールバック（対応する名前のイベントが発生したときに実行されるアクション）をイベントループに登録

イベントループを無限ループとして開始し、ループが中断されるまで、イベントキューで絶えず新しいイベントをチェック

　イベントループを作成し、knock と who の 2 つのイベントを登録している（knock イベントが who イベントを生成できることに注意）。続いて、knock イベントを 2 つ生成して、それらがちょうど発生したかのような状況を再現し、イベントループを無限ループとして開始する。イベントループがそれらのイベントを順番に実行することがわかる。

```
Queue running with 2 events
Knock-knock
Knock-knock
Who's there?
Who's there?
```

　結論から言えば、アプリケーションのフローはイベント次第である。しかし、次に処理すべきイベントをサーバーはどうやって知るのだろうか。

11.4 I/Oの多重化

　現代のOSには、通常はイベント通知サブシステムが含まれている。このサブシステムはよくI/O多重化（I/O multiplexing）と呼ばれる。これらのサブシステムは、監視しているリソースからI/Oイベントを収集してキューに配置する。それらのイベントはユーザーアプリケーションがそれらを処理できる状態になるまでブロックされるため、ユーザーアプリケーションは注意を払うべきI/Oイベントが発生しているかどうかを簡単にチェックできる。

　I/O多重化を利用すれば、前章でビジーウェイトアプローチを使ったときとは異なり、ソケットイベントを片っ端から追跡する必要はなくなる。どのソケットでどのイベントが発生したかは、OSに教えてもらうことができる。アプリケーションはデータの準備ができるまで、ソケットを監視してイベントをキューに追加する作業をOSに任せることができる。アプリケーションはいつでもイベントをチェックすることができ、その合間に他の作業を行うことができる。このメカニズムは、システムコールの元祖であるselect()によって実現される。

　select()システムコールを使うときには、ソケットで何かが起きていること（たとえば、データが届いて読み込める状態になっているなど）をselect()が知らせてくるまで、そのソケットでソケット呼び出しを行わない。ただし、I/O多重化の最大の利点は、同じスレッドを使って複数のソケットI/Oリクエストを同時に処理できることにある。複数のソケットを登録し、それらのソケットでイベントが発生するのを待っていればよい。

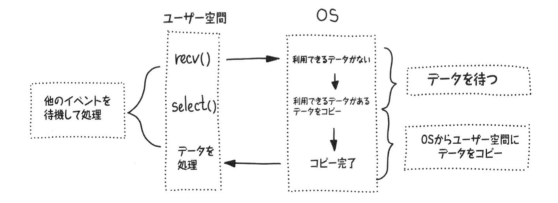

　select()が呼び出されたときにソケットの準備ができている場合は、直ちに制御がイベントループに戻される。そうではない場合は、登録済みのソケットのどれかで準備ができるまで、呼び出しはブロックされる。新しい読み取りイベントが発生した、またはソケットが書き込み可能な状態になった場合は、そのことがselect()から結果として返され、制御がすぐにイベントループに戻される。イベントループは、select()の結果に応じてイベントを生成し、イ

ベントキューに追加する。つまり、アプリケーションは前のリクエストを処理している間に新しいリクエストを受け取ることができる。このようにして、前のリクエストの処理がブロックされないようにし、制御をすぐにイベントループに戻して、新しいリクエストを処理できるようにしている。

> **NOTE** 多くの OS には、イベントを通知するためのより効率的なインターフェイスがある。たとえば、POSIX には poll、Linux には epoll、FreeBSD と macOS には kqueue、Windows には IOCP、Solaris には /dev/poll がある。こうした基本的なプリミティブを利用すれば、送信されてきたパケットを調べて、ソケットメッセージを読み取り、必要に応じて応答するだけの、単純なノンブロッキングイベントループを構築できる。

I/O 多重化を利用すれば、新たなイベントのポーリングを絶えず行わなくても、同じ実行スレッドを使って、異なるソケットで複数の I/O 処理を同時に実行できる。イベントを管理するのは OS であり、必要なときだけアプリケーションに通知する。select() システムコールでブロックされることに変わりはないが、ビジーウェイトアプローチとは異なり、データが届くのを待って時間を無駄にしたり、イベントポーリングループで CPU 時間を無駄にしたりせずに済む。

11.5　イベント駆動型のピザサーバー

さて、I/O 多重化を使ってピザサーバーのシングルスレッド並行処理バージョンを実装する準備ができた。このプログラムの中心にあるのは、やはりイベントループである。イベントループは無限ループであり、イテレーションのたびに、select() システムコールを使ってソケットの読み取りや書き込みを行う準備を整え、対応する登録済みコールバックを呼び出す。

```python
# Chapter 11/pizza_reactor.py
import typing as T
import select
from socket import socket, create_server

Data = bytes
Action = T.Union[T.Callable[[socket], None],
         T.Tuple[T.Callable[[socket, Data], None], str]]
Mask = int

class EventLoop:
    def __init__(self) -> None:
        self.writers = {}
        self.readers = {}
```

読み取り／書き込み I/O の準備ができているソケットを追跡

第11章 イベントベースの並行処理

```python
def register_event(self, source: socket, event: Mask,
                   action: Action) -> None:
    key = source.fileno()
    if event & select.POLLIN:
        self.readers[key] = (source, event, action)
    elif event & select.POLLOUT:
        self.writers[key] = (source, event, action)

def unregister_event(self, source: socket) -> None:
    key = source.fileno()
    if self.readers.get(key):
        del self.readers[key]
    if self.writers.get(key):
        del self.writers[key]

def run_forever(self) -> None:
    while True:
        readers, writers, _ = select.select(
            self.readers, self.writers, [])
        for reader in readers:
            source, event, action = self.readers.pop(reader)
            action(source)
        for writer in writers:
            source, event, action = self.writers.pop(writer)
            action, msg = action
            action(source, msg)
```

ソケットに関連付けられた一意な識別子を取得

ソケットからデータを読み込めることを示す

ソケットにデータを書き込めることを示す

クライアントが接続を終了したら、リーダー／ライターからソケットを削除

無限ループを開始し、select() を使って、リーダー／ライターのソケットがI/Oを実行できる状態になるのを待つ

読み取り可能な状態のソケットごとに対応するアクションを実行したあと、リーダーからソケットを削除

書き込み可能な状態のソケットごとに対応するアクションを実行したあと、ライターからソケットを削除

　イベントループの run_forever() メソッドで select() システムコールを呼び出し、クライアントが新しいイベントの処理を求めているという通知を待つ。これはブロッキング演算であるため、イベントループが非効率に実行されることはなく、少なくとも1つのイベントが発生するまで待機する。ソケットで読み取りまたは書き込みの準備ができたことをselect() が知らせたら、対応するコールバックを呼び出す。

　データの送受信は独立した関数 _on_accept()、_on_read()、_on_write() としてカプセル化する必要がある。これらの関数は、予想されるイベントタイプごとのコールバックである。続いて、クライアントソケットの状態をアプリケーションではなく OS に監視させる。開発者に求められるのは、すべてのクライアントソケット、それらのソケットで予想されるすべてのイベント、それらのイベントに対応するコールバックを登録することだけである。この

11.5 イベント駆動型のピザサーバー | 211

作業は Server クラスで行う[1]。

```python
# Chapter 11/pizza_reactor.py
......
BUFFER_SIZE = 1024
ADDRESS = ("127.0.0.1", 12345)


class Server:
    def __init__(self, event_loop: EventLoop) -> None:
        self.event_loop = event_loop
        try:
            print(f"Starting up at: {ADDRESS}")
            self.server_socket = create_server(ADDRESS)
            self.server_socket.setblocking(False)
        except OSError:
            self.server_socket.close()
            print("\nServer stopped.")

    def _on_accept(self, _: socket) -> None:
        try:
            conn, client_address = self.server_socket.accept()
        except BlockingIOError:
            return
        conn.setblocking(False)
        print(f"Connected to {client_address}")
        self.event_loop.register_event(conn, select.POLLIN, self._on_read)
        self.event_loop.register_event(self.server_socket, select.POLLIN,
                                       self._on_accept)

    def _on_read(self, conn: socket) -> None:
        try:
            data = conn.recv(BUFFER_SIZE)
        except BlockingIOError:
            return
        if not data:
            self.event_loop.unregister_event(conn)
            print(f"Connection with {conn.getpeername()} has been closed")
            conn.close()
            return
        message = data.decode().strip()
        self.event_loop.register_event(conn, select.POLLOUT,
                                       (self._on_write, message))
```

新しいクライアントがサーバーに接続したときに呼び出されるコールバック。イベントループに接続を登録し、送信されてくるデータを監視

クライアント接続からデータを受信したときに呼び出されるコールバック

※ 1　[訳注] Windows 環境では、AttributeError: module 'select' has no attribute 'POLLIN' になることがある。

第 11 章　イベントベースの並行処理

```python
    def _on_write(self, conn: socket, message: bytes) -> None:
        try:
            order = int(message)
            response = f"Thank you for ordering {order} pizzas!\n"
        except ValueError:
            response = "Wrong number of pizzas, please try again\n"
        print(f"Sending message to {conn.getpeername()}")
        try:
            conn.send(response.encode())
        except BlockingIOError:
            return
        self.event_loop.register_event(conn, select.POLLIN, self._on_read)

    def start(self) -> None:
        print("Server listening for incoming connections")
        self.event_loop.register_event(self.server_socket, select.POLLIN,
                                       self._on_accept)


if __name__ == "__main__":
    event_loop = EventLoop()
    Server(event_loop= event_loop).start()
    event_loop.run_forever()
```

クライアントにレスポンスを
送信する準備ができたときに
呼び出されるコールバック

サーバーを開始（サーバーソ
ケットをイベントループに登
録し、新しいクライアント接
続を受け入れるためのコール
バック関数を設定）

　この実装でも、先のアプローチと同じように、サーバーソケットを作成することから始める。
ただし、アプリケーションをモノリシックなコードにするのではなく、一連のコールバックと
して表す。これらのコールバックはそれぞれ特定のイベントタイプのリクエストを処理する。
これらのコンポーネントの準備ができたら、サーバーを開始してクライアントが接続してくる
のを待つ。

　この実装の中心にあるのはイベントループである。イベントループは、イベントキューのイ
ベントを処理し、対応するイベントハンドラ（コールバック）を呼び出す。イベントループは、
適切なコールバック関数に制御を渡し、コールバックの実行が終了したときに制御を取り戻す。
そして、イベントキューのイベントがなくなるまで、このプロセスを繰り返す。イベントがす
べて処理されると、イベントループは select() に制御を戻す。これにより、select() が
再びブロック状態になり、完了すべき新しい処理が発生するのを待つ。

　このイベント駆動型アーキテクチャを実装すれば、たった 1 つのスレッドでイベントループ
を実行し、複数のクライアントを同時に処理するという課題にうまく対処できる！

11.6 Reactor パターン

　イベントループを使ってイベントが発生するのを待ち、それらを処理するという手法はよく見かけるものであり、デザインパターンとしての地位を獲得している。このデザインパターンは **Reactor** と呼ばれる。シングルスレッドのイベントループ —— I/O 多重化と適切なコールバックを使ってノンブロッキング I/O を処理する —— を実行すると、実質的に Reactor パターンを導入することになる。

　Reactor パターンでは、1 つ以上のクライアントからアプリケーションに送信されるリクエストを処理する。このパターンでは、アプリケーションはコールバックで表される。コールバックはそれぞれイベント固有のリクエストを処理する。Reactor パターンには、イベントソース、イベントハンドラ、同期型イベントデマルチプレクサ、リアクター構造が必要である。

　イベントソースとは、ファイル、ソケット、タイマー、同期オブジェクトなど、イベントを生成するエンティティのことである。先のピザサーバーのコードには、サーバーソケットとクライアントソケットという 2 つのイベントソースがある。

　イベントハンドラとは、基本的にはコールバック関数のことであり、特定のイベントソースからのリクエストの処理を受け持つ。先のコードには、次の 3 種類のイベントハンドラがある。

- `_on_accept()`
  サーバーソケットを処理し、新しい接続を受け入れる。

- `_on_read()`
  クライアント接続からの新しいメッセージを処理する。

- `_on_write()`
  クライアント接続にメッセージを書き込む。

　同期型イベントデマルチプレクサ（synchronous event demultiplexer）とは、`select()` など、OS が提供するイベント通知メカニズムからイベントを取得することに対するもったいぶった名前である。デマルチプレクサは、一連のハンドル（ソケット）で特定のイベントが発生するのを待つ。

　リアクター（reactor）とは、現場を仕切る人のことであり、要するに**イベントループ**のことである。リアクターは、特定のイベントに対するコールバックを登録し、登録済みの適切なコールバック（イベントハンドラ）を呼び出して作業を行うことで、イベントに応答する。先のコードでは、`EventLoop` クラスがリアクターであり、イベントを待ち、それらに「反応（react）」する。`select()` 呼び出しから I/O 処理の準備ができているリソースのリストが返されると、リアクターは登録済みのコールバックを呼び出す。

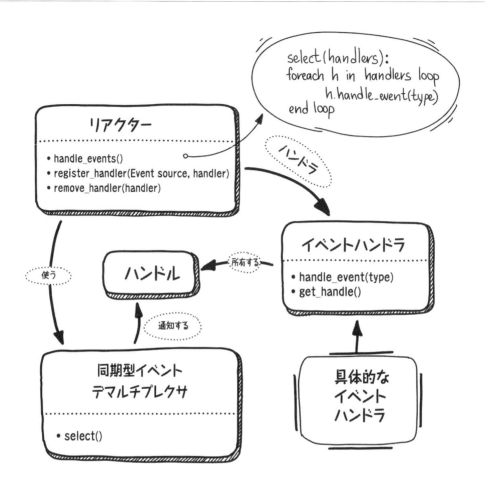

　まとめると、Reactor パターンに従うアプリケーションは、関心のあるイベントソースとイベントタイプを登録する。そして、それらのイベントごとに、対応するイベントハンドラ（コールバック）を提供する。同期型イベントデマルチプレクサは、イベントが発生するのを待ち、イベントが発生したらリアクターに通知する。リアクターはそれに応じて、そのイベントを処理するための適切なイベントハンドラを呼び出す。

NOTE　よく知られている中核的なライブラリやフレームワークの多くは、ここで説明した概念に基づいて構築されている。Libeventは、昔から広く使われているクロスプラットフォームのイベントライブラリである。libuv（libeio、libev、c-ares、iocpの上にある抽象化の層）はLibeventを高機能化したライブラリであり、ノンブロッキングモデルとイベントループ実装を使ってNode.js、Java NIO、NGINX、Vert.xで低レベルI/Oを実装することで、高度な並行処理を実現する。

Reactor パターンは、イベント駆動型の並行処理モデルを可能にすることで、システムスレッドの作成と管理に伴うオーバーヘッド、コンテキストの切り替え、そして従来のスレッドベースモデルでの共有メモリとロックに関連する複雑さを回避する。並行処理にイベントを利用すると、実行スレッドが1つだけになるため、リソース消費が大幅に削減される。ただし、コールバックとあとから発生するイベントの処理が必要になるため、別のプログラミングスタイルが要求される。

　要するに、Reactor パターンのターゲットは同期型のイベント処理であり、非同期のI/O処理ではない。このパターンはOSのイベント処理システムに依存している。せっかくなので、同期の概念を少し詳しく見てみよう。

11.7　メッセージパッシングでの同期

　メッセージパッシングでの同期とは、特定の実行順序に依存するタスクの調整と順序付けのことである。タスクが同期モードで実行される場合、それらのタスクは順番に実行され、先行するタスクが完了するのを待ってから後続のタスクの処理を進めなければならない。ここでの同期が、タスクの実際の実行ではなく、タスクの開始ポイントと終了ポイントを指していることに注意しよう。

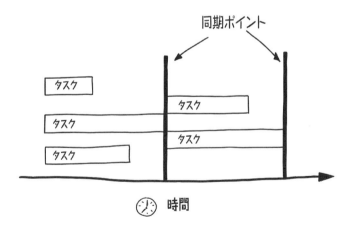

　同期モードの通信では、双方が同時にデータ交換の準備を行うことで、双方のタスクに対する明示的な同期ポイントを作成しなければならない。このアプローチでは、通信が完了するまでプログラムの実行がブロックされ、システムリソースがアイドル状態になる。対照的に、非同期モードの通信では、呼び出し元はタスクを開始すると、そのタスクが完了するのを待たず

に先へ進む。このアプローチでは、送信時と受信時の同期は不要であり、受信側の準備が整うまで送信側がブロックされることはない。呼び出し元のアプリケーションは、結果に非同期でアクセスし、いつでも都合のよいときにイベントをチェックできる。このアプローチでは、プロセッサを待機させるのではなく、他のタスクの処理に回すことができる。

　同期通信と非同期通信の違いを理解するために、携帯電話の使い方について考えてみよう。通話では、1人目が話している間、2人目は聞いている。1人目が話し終えると、通常は2人目がすぐに応答する。2人目が応答するまで1人目は待っている。つまり、2人目が話し終えるまで、1人目は話の続きができない。

　この例では、1人目の終了ポイントが2人目の開始ポイントと同期している。とりあえず話は通じるが、通話を終えるのに余計な時間がかかってしまう。というのも、平均的な人が聞くときに処理できる情報の量は、読むときの10分の1だからだ。若者の間で（LINEなどの）テキストメッセージが流行っている理由の1つはこれである。

　テキストメッセージは非同期方式の通信に相当する。送信者はメッセージを送信し、受信者は都合のよいときに返信できる。それまでの間、送信者は返信を待ちながら他のことができる。

　プログラミングの非同期通信では、呼び出し元がタスクを開始し、そのタスクが完了するのを待たずに先へ進む（まるで機嫌の悪いパートナーのようだ）。送信時と受信時の同期は不要であり、受信側の準備が整うまで送信側がブロックされるということはない。そうしたタスクによって提供される結果（またはパートナー）に関心がある場合は、それらの結果を取得する手段（コールバック、または何か他の方法）がなければならない。どの手法を用いるにせよ、呼び出し元のアプリケーションはそれらの結果に**非同期**でアクセスすることになる。それまでの間、アプリケーションは他のタスクを実行するなど（または、「私のことどれくらい愛している？」といった地雷のような質問にどう答えたらよいのか頭を悩ませるなど）、いつでも都合のよいタイミングでイベントをチェックできる。これがなぜ非同期プロセスなのかというと、アプリケーションがあるポイントで関心を示し、別のポイントでデータを使うからである。

　非同期タスクでは、開始ポイントと終了ポイントは同期されない。同期通信において CPU が待機している時間は、他のタスクの処理に活用できる。したがって、完了すべき作業があるときにプロセッサがアイドル状態になることはない。

　すべての非同期 I/O 処理は、同じパターンに帰着する。鍵となるのは、コードがどのように実行されるかではなく、待機がどこで発生するかである。複数の I/O 処理の待機をひとまとめにすれば、待機をコードの同じ場所で発生させることができる。非同期システムでは、イベントが発生したら、そのイベントを待っていた部分のコードで実行を再開しなければならない。

　非同期メッセージ通信は、エンティティ間の通信を切り離し、送信者が受信者を待つことなくメッセージを送信できるようにする。さらに言うと、送信者と受信者の間のメッセージ通信を同期させる必要はなく、送信者と受信者は独立した状態で動作できる。受信者が複数の場合、非同期メッセージ通信の利点はさらに顕著になる。メッセージのすべての受信者が同時に通信

する準備ができるまで待ったり、一度に複数の受信者にメッセージを同期的に送信したりするのは、非常に効率が悪いからだ。

11.8 I/O モデル

ブロッキング／同期という用語と**ノンブロッキング／非同期**という用語は、同じ意味で使われることが多い。しかし、同じような概念を表しているとはいえ、それらは別のものである──つまり、異なるレベルで、異なる意味で使われる。本書では、少なくとも I/O 処理を説明するにあたって、これらを次のように区別している。

- **ブロッキングとノンブロッキング**
  アプリケーションでは、これらの特性を使って、デバイスへのアクセス方法を OS に指示できる。ブロッキングモードでは、I/O 処理が完了するまで、呼び出し元に制御は戻らない。ノンブロッキングモードでは、すべての呼び出しで直ちに制御が戻されるが、I/O 処理についてはその状態が示されるだけである。したがって、I/O 処理が正常に完了したことを確認するために、複数の呼び出しが必要になることがある。

- **同期と非同期**
  これらの特性は、I/O 処理の高レベルの制御フローを表す。同期呼び出しでは、I/O 処理が完了するまで制御を戻さないため、同期ポイントが発生する。非同期呼び出しでは、制御が直ちに戻されるため、さらに他の処理を実行できる。

これらの特性を組み合わせると、次の4種類の I/O 処理モデルになる。それぞれのモデルは異なる用途を持ち、特定のアプリケーションに適している。

11.8.1 同期ブロッキングモデル

多くの一般的なアプリケーションにおいて最もよく使われる処理モデルである。このモデルでは、ユーザー空間のアプリケーションがシステムコールを実行し、それによりアプリケーションはブロックされる。アプリケーションはシステムコールが完了する（データ転送が完了する、またはエラーになる）までブロックされる。

11.8.2 同期ノンブロッキングモデル

このモデルでは、アプリケーションがノンブロッキングモードで I/O デバイスにアクセスする。したがって、OS は直ちに I/O 呼び出しに制御を戻す。通常、デバイスの準備はまだできておらず、I/O 呼び出しに対するレスポンスは「あとで呼び出しを繰り返すべきである」ことを

示す。アプリケーションはそのようにして、非常に効率の悪いビジーウェイトを実装することが多い。I/O 処理が完了し、ユーザー空間でデータにアクセスできる状態になった時点で、アプリケーションは処理を再開し、データを使うことができる。

11.8.3　非同期ブロッキングモデル

このモデルの例は Reactor パターンである。驚いたことに、非同期ブロッキングモデルでも、I/O 処理にはノンブロッキングモードが使われる。ただし、ビジーウェイトの代わりに、特別なブロッキングシステムコールである select() を使って、I/O 呼び出しのステータスに関する通知を送信する。ただし、ブロックされるのは通知だけであり、I/O 呼び出しはブロックされない。この通知メカニズムの信頼性が高く、パフォーマンスがよい場合は、ハイパフォーマンス I/O に適したモデルである。

11.8.4　非同期ノンブロッキングモデル

非同期ノンブロッキング I/O モデルでは、I/O 処理が正常に開始されたことを示すために、I/O リクエストに直ちに制御を戻す。処理がバックグラウンドで完了するまでの間、アプリケーションは他の処理を実行する。レスポンスが返されたら、I/O 処理を完了させるためのシグナルを生成するか、コールバックを実行できる。

このモデルの興味深い特徴は、ユーザーレベルでのブロッキングや待機が発生しないことであり、I/O 処理全体が他の場所（OS またはデバイス）に移される。したがって、I/O 処理がバックグラウンドで実行されている間、アプリケーションは空いた CPU 時間を活用できる。言うまでもなく、このモデルもハイパフォーマンス I/O に最適である。

これらのモデルは、OS の（あくまでも）低レベルの I/O 処理を表している。一歩下がって開発者の視点から見た場合、アプリケーションフレームワークはバックグラウンドスレッドを使って同期ブロッキングモデルで I/O アクセスを提供できる一方、コールバックを使って非同期インターフェイスを提供できる。その逆もまた同様である。

> **NOTE**　Linux の非同期 I/O (AIO) は、Linux カーネルに追加された比較的新しい機能である。AIO のベースとなっている基本的な考え方は、I/O 処理が完了するまでブロックされたり待機したりすることなく、プロセスが一連の I/O 処理を開始できるようにするというものだ。プロセスはあとから、または I/O 処理が完了したという通知を受け取ったあとに、I/O 処理の結果を取得できる。その通知は、ロックなしでソケットを読み書きできることを示すため、その時点で、ブロックされない I/O 処理を実行する。Windows では、完了通知モデル (I/O 完了ポート [IOCP]) が採用されている。

11.9 本章のまとめ

- **イベントベースの並行処理**は、スケーラビリティと並行性が高いため、負荷の高いI/Oアプリケーションに適している。そうしたアプリケーションでは、数千の同時接続を処理する場合でも、メモリ消費が少ない。

- **同期**通信とは、順番に実行され、その順序に依存するタスクのことである。データを交換している間はプログラムの実行がブロックされ、システムリソースがアイドル状態になる。同期通信では、双方が同時にデータ交換の準備をしなければならず、通信が完了するまでアプリケーションはブロックされる。

- **非同期**通信では、呼び出し元はタスクを開始すると、そのタスクが完了するのを待たずに先へ進む。送信時と受信時の同期は不要であり、受信者の準備が整うまで送信者がブロックされることはない。非同期通信では、同期通信においてCPUが待機している時間を、他のタスクの処理に活用できる。アプリケーションはいつでも都合のよいタイミングでイベントをチェックできる。非同期タスクでは、開始ポイントと終了ポイントは同期されない。

- **Reactor パターン**は、I/Oバウンドのアプリケーションでイベントベースの並行処理を実装するための最も一般的なパターンである。簡単に言えば、シングルスレッドのイベントループとノンブロッキングイベントを使い、イベントを処理するために適切なコールバックを呼び出す。

非同期通信 | 12

本章で学ぶ内容

- 非同期通信とは何か
- 非同期モデルを使う状況
- プリエンプティブマルチタスクと協調的マルチタスクの違い
- コルーチンと Future を使って協調的マルチタスクで非同期システムを実装する方法
- イベントベースの並行処理と並行処理のプリミティブを組み合わせて、I/O タスクと CPU タスクを効率的に実行する非同期システムを実装する方法

　人間は基本的にせっかちなので、システムからの応答はすぐにほしい。しかし、常にそうでなければならないかというと、そんなことはない。多くのプログラミングシナリオでは、処理を先送りしたり、どこかに移動して**非同期**で実行したりしても問題がないことがある。このようにすると、リアルタイムに動作しなければならないシステムのレイテンシ制約を和らげることができる。非同期処理に移行する目的の 1 つは、ワークロードを減らすことだが、常に簡単であるとは限らない。

　たとえば、カリフォルニア州サンノゼには、1960 年創業の老舗である Henry's Hi-Life という有名なステーキハウスがある。人気店ではあるが店内が狭いため、急かされている気分にさせずに客の回転をよくするために、革新的な非同期方式が編み出された。

　レストランに入ると小さなバーカウンターがあり、客はここでカウンターの奥にいる案内係に迎えられる。客がグループの人数を伝えると、案内係が必要な数のメニューを渡す。客はバー

で一杯やりながら料理を選び、特別なリクエストがある場合はそれもチェックリストに記入して、案内係に渡す。注文は直接厨房に渡され、料理ができあがるとすぐに客はテーブルに案内される。客が膝にナプキンを広げてもいないうちに、熱々の料理が運ばれてくる(電子レンジはいっさい使っていない)。

このプロセスにより、厨房のレイテンシ制約が緩和され、客の全体的な食事体験が向上し、レストランの収益が最大化される。非同期システムを実装すると、人々が即時的なサービスに慣れている領域でも、システムのパフォーマンスとスケーラビリティを向上させることが可能になる。

本章では、第11章で説明した「イベントループとコールバック」モデルを独自の実装に落とし込むことで、非同期システムの実装方法を学ぶ。ここでは、非同期呼び出しの実装によく使われる抽象化である、コルーチンとFutureの2つを詳しく見ていく。また、非同期モデルを使う状況を調べて、例をいくつか見ていく。そうすれば、このコンピュータサイエンスの用語とそれが役立つ状況をよく理解するのに役立つはずだ。

12.1　非同期が必要

最初の印象では、イベントベースのプログラミングアプローチはすばらしいソリューションに思える。発生したイベントは、単純なイベントループで処理される。しかし、CPUバウンドの処理など、ブロックされる可能性があるシステムコールを実行しなければならないイベントでは、深刻な問題が浮上する。アプリケーションが1つの凝集性のあるコードベースではなく、コールバックの集まりとして表され、コールバックがそれぞれ特定のタイプのイベントリクエストに対処する場合、この問題はさらに深刻化する。このアプローチでは、コードの読みやすさとメンテナンス可能性が犠牲になる。

サーバーがスレッドまたはプロセスを使っている場合、この問題を解決するのは簡単である。あるスレッドがブロッキング処理によってビジー状態になっている間も、他のスレッドを並列に実行できるため、サーバーを稼働状態に保つことが可能だからである。利用可能なCPUコアでのスレッドのスケジューリングは、OSに任せることができる。

ただし、イベントベースのアプローチでは、スレッドは1つしか存在しない —— つまり、このアプローチで使われるのは、イベントループでイベントを待ち受けるメインスレッドだけである。したがって、実行をブロックするような処理が1つでもあれば、システム全体がブロックされることになる。結果として、そうした処理によってイベントループがブロックされないようにし、システムを応答可能な状態に保つには、非同期プログラミングテクニックを使わなければならない。

12.2　非同期プロシージャ呼び出し

　デフォルトでは、ほとんどのプログラミング言語では、メソッド呼び出しは同期モードで実行される。つまり、コードは逐次的に実行され、メソッド全体が完了するまで制御は戻らない。しかし、メソッドがネットワーク呼び出しや長時間実行される計算のような時間のかかるものだとしたら、このことは問題になるかもしれない。そのような場合、呼び出し元のスレッドはメソッドが終了するまでBlocked状態になるからだ。それでは困るという場合は、ワーカースレッドを開始して、そこからメソッドを呼び出すことができる。とはいえ、その複雑さやオーバーヘッドを考えると、新しいスレッドの追加は割に合わない場合がほとんどである。

　非効率きわまりない例として、あなたは病院で治療を受けるために受付にいるとしよう。同期通信の場合、あなたは窓口に立ったまま複数の用紙に必要事項を記入するように求められ、その間、受付係は座ったままあなたを待っている。受付係が他の患者に応対したくても、あなたの存在が邪魔になるだろう。このアプローチをスケールアップする唯一の方法は、受付係をさらに雇い入れて、窓口を増やすことである。そうすると、今度は受付係がほとんどの時間は何もしないことになるので、コストがかかる上に効率が悪い。病院の受付は幸いなことにそうなっていない。

　一般に、医療機関は非同期システムである。あなたが窓口に行って、複数の用紙に記入しなければならないことがわかると、受付係は用紙、クリップボード、ペンをあなたに渡して、記入が終わったら戻ってくるように告げる。あなたが腰を下ろして用紙に記入している間、受付

224 | 第12章 非同期通信

係は列に並んでいる次の人に応対する。受付係が他の人に応対する上で、あなたの存在が邪魔になることはない。記入が終わると、あなたは受付係と再び話をする順番を待つ。何かを間違えた場合や、さらに別の用紙に記入しなければならない場合は、新しい用紙を渡されるか、修正が必要な個所を教えられ、腰を下ろし、記入し、列に戻るというプロセスを繰り返す。このシステムはすでにスケールアップされている。待ち行列が長くなりすぎた場合、医療機関は受付係を増員することで、さらにスケールアップを図ることができる。

逐次処理プログラミングモデルは、並行処理をサポートするように拡張できる。具体的には、同期呼び出しを非同期セマンティクスでオーバーロードする。その場合は、呼び出し時に同期ポイントを作成するのではなく、ランタイムスケジューラがあとから（非同期で）結果をハンドラに渡す。非同期セマンティクスが追加された同期呼び出しは、**非同期呼び出し**または**非同期プロシージャ呼び出し**（Asynchronous Procedure Call：APC）と呼ばれる。APC は、時間がかかる可能性がある（同期）メソッドを、すぐに制御を戻す非同期バージョンと追加のメソッドで拡張する。追加のメソッドは、あとから完了通知を取得したり、メソッドが完了するのを待ったりするのに役立つ。

プログラミングの世界では、非同期構造の構築に利用できるソフトウェアの構造や操作がいくつか登場している。おそらく最も広く使われているものの1つは、協調的マルチタスクである。

12.3　協調的マルチタスク

オックスフォード英語大辞典によると、a-syn-chro-nous（非同期）は、「コンピュータ制御のタイミングプロトコルの一種、またはそうしたプロトコルを要求すること。このプロトコルでは、先行する演算が完了したという通知（シグナル）を受け取ったときに、特定の演算が開始される」という意味である。この定義から明らかなように、最大の問題は、演算がどこでどのように実行されるかではなく、イベントが完了したあとにコードのあれこれを再開する方法である。

スレッドに関するここまでの説明では、システムレベルのスレッドと1対1で関連付けられるスレッドは、OS によって管理される。しかし、ユーザーレベルまたはアプリケーションレベルの論理スレッドが使われることもあり、そうしたスレッドを管理するのは開発者である。OS からは、ユーザーレベルのスレッドのことは何もわからない。OS は、ユーザーレベルのスレッドを利用するアプリケーションを、シングルスレッドプロセスであるかのように扱う。ユーザーレベルのスレッドは、通常**協調的マルチタスク**（cooperative multitasking）で使われる。協調的マルチタスクは最も単純な種類のマルチタスクであり、**ノンプリエンプティブマルチタスク**（non-preemptive multitasking）とも呼ばれる。

協調的マルチタスクでは、OS はコンテキストの切り替えを開始しない。スケジューラに制

御を渡すタイミングを決めるのはそれぞれのタスクであり、「作業を一旦停止するので、他のタスクを実行してください」とスケジューラに明示的に伝えることで、他のタスクを実行できるようにする。スケジューラの役目は、利用可能な処理リソースにタスクを割り当てることだけである。

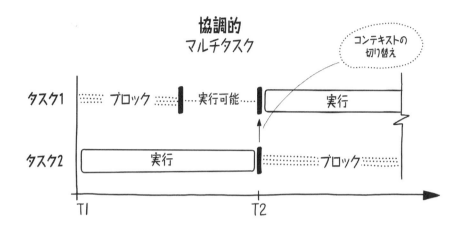

したがって、ワーカースレッドは1つだけであり、現在実行中のスレッドを他のスレッドに置き換えることはできない。このシステムが「協調的マルチタスク」と呼ばれるのは、利用可能な処理リソースを最大限に活用すべく、開発者とランタイム環境が息の合った共同作業を行うからである。

> **NOTE** このシンプルなアプローチは、macOS X までの macOS のすべてのバージョンと、Windows 95/Windows NT までの Windows のすべてのバージョンで採用されていた。

実行スレッドは1つだけだが、完了しなければならないタスクは1つだけとは限らないため、リソースの共有が問題になる。この場合、共有しなければならないリソースは、スレッド管理である。ただし、タスク自体が制御を明け渡さない限り、協調的マルチタスクのスケジューラが実行中のタスクから制御を取り上げることはできない。

12.3.1　コルーチン：ユーザーレベルのスレッド

第10章のスレッド化されたサーバー実装では、OSスレッドはスレッド間での制御の転送（コンテキストの切り替え）の責任を開発者に押し付けない。それらのスレッドは、CPUコアが1つだけであっても、並行性を実現する。その鍵は、プリエンプティブマルチタスクを使ってスレッドの実行を一時停止／再開するOSの能力にある（第6章）。OSスレッドのように実

行を一時停止／再開できる関数があれば、シングルスレッドの並行処理コードを作成できるはずだ。そしてなんと、**コルーチン**（coroutine）ならそれができるのである！

　コルーチンは、協調的マルチタスクを可能にするプログラミング構造であり、コードの特定のポイントで 1 つの実行スレッドを一時停止／再開できる。このアプローチには、いくつかの利点がある。たとえば、コードは柔軟で効率的であり、明示的にスレッド化しなくても、非同期タスクに対処できる。

　コルーチンと OS スレッドの最大の違いは、コルーチンの切り替えがプリエンプティブではなく協調的であることだ。つまり、開発者はプログラミング言語とその実行環境を制御できるだけではなく、コルーチン間の切り替えが発生するタイミングも制御できる。コルーチンを適切なタイミングで一時停止すれば、代わりに別のタスクの実行を開始できる。

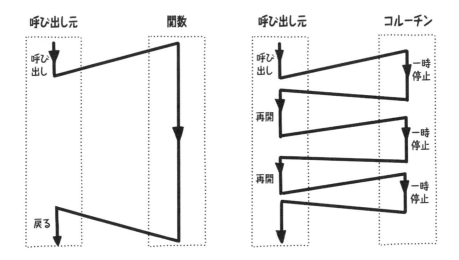

　コルーチンが特に役立つのは、ネットワークリクエストなど、特定の操作が長時間にわたってブロックされると予想される状況である。コルーチンを利用すれば、システムスケジューラを介入させることなく、直ちに別のタスクに切り替えることができる。コルーチンのこの協調的な性質をうまく利用すれば、よりエレガントで、読みやすく、再利用しやすいコードの記述が可能になる。

> **NOTE** 　コルーチンの基本的な考え方は、**継続**（continuation）という概念に端を発している。継続については、プログラムの特定の時点での実行状態（現在のコールスタック、ローカル変数、その他の関連情報といった実行コンテキスト）のスナップショットとして考えることができる。この情報を取得してプログラムの実行状態を保存しておくと、あとから別のスレッドや（場合によっては）別のマシンで実行を再開できるようになる。

12.3 協調的マルチタスク | 227

コルーチンの有用性を理解するために、フィボナッチ数列を生成する例を見てみよう。次の Python コードは、コルーチンベースのエレガントで読みやすい実装を示しており、エレガンス、読みやすさ、コードの再利用可能性という観点から、この概念の利点を照らし出している。

```python
# Chapter 12/coroutine.py
from collections import deque
import typing as T

Coroutine = T.Generator[None, None, int]

class EventLoop:
    def __init__(self) -> None:
        self.tasks: T.Deque[Coroutine] = deque()

    def add_coroutine(self, task: Coroutine) -> None:
        self.tasks.append(task)

    def run_coroutine(self, task: Coroutine) -> None:
        try:
            task.send(None)
            self.add_coroutine(task)
        except StopIteration:
            print("Task completed")

    def run_forever(self) -> None:
        while self.tasks:
            print("Event loop cycle.")
            self.run_coroutine(self.tasks.popleft())

def fibonacci(n: int) -> Coroutine:
    a, b = 0, 1
    for i in range(n):
        a, b = b, a + b
        print(f"Fibonacci({i}): {a}")
        yield
    return a

if __name__ == "__main__":
    event_loop = EventLoop()
    event_loop.add_coroutine(fibonacci(5))
    event_loop.run_forever()
```

実行されるすべてのコルーチンからなるリストが格納される

新しいコルーチンタスクを実行するためにイベントループに追加

次の yield 文に到達するまでコルーチンを実行

コルーチンの実行が完了して値が返されたら、例外を生成

イベントループの deque オブジェクトに含まれているコルーチンを、それらがなくなるまで実行するループを開始

関数の実行を一時停止して他のコルーチンを実行できるようにする

関数の実行が完了したあと、関数によって計算された最終的な値を返す

このプログラムの出力は次のようになる。

```
Event loop cycle.
Fibonacci(0): 1
Event loop cycle.
Fibonacci(1): 1
Event loop cycle.
Fibonacci(2): 2
Event loop cycle.
Fibonacci(3): 3
Event loop cycle.
Fibonacci(4): 5
Event loop cycle.
Task completed
```

　ここでは、単純なイベントループとコルーチンを使っている。コルーチンの呼び出し方は通常の関数と同じだが、コルーチンは yield 命令で指定された一時停止ポイントに到達するまで命令を実行する。yield 命令は、現在の関数の実行を一時停止し、呼び出し元に制御を戻し、現在の命令スタックとポインタをメモリに格納する特別な命令である。そのようにして、実質的に実行コンテキストを保存する。結果として、イベントループは待機中のイベントが発生するのを待ちながら、1つのタスクによってブロックされることなく、次のタスクを実行する。待機中のイベントが完了したら、イベントループは一時停止した行から実行を再開する。

　やがて、メインスレッドが同じコルーチンを再び呼び出せる状態になり、（最初からではなく）最後の一時停止ポイントから実行を開始する。このように、コルーチンは部分的に実行される関数であり、一定の条件が揃ったときに未来の何らかのポイントで実行を再開し、処理を完了することができる。

　先のコードでは、コルーチン fibonacci() が一時停止してイベントループに制御を戻すと、イベントループは他の処理を行いながら再開可能な状態になるまで待機し、再開ポイントに到達したらコルーチンの実行を再開する。コルーチンは実行を再開すると、その結果を生成する。その後、イベントループが実行を再開し、生成された結果を適切なターゲットに渡す。

　開発者はコルーチンとイベントループを使って協調的マルチタスクを実現する。協調的マルチタスクでは、複数のスレッドやプロセスを使わなくても、タスクを効率よくスケジュールして実行できる。コルーチンを利用すれば、より制御しやすいフローを持つ並列処理コードを記述できるため、非同期タスクの処理やリソース使用量の最適化が容易になる。

NOTE　**ファイバ**、**軽量スレッド**、**グリーンスレッド**は、コルーチンそのもの、またはコルーチンと同じような概念の別名である。それらは OS スレッドに（通常は故意に）似ていることがあるが、実際のスレッドのように実行されるのではなく、コルーチンを実行する。Python（ジェネレータベースのネイティブコルーチン）、Scala（コルーチン）、Go（ゴルーチン）、Erlang（Erlang プロセス）、Elixir（Elixir プロセス）、Haskell GHC（Haskell スレッド）のように、言語や実装によっては、より具体的な技術的特徴があったり、概念間に違いがあったりすることもある。

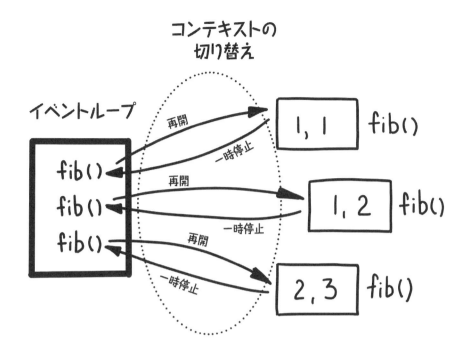

12.3.2　協調的マルチタスクの長所

協調的マルチタスクには、プリエンプティブマルチタスクにはない利点がいくつかある。このため、特定の状況に適したアプローチとなっている。

リソース使用量が少ない

ユーザーレベルのスレッドは、リソースをあまり消費しない。コンテキストの切り替えが発生するのは、OSがスレッドまたはプロセスを切り替える必要が生じたときである。システムスレッドは比較的重量なスレッドであるため、システムスレッド間のコンテキストの切り替えには、大きなオーバーヘッドが伴う。対照的に、ユーザーレベルのスレッドは、リソースの消費に関してもコンテキストの切り替えに関しても軽量である。協調的スケジューリングでは、タスクのライフサイクルを管理するのはタスク自身であるため、スケジューラが各タスクの状態を監視する必要はなく、その分タスクの切り替えにコストがかからない。タスクの切り替えは関数の呼び出しとたいして違わない。このため、管理のオーバーヘッドを抑えた上で、数百万ものコルーチンを作成することが可能である。このアプローチを採用しているアプリケーションは、シングルスレッド（OSスレッドのみ）であっても、通常はスケーラビリティが非常に高い。

共有リソースがブロックされない

協調的マルチタスクでは、コードの特定のポイントでタスクを切り替えることができるため、共有リソースのブロッキングという問題を軽減できる。こうした切り替えポイントを慎重に選択すれば、クリティカルセクションの途中で他のタスクに割り込まれずに済む。

効率が大幅によくなる

協調的マルチタスクでは、コンテキストの切り替えがより効率的である。なぜなら、どのタイミングで一時停止して別のタスクに制御を渡せばよいかは、タスクが知っているからだ。ただし、そのためには、タスクは単体で動作しているわけではないこと（他のタスクが待っている）、いつ制御を明け渡すのかを決めるのはタスクであることを十分に認識しておくことが重要となる。一元的に管理されている処理の順序が1つでも狂えば、すべてを失うことになる（第2章のショッピングモールの例を参照）。

協調的マルチタスクでは、タスクの実行にかける時間をスケジューラに全体的なレベルで判断させるというわけにはいかない。したがって、協調的マルチタスクでは、時間のかかる処理を実行しないことが重要である。時間のかかる処理を実行する場合は、周期的に制御を戻すべきである。複数のプログラムが小さな作業を実行し、相互の切り替えを自発的に行うという状況では、スケジューラでは不可能なレベルの並行性を実現できる。協調的マルチタスクでは、数十のスレッドではなく、数千のコルーチンを協調的に動作させることができる。

ただし、プリエンプティブマルチタスクと協調的マルチタスクは相互排他ではなく、同じシステムの異なるレベルの抽象化で使われることが多い。たとえば、CPU時間をより公平に分配するために、協調的な計算を周期的にプリエンプトすることがある。

12.4　Futureオブジェクト

ハンバーガー店にランチに出かけて、特製バーガーを注文するとしよう。レジ係は、あなたが注文したハンバーガーを厨房に伝え、あなたに注文番号を渡して、ハンバーガーが調理され、未来のどこかで受け取れることを約束する。あなたが注文した商品を受け取るのは、カウンターに注文番号が表示され、ハンバーガーができあがったことが示されたときである。できあがるのを待っている間、あなたはテーブル席で自分のことをする。しかし、コールバックメソッドがない場合、ハンバーガーができあがったことはどうすればわかるのだろうか。言い換えると、非同期呼び出しの結果はどうやって取得すればよいのだろうか。

非同期呼び出しの戻り値として、未来の結果（期待される結果またはエラー）を保証するオブジェクトを作成するという方法がある。このオブジェクトは、未来の結果についての「約束」として返される —— 要するに、結果に対するプレースホルダオブジェクトである。というのも、初期状態では、結果の計算はまだ完了していないため、結果は「未知」だからだ。結果の

計算が完了したら、それをプレースホルダオブジェクトに配置できる。このようなオブジェクトを **Future オブジェクト** と呼ぶ。

　Future オブジェクトについては、最終的に利用可能な状態になる結果として考えることができる。Future オブジェクトは同期メカニズムとしても機能する。独立した計算を実行（send()）しながら、プログラムの元々の制御フローと同期し、最終的に結果を返すことができるからだ。

　ハンバーガーの注文に戻ろう。ときどきカウンターの番号をチェックして、注文した商品ができあがったかどうかを確認する。そして、ようやくあなたの番号が表示される。あなたはカウンターまで歩いて行き、ハンバーガーを受け取り、テーブルに戻って食事を楽しむ。

> **NOTE**　Future、Promise、Delay、Deferred は、大まかに言えば、さまざまなプログラミング言語の同じような同期メカニズムを指している。このオブジェクトは、まだ不明な結果に対するプロキシ (代理) として機能する。結果の準備ができると、その結果を待っていたコードが実行される。いつしか、これらの用語はさまざまな言語やエコシステムでわずかに異なる意味を持つようになった。

第12章　非同期通信

コードでは次のようになる。

```python
# Chapter 12/future_burger.py
from __future__ import annotations

import typing as T
from collections import deque
from random import randint

Result = T.Any
Burger = Result
Coroutine = T.Callable[[], 'Future']

class Future:
    def __init__(self) -> None:
        self.done = False
        self.coroutine = None
        self.result = None

    def set_coroutine(self, coroutine: Coroutine) -> None:
        self.coroutine = coroutine

    def set_result(self, result: Result) -> None:
        self.done = True
        self.result = result

    def __iter__(self) -> Future:
        return self

    def __next__(self) -> Result:
        if not self.done:
            raise StopIteration
        return self.result

class EventLoop:
    def __init__(self) -> None:
        self.tasks: T.Deque[Coroutine] = deque()

    def add_coroutine(self, coroutine: Coroutine) -> None:
        self.tasks.append(coroutine)
```

Future オブジェクトに関連付けられるコルーチンを設定

Future に完了のマークを付け、計算結果をオブジェクトに代入

Future が完了したどうかを確認し、完了した場合は結果を返す

12.4 Future オブジェクト

```python
    def run_coroutine(self, task: T.Callable) -> None:
        future = task()
        future.set_coroutine(task)
        try:
            next(future)
            if not future.done:
                future.set_coroutine(task)
                self.add_coroutine(task)
        except StopIteration:
            return

    def run_forever(self) -> None:
        while self.tasks:
            self.run_coroutine(self.tasks.popleft())

def cook(on_done: T.Callable[[Burger], None]) -> None:
    burger: str = f"Burger #{randint(1, 10)}"
    print(f"{burger} is cooked!")
    on_done(burger)

def cashier(burger: Burger, on_done: T.Callable[[Burger], None]) -> None:
    print("Burger is ready for pick up!")
    on_done(burger)

def order_burger() -> Future:
    order = Future()

    def on_cook_done(burger: Burger) -> None:
        cashier(burger, on_cashier_done)

    def on_cashier_done(burger: Burger) -> None:
        print(f"{burger}? That's me! Mmmmmm!")
        order.set_result(burger)

    cook(on_cook_done)
    return order

if __name__ == "__main__":
    event_loop = EventLoop()
    event_loop.add_coroutine(order_burger)
    event_loop.run_forever()
```

コルーチンを呼び出し、Future オブジェクトを作成し、そのコルーチンを実行。Future が完了していない場合は、あとで再び実行するためにコルーチンをタスクキューに追加

ハンバーガーを調理し、次のステップ (cashier) を処理する関数を呼び出す

ハンバーガーができあがったことを客に知らせ、次のステップを処理する関数を呼び出す

客の注文を表す Future オブジェクトを作成

ハンバーガーを調理する関数を呼び出し、Future オブジェクトを返す。対応する処理が完了すると、cook() 関数と cashier() 関数に引数として渡されたコールバックが呼び出される

このプログラムは、cook() コルーチンと cashier() コルーチンの呼び出しで構成されている。cook() コルーチンでは、シェフがハンバーガーを調理し、その結果を 2 つ目のコルーチンである cashier() に渡して、ハンバーガーができあがったことを知らせる。それぞれの

コルーチンは Future オブジェクトを返し、制御をメイン関数に戻す。メイン関数は値の準備ができるまで一時停止し、その後に実行を再開して処理を完了する。これにより、コルーチンは非同期となる。

Future オブジェクトは、結果の準備ができたらすぐにそれを返すプロキシエンティティを提供することで、計算とその最終結果を切り離す仕組みを表している。Future オブジェクトには、未来の実行結果を格納する result プロパティがある。また、結果に値がバインドされた後に result を設定する set_result() メソッドもある。

Future オブジェクトに結果が設定されるのを待っている間に、他の計算を行うことができる。このため、実行に時間がかかったり、（I/O などのコストのかかる操作が原因で）遅延を発生させるなどして、他のプログラム要素をスローダウンさせる可能性がある操作であっても、難なく呼び出せるようになる。

> **NOTE**　これに関連して、Scatter-Gather という I/O 手法もある。この手法では、複数のバッファからデータを効率よく読み取って 1 つのデータストリームに書き込むか、1 つのデータストリームからデータを読み取って複数のメモリバッファに書き込むために、プロシージャ呼び出しを 1 回だけ行う。この手法には、効率性と利便性がよくなるといった利点がある。たとえば、このパターンが特に役立つのは、複数の独立した Web リクエストを同時に実行する場合である。リクエストをバックグラウンドタスクとして分散させ (scatter)、プロキシエンティティを通じて結果を収集すると (gather)、並行処理が可能になる。JavaScript の Promise.all() の仕組みと同じである。Promise.all() では、Promise の配列を渡すと、それらの Promise がすべて解決されるまで待ってから、結果を配列にまとめて返すことができる (Promise が 1 つでも解決されなかった場合は、その理由が返される)。

Future オブジェクトをコルーチン ── 実行を一時停止し、あとから再開できる関数 ── と組み合わせれば、逐次処理のコードに近い形式の非同期コードを記述することができる。

12.5　協調的ピザサーバー

第 10 章では、1980 年代に Santa Cruz Operation が開発した世界初の e コマースアプリの話をした。それは開発者のためのピザを注文する単純な同期型のアプリだったが、当時は計算リソースが十分ではなかったので、スコープに制限があった。それ以降、プログラマーはコルーチンの実行方法を覚え、Future 実装を作成してきた。というわけで、協調的マルチタスクを使って非同期サーバーを作成するのに必要な構成要素はすべて揃っている。

12.5.1 イベントループ

主要な構成要素であるイベントループのコードを見てみよう。

```python
# Chapter 12/asynchronous_pizza/event_loop.py
from collections import deque
import typing as T
import socket
import select

from future import Future

Action = T.Callable[[socket.socket, T.Any], Future]
Coroutine = T.Generator[T.Any, T.Any, T.Any]
Mask = int

class EventLoop:
    def __init__(self):
        self._numtasks = 0
        self._ready = deque()
        self._read_waiting = {}
        self._write_waiting = {}

    def register_event(self, source: socket.socket, event: Mask, future,
                       task: Action) -> None:
        key = source.fileno()
        if event & select.POLLIN:
            self._read_waiting[key] = (future, task)
        elif event & select.POLLOUT:
            self._write_waiting[key] = (future, task)

    def add_coroutine(self, task: Coroutine) -> None:
        self._ready.append((task, None))
        self._numtasks += 1

    def add_ready(self, task: Coroutine, msg=None):
        self._ready.append((task, msg))

    def run_coroutine(self, task: Coroutine, msg) -> None:
        try:
            future = task.send(msg)
            future.coroutine(self, task)
        except StopIteration:
            self._numtasks -= 1

    def run_forever(self) -> None:
```

```
            while self._numtasks:
                if not self._ready:
                    readers, writers, _ = select.select(
                        self._read_waiting, self._write_waiting, [])
                    for reader in readers:
                        future, task = self._read_waiting.pop(reader)
                        future.coroutine(self, task)
                    for writer in writers:
                        future, task = self._write_waiting.pop(writer)
                        future.coroutine(self, task)

                task, msg = self._ready.popleft()
                self.run_coroutine(task, msg)
```

実行可能なコルーチンがあるかどうかをチェック。実行可能なコルーチンがある場合は、次の
コルーチンを実行。実行可能なコルーチンがない場合は、登録されたソケットの1つ以上がI/O
処理を実行できるようになるまで待ったあと、対応する（1つまたは複数の）コルーチンを実行

　メインエントリポイントである run_forever() メソッドでイベントループを開始し、実行可能な（_ready キューに含まれている）すべてのコルーチンを run_coroutine() メソッドで実行する。すべてのタスクが完了した（Future オブジェクトが返され、制御が戻されたか結果が返された）場合は、そのタイミングで、完了したタスクがすべてタスクキューから削除される。実行可能なタスクがない（_ready キューが空の）場合は、以前と同じように select() システムコールを呼び出し、登録済みのクライアントソケットで何らかのイベントが発生するまでイベントループをブロックする。イベントが発生したらすぐに適切なコールバックを実行し、ループの新しいイテレーションを開始する。

　すでに述べたように、協調的マルチタスクのスケジューラは実行中のタスクから制御を奪うことができない。なぜなら、イベントループは実行中のコルーチンに割り込めないからだ。実行中のタスクは、制御を明け渡すまで実行される。イベントループが次のタスクを選択し、ブロックされている（I/O が完了するまで実行できない）タスクを追跡するのは、現在実行中のタスクがない場合に限られる。

　協調的サーバーを実装するには、サーバーソケットのメソッド（accept()、send()、recv()）ごとにコルーチンを実装する必要がある。そこで Future オブジェクトを作成し、それをイベントループに返す。目的のイベントが完了したら、結果を Future オブジェクトにまとめる。ここでは、非同期ソケットの実装を別のクラスとして独立させてみよう。そうすれば、扱いやすくなるはずだ。

```python
# Chapter 12/asynchronous_pizza/async_socket.py
from __future__ import annotations

import select
import typing as T
import socket
from future import Future


Data = bytes

class AsyncSocket:
    def __init__(self, sock: socket.socket):
        self._sock = sock
        self._sock.setblocking(False)

    def recv(self, bufsize: int) -> Future:
        future = Future()

        def handle_yield(loop, task) -> None:
            try:
                data = self._sock.recv(bufsize)
                loop.add_ready(task, data)
            except BlockingIOError:
                loop.register_event(
                    self._sock, select.POLLIN, future, task)

        future.set_coroutine(handle_yield)
        return future

    def send(self, data: Data) -> Future:
        future = Future()

        def handle_yield(loop, task):
            try:
                nsent = self._sock.send(data)
                loop.add_ready(task, nsent)
            except BlockingIOError:
                loop.register_event(
                    self._sock, select.POLLOUT, future, task)

        future.set_coroutine(handle_yield)
        return future

    def accept(self) -> Future:
        future = Future()

        def handle_yield(loop, task):
```

```
        try:
            r = self._sock.accept()
            loop.add_ready(task, r)
        except BlockingIOError:
            loop.register_event(
                self._sock, select.POLLIN, future, task)

    future.set_coroutine(handle_yield)
    return future

def close(self) -> Future:
    future = Future()

    def handle_yield(*args):
        self._sock.close()

    future.set_coroutine(handle_yield)
    return future

def __getattr__(self, name: str) -> T.Any:
    return getattr(self._sock, name)
```

　サーバーソケットをノンブロッキングモードにし、それぞれのメソッドで対応する操作を
実行する。あとから操作の結果を書き込む Future オブジェクトを返すことで、その操作が
完了するのを待たずに制御を明け渡す。汎用的な定型コードの準備ができたところで、協調的
サーバーアプリケーションを作成することにしよう。

12.5.2　協調ピザサーバーの実装

　では、この非同期サーバーを協調的マルチタスクで実装してみよう[1]。

```
# Chapter 12/asynchronous_pizza/cooperative_pizza_server.py
import socket

from async_socket import AsyncSocket
from event_loop import EventLoop

BUFFER_SIZE = 1024
ADDRESS = ("127.0.0.1", 12345)

class Server:
```

---

[1]　[訳注] Windows 環境では、AttributeError: module 'select' has no attribute 'POLLIN' になることがある。

```python
    def __init__(self, event_loop: EventLoop):
        self.event_loop = event_loop
        print(f"Starting up on: {ADDRESS}")
        self.server_socket = AsyncSocket(socket.create_server(ADDRESS))

    def start(self):
        print("Server listening for incoming connections")
        try:
            while True:
                conn, address = yield self.server_socket.accept()
                print(f"Connected to {address}")
                self.event_loop.add_coroutine(
                    self.serve(AsyncSocket(conn)))
        except Exception:
            self.server_socket.close()
            print("\nServer stopped.")

    def serve(self, conn: AsyncSocket):
        while True:
            data = yield conn.recv(BUFFER_SIZE)
            if not data:
                break
            try:
                order = int(data.decode())
                response = f"Thank you for ordering {order} pizzas!\n"
            except ValueError:
                response = "Wrong number of pizzas, please try again\n"

            print(f"Sending message to {conn.getpeername()}")
            yield conn.send(response.encode())

        print(f"Connection with {conn.getpeername()} has been closed")
        conn.close()

if __name__ == "__main__":
    event_loop = EventLoop()
    server = Server(event_loop=event_loop)
    event_loop.add_coroutine(server.start())
    event_loop.run_forever()
```

接続リクエストがサーバーソケットに届くまで start() の実行を一時停止。接続リクエストが届いたら、accept() メソッドがその接続用の新しいソケットオブジェクトを返し、start() の実行が再開される

クライアントからデータを受け取るまで実行を一時停止。データを受け取ったら、メソッドが実行を再開し、受け取ったデータが返される

クライアントにレスポンスを返せるようになるまで、serve() メソッドの実行を一時停止。レスポンスの送信が完了すると、serve() の実行が再開される

　以前のバージョンと同様のアプローチに従い、イベントループを作成し、server 関数を割り当てて実行する。イベントループの実行が開始されたら、クライアントを実行してサーバーに注文を送信する。

　ただし、この協調的マルチタスクアプローチでは、すべての実行が 1 つのスレッドの中で発

生する。このため、制御の転送を必要とするスレッドやプロセスを使うのではなく、これらのタスクを調整する中央関数（イベントループ）に制御を渡すことで、複数のタスクを管理する。

まとめると、特にサーバーやデータベースのようにI/O関連のタスクを大量に実行するワークロードでは、協調的マルチタスクによってCPUとメモリのオーバーヘッドが大幅に削減される。協調的マルチタスクアプローチでは、1つの高価なスレッドを使って多数の安価なタスクを処理する。このため、他の条件がすべて同じであれば、OSスレッドよりも桁違いに多くのタスクを実行できる。

12.6　非同期ピザレストラン

先の2つの章を読んで、「実際にピザを作るでもなく、「ご注文ありがとうございます」と言うだけなんて、どういうピザレストランなんだ」と思っているかもしれない。エプロンをつけてオーブンのスイッチを入れるときが来た！

想像できると思うが、ピザの調理には時間がかかる。次に示すKitchenクラスを使って、調理の工程をシミュレートしてみよう。

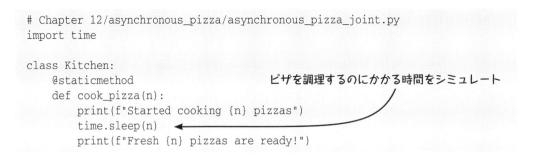

これを協調的サーバー実装で実行したらどうなるだろうか。サーバーは1人の客のピザを作るのに忙しく、他の客にサービスを提供できるのはかなり時間が経ってからだろう。このすばらしい非同期システムの暗い隅に、ブロッキング呼び出しが潜んでいる。これはまずい！

バックグラウンドでピザを作りながら、客の注文を随時受け取れるようにしたい。オーブンと注文サーバーがブロック合戦を繰り広げるなどもってのほかである。そこで今回は、並行処理で非同期通信を使うことで、基本（スレッド）に戻ることにしよう。これは楽しみだ！

要するに、時間のかかる処理を非同期で実行するメソッドを作成する。この非同期メソッドは、未来のある時点で完了する処理をカプセル化したFutureオブジェクトを返す。ジョブが送信されると、Futureオブジェクトが返される。呼び出し元の実行スレッドは、新しい計算（時間のかかる処理）から切り離された状態で、引き続き別の作業を行うことができる。

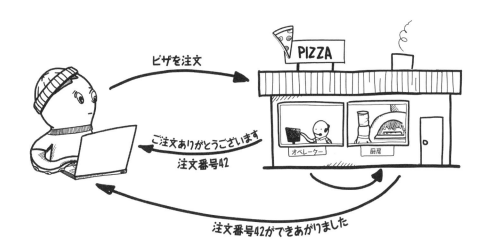

　この実装では、イベント通知と同じアプローチを使う。つまり、未来のある時点で結果が届くことを約束するFutureオブジェクトを返すことができる。

```python
# Chapter 12/asynchronous_pizza/event_loop_with_pool.py
import socket
from collections import deque
from multiprocessing.pool import ThreadPool
import typing as T
import select

from future import Future

Data = bytes
Action = T.Callable[[socket, T.Any], None]
Mask = int

BUFFER_SIZE = 1024

class Executor:
    def __init__(self):
        self.pool = ThreadPool()

    def execute(self, func, *args):
        future_notify, future_event = socket.socketpair()
        future_event.setblocking(False)

        def _execute():
            result = func(*args)
            future_notify.send(result.encode())
```

IPC用に接続されたペアのソケットを作成。一方のソケットはタスク完了に関する通知を送信するために使われ、もう一方のソケットはそれらの通知を待機するために使われる

スレッドプールを作成し、ブロッキングモードのタスクを別のスレッドで実行

```
            self.pool.apply_async(_execute)
            return future_event

class EventLoop:
    def __init__(self):
        self._numtasks = 0
        self._ready = deque()
        self._read_waiting = {}
        self._write_waiting = {}
        self.executor = Executor()

    def register_event(self, source: socket.socket, event: Mask, future,
                        task: Action) -> None:
        key = source.fileno()
        if event & select.POLLIN:
            self._read_waiting[key] = (future, task)
        elif event & select.POLLOUT:
            self._write_waiting[key] = (future, task)

    def add_coroutine(self, task: T.Generator) -> None:
        self._ready.append((task, None))
        self._numtasks += 1

    def add_ready(self, task: T.Generator, msg=None):
        self._ready.append((task, msg))

    def run_coroutine(self, task: T.Generator, msg) -> None:
        try:
            future = task.send(msg)
            future.coroutine(self, task)
        except StopIteration:
            self._numtasks -= 1

    def run_in_executor(self, func, *args) -> Future:
        future_event = self.executor.execute(func, *args)
        future = Future()

        def handle_yield(loop, task):
            try:
                data = future_event.recv(BUFFER_SIZE)
                loop.add_ready(task, data)
            except BlockingIOError:
                loop.register_event(
                    future_event, select.POLLIN, future, task)

        future.set_coroutine(handle_yield)
        return future
```

スレッドプールのワーカースレッドで実行
される関数を送信し、通知を待機するため
の Future イベントのソケットを返す

Executor で処理を実行し、
データの準備ができたときに
呼び出されるコールバックを
追加

```python
    def run_forever(self) -> None:
        while self._numtasks:
            if not self._ready:
                readers, writers, _ = select.select(
                    self._read_waiting, self._write_waiting, [])
                for reader in readers:
                    future, task = self._read_waiting.pop(reader)
                    future.coroutine(self, task)
                for writer in writers:
                    future, task = self._write_waiting.pop(writer)
                    future.coroutine(self, task)

            task, msg = self._ready.popleft()
            self.run_coroutine(task, msg)
```

この実装では、スレッドプールとイベントループを組み合わせている。CPUバウンドのタスクが渡された場合は、そのタスクをスレッドプールで実行し、Futureオブジェクトを返す。タスクが完了したら、実行スレッドがそのことを通知するため、Futureオブジェクトの結果を設定することができる。

最終的に、ピザレストランのサーバーは次のようになる[2]。

```python
# Chapter 12/asynchronous_pizza/asynchronous_pizza_joint.py
......

import socket

from async_socket import AsyncSocket
from event_loop_with_pool import EventLoop

BUFFER_SIZE = 1024
ADDRESS = ("127.0.0.1", 12345)

class Server:
    def __init__(self, event_loop: EventLoop):
        self.event_loop = event_loop
        print(f"Starting up on: {ADDRESS}")
        self.server_socket = AsyncSocket(socket.create_server(ADDRESS))

    def start(self):
        print("Server listening for incoming connections")
        try:
```

※2　[訳注] Windows環境では、AttributeError: module 'select' has no attribute 'POLLIN'になることがある。

```python
        while True:
            conn, address = yield self.server_socket.accept()
            print(f"Connected to {address}")
            self.event_loop.add_coroutine(
                self.serve(AsyncSocket(conn)))
    except Exception:
        self.server_socket.close()
        print("\nServer stopped.")

def serve(self, conn: AsyncSocket):
    while True:
        data = yield conn.recv(BUFFER_SIZE)
        if not data:
            break
        try:
            order = int(data.decode())
            response = f"Thank you for ordering {order} pizzas!\n"
            print(f"Sending message to {conn.getpeername()}")
            yield conn.send(response.encode())
            yield self.event_loop.run_in_executor(
                Kitchen.cook_pizza, order)
            response = f"Your order of {order} pizzas is ready!\n"
        except ValueError:
            response = "Wrong number of pizzas, please try again\n"

        print(f"Sending message to {conn.getpeername()}")
        yield conn.send(response.encode())
    print(f"Connection with {conn.getpeername()} has been closed")
    conn.close()

if __name__ == "__main__":
    event_loop = EventLoop()
    server = Server(event_loop=event_loop)
    event_loop.add_coroutine(server.start())
    event_loop.run_forever()
```

他のクライアントにサービスを
継続的に提供しながら、ピザを
調理するために別のスレッドで
ブロッキング処理を実行

　この実装にはさまざまな制限があり、まだ本番環境で使えるレベルではない。たとえば、例外処理は不十分であり、イベントループのイテレーションを開始できるのはソケットイベントだけである。それでも、非同期呼び出しを使った並行処理の仕組みを垣間見ることができる。ここまでの知識を活かして、ハードウェアリソースをもっと効率よく活用すれば、パフォーマンスを改善できるはずだ。この例は、あなたが普段使っているプログラミング言語で次世代の非同期フレームワークを構築するための土台となる。同じような原理やテクニックを使って、大量のタスクを同時に処理できる、より堅牢でスケーラブルなシステムを開発できる。

> **NOTE** JavaScript はシングルスレッドであるため、マルチスレッドを実現するには、JavaScript エンジンのインスタンスを複数実行するしかない。しかし、インスタンス間の通信はどのように行うのだろうか。そこで登場するのが **Web ワーカー** である。Web ワーカーを利用すれば、Web アプリケーションのメインスレッドとは別のスレッドで、タスクをバックグラウンドで実行できる。このマルチスレッド機能は Web ブラウザコンテナによって提供されるが、まだすべての Web ブラウザが Web ワーカーをサポートするには至っていない。JavaScript エンジンのもう 1 つのコンテナは Node.js であり、(Node.js が内部で使っている Libuv ライブラリを通じて) OS の機能を使ってマルチスレッドを実現する。

非同期プログラミングは複雑だが、複雑さの大部分は非同期ライブラリと非同期フレームワークでカバーできる。例として、同じロジックで Python の組み込みライブラリ asyncio を使ってみよう。

```python
# Chapter 12/asynchronous_pizza/aio.py
import asyncio
import socket

from asynchronous_pizza_joint import Kitchen

BUFFER_SIZE = 1024
ADDRESS = ("127.0.0.1", 12345)

class Server:
    def __init__(self, event_loop: asyncio.AbstractEventLoop) -> None:
        self.event_loop = event_loop
        print(f"Starting up at: {ADDRESS}")
        self.server_socket = socket.create_server(ADDRESS)
        self.server_socket.setblocking(False)

    async def start(self) -> None:
        print("Server listening for incoming connections")
        try:
            while True:
                conn, client_address = \
                    await self.event_loop.sock_accept(
                        self.server_socket)
                self.event_loop.create_task(self.serve(conn))
        except Exception:
            self.server_socket.close()
            print("\nServer stopped.")

    async def serve(self, conn) -> None:
        while True:
            data = await self.event_loop.sock_recv(conn, BUFFER_SIZE)
            if not data:
```

async キーワードは関数が非同期であることを意味する

await キーワードは、コルーチンが完了するのを待つ間、他のタスクを実行できるようにするために使われる

```
            break
        try:
            order = int(data.decode())
            response = f"Thank you for ordering {order} pizzas!\n"
            print(f"Sending message to {conn.getpeername()}")
            await self.event_loop.sock_sendall(
                conn, f"{response}".encode())
            await self.event_loop.run_in_executor(
                None, Kitchen.cook_pizza, order)
            response = f"Your order of {order} pizzas is ready!\n"
        except ValueError:
            response = "Wrong number of pizzas, please try again\n"

        print(f"Sending message to {conn.getpeername()}")
        await self.event_loop.sock_sendall(conn, response.encode())
    print(f"Connection with {conn.getpeername()} has been closed")
    conn.close()

if __name__ == "__main__":
    event_loop = asyncio.get_event_loop()
    server = Server(event_loop=event_loop)
    event_loop.create_task(server.start())
    event_loop.run_forever()
```

await キーワードは、コルーチンが完了するのを待つ間、
他のタスクを実行できるようにするために使われる

　アプリケーションコードが大幅に単純化されており、定型コードがすべてなくなっている。
ソケットからイベントループまでのすべての部分と並行処理がライブラリ呼び出しによって隠
蔽され、ライブラリの開発者によって管理されるようになった。

> **NOTE**　だからといって、async/await だけが並行処理システムでの通信に対する正しいアプ
> ローチというわけではない。たとえば、Go と Clojure では CSP (Communicating Sequential
> Processes) モデルが実装されており、Erlang と Akka ではアクターモデルが実装されている。
> とはいえ、現在の Python では、async/await が最良のモデルのようだ。

　このコードは決して簡単なものではなかった。ここで一歩下がって、非同期モデルを総括し
てみよう。

12.7　非同期モデルに関するまとめ

　非同期処理では、一般に、結果が完了するのを待たない。代わりに、タスクを独立した状態
で処理できる他の場所（デバイス、スレッド、プロセス、外部システムなど）にタスクの実行
を任せる。そのようにすると、プログラムは待機することなく他のタスクを継続して実行でき

るようになる。そして、委譲したタスクが終了したとき、またはエラーが発生したときに、プログラムは通知を受ける。

　ここで重要となるのは、非同期性とは操作の呼び出しや通信の特性のことであり、特定の実装に結び付くものではない、という点である。さまざまな非同期メカニズムが存在するが、それらのベースとなっているモデルはすべて同じである。それらのメカニズムの違いは、ブロッキング処理が要求されたときに一時停止し、その処理が完了したら実行を再開できるようにコードを構造化する方法にある。コードを構造化する方法に違いがあることは、いわば柔軟性であり、そのおかげで開発者はそれぞれの要件やプログラミング環境に最も適したアプローチを選択できる。

　非同期モデルを使うのはどのような状況だろうか。非同期通信は、システムコールが頻繁にブロックされるような負荷の高いシステムを最適化するための強力なツールである。ただし、すべての複雑なテクノロジーと同じように、そこにあるからという理由だけで使うべきものではない。非同期性は複雑さを増大させ、コードのメンテナンス可能性を低下させる。同期モデルと比較した場合、非同期モデルが最も効果を発揮するのは以下の状況である。

- タスクの数が多い場合。どのような状況でも、少なくとも1つのタスクを先に進ませることができるはずだ。非同期モデルを使うと、応答時間の短縮と全体的なパフォーマンスの向上につながることが多い。システムのエンドユーザーにとって、それは願ってもないことだ。

- アプリケーションがほとんどの時間を処理ではなく I/O に費やしている場合。たとえば、Web ソケット、ロングポーリング、または（リクエストがいつ尽きるとも知れない）低速な外部同期バックエンドなど、時間のかかるリクエストはいくらでもある。

- タスクがほぼ独立しているため、タスク間通信が不要である（したがって、1つのタスクを待ってから別のタスクを実行する必要がない）場合。

　これらの条件は、クライアント／サーバーシステムでの典型的なビジーサーバー（Web サーバーなど）の特徴とほぼ完全に一致する（したがって、ピザの例は完全に筋が通っている）。サーバー側のプログラムでは、非同期通信を使って大量の同時 I/O 処理を効率よく実行し、ダウンタイム中のリソースを無駄なく活用すれば、新たなリソース（スレッドなど）を作成する必要がなくなる。サーバー側の実装は、非同期モデルの最有力候補である。近年、Python の asyncio や JavaScript の Node.js をはじめとする非同期ライブラリの人気が非常に高まっているのもそのためである。フロントエンドアプリケーションや UI アプリケーションも非同期の恩恵を受けることができる。なぜなら、特に独立した I/O タスクが大量に発生する状況では、非同期処理によってアプリケーションの流れがスムーズになるからだ。

12.8 本章のまとめ

- 非同期通信は、I/O 処理やネットワークリクエストといった時間のかかるタスクによってブロックされることなく、1 つのプロセスを継続的に実行できるようにするソフトウェア開発手法である。非同期プログラムでは、タスクが完了するのを待ってから次のタスクに進むのではなく、タスクがバックグラウンドで実行されている間に他のコードを実行できる。このアプローチにより、システムリソースが最適化され、結果としてプログラムのパフォーマンスと応答性がよくなる。

- 非同期性とは、操作の呼び出しや通信の特性のことであり、特定の実装のことではない。非同期モデルでは、大量の同時 I/O 処理を効率よく実行し、リソースの使用率を最適化し、システムの遅延を減らすことで、システムのスケーラビリティとスループットを向上させることができる。ただし、適切なライブラリやフレームワークがないと、非同期プログラムの記述やデバッグは難しいことがある。

- **協調的マルチタスク**は、非同期システムを実装するための 1 つの手法である。このアプローチでは、複数のタスクが処理時間と CPU リソースを共有できるようになる。協調的マルチタスクでは、タスクが作業の一部を完了したら、システムに制御を譲ることで協力しなければならない。

- 協調的マルチタスクには、プリエンプティブマルチタスクにはないさまざまな利点がある。協調的マルチタスクで使われるユーザーレベルのスレッドは、システムスレッドよりも軽量で、リソースをあまり消費しない。このため、管理のオーバーヘッドを抑えた上で、大量のコルーチンを作成できる。ただし、タスクは単体で動作しているわけではないこと、他のタスクに制御を渡すタイミングを決めるのはタスクであることを十分に認識しておくことが重要となる。

- サーバーやデータベースのように大量の I/O 関連タスクを伴うワークロードでは特にそうだが、協調的マルチタスクでは、CPU とメモリのオーバーヘッドが大幅に削減される。協調的マルチタスクでは、少数のスレッドを使って多数のタスクを処理することで、ハードウェアリソースをより効率よく活用できる。非同期通信と組み合わせれば、リソースをさらに効率よく活用できる。

- コルーチンと Future は、非同期呼び出しを実装するための抽象化としてよく知られている。**コルーチン**とは、部分的に実行されて一時停止する関数のことである。この関数は、特定の条件が揃ったときに、未来の何らかの時点で再開され、最後まで実行される。**Future** とは、未来の結果に関する約束である。要するに、その結果に対するプロキシオブジェクトである。初期状態では、通常は値の計算がまだ完了していないため、結果は未知である。

並行処理アプリケーションを作成する　13

本章で学ぶ内容

- 並行処理システムを設計するためのフレームワーク：2つのサンプル問題
- 本書で学んだすべての知識を結び付ける

　ここまでは、並行処理アプリケーションを実装するためのさまざまなアプローチと、そうした実装に関連する問題を調べてきた。本章では、この知識を現実的なシナリオに応用する。

　本章では、並行処理システムを設計するための方法論的なアプローチを紹介することで、並行処理プログラミングの実際の応用にスポットを当てる。また、サンプル問題を調べながら、このアプローチを具体的に見ていく。本章を読み終える頃には、単純な並行処理システムを方法論に則って設計し、効率やスケーラビリティを低下させる潜在的な問題点を認識して対処するのに必要な知識とスキルが身についているだろう。だがその前に、並行処理のテーマのもとで取り上げてきた主な概念と原理を少し整理しておきたい。

13.1　結局のところ、並行処理とは何か

　並行処理は、巨大な —— 時には眩暈がするようなパズルである。コンピュータの歴史が幕を開けたばかりの頃、プログラムは**逐次**計算のために書かれていた。この伝統に従って問題を解決するために、アルゴリズムは逐次的な命令ストリームとして設計され、実装される。これらの命令は1台のコンピュータのCPUで実行される。これは最もシンプルなプログラミングスタイルであり、単純明快な実行モデルである。タスクはそれぞれ順番に実行され、1つのタ

スクが完了してから次のタスクが開始される。タスクが常に特定の順序で実行される場合、次のタスクが実行を開始するときには、先行するタスクがすべて正常に（エラーなく）完了していて、それらの結果がすべて利用可能な状態にあると想定できる —— ある種のロジックの単純化である。

並行処理プログラミングは、プログラムを複数のタスクに分割し、それらのタスクをどの順序で実行しても同じ結果になることを意味する。そのため、並行処理はソフトウェア開発において難易度の高い領域である。数十年におよぶ研究と実践により、さまざまな目標を持つ多種多様な並行処理モデルが生まれている。これらのモデルは、パフォーマンス、効率性、正確さ、ユーザビリティの最適化を目的として設計されている。並列処理のユニットは、**タスク**、**コルーチン**、**プロセス**、**スレッド**など、状況によってさまざまな名前で呼ばれている。

処理リソースはさまざまであり、複数のプロセッサを搭載した 1 台のコンピュータ、ネットワーク接続された複数のコンピュータ、特殊なハードウェア、それらの組み合わせなどが含まれる。実行プロセスはランタイムシステム（OS）によって制御される。複数のプロセッサまたは複数のコアを搭載したシステムでは、1 つのプロセッサコアで**並列**または**マルチタスク**での実行が可能である。要するに、実行の詳細はランタイムシステムによって処理され、開発者は同時に実行できる独立したタスクという視点に立って考えるだけでよい。

タスクの並行実行を安全に行う方法がわかったところで、タスクが共有リソースに協調的にアクセスする方法も必要である。ここで、並行性が問題の引き金になる。古いデータを使っているタスクが矛盾する更新を行うかもしれないし、システムが**デッドロック**に陥るかもしれな

いし、別のシステムのデータが一貫した値に収束しなくなるかもしれない。タスクが共有リソースにアクセスする順序は、開発者によって完全に制御されるのではなく、タスクがプロセッサに割り当てられる方法によって決まる。つまり、OS のプログラミング言語の実装によって、それぞれのタスクがどのタイミングでどれくらい長く実行されるのかが自動的に決まる。結果として、並列処理のエラーを再現するのは非常に難しい。しかし、アプリケーションで適切な設計プラクティスを実装し、タスク間の通信を最小限に抑え、効果的な同期テクニックを導入すれば、そうしたエラーを回避できる。

　タスクを安全に調整する方法がわかったが、多くの場合は、タスクを他のタスクとやり取りさせる必要もある。タスク間の通信は、**同期**または**非同期**で行うことができる。同期呼び出しでは、処理が完了するまで制御が戻らないため、**同期ポイント**が発生する。非同期呼び出しでは、何かが起きることを要求し、その何かが起きたら通知を受け取るが、それまでの間は他の作業を行うためにリソースを解放する。非同期モデルでは、タスクは他のタスクに制御を明け渡すまで実行される。なお、非同期モデルと同期モデルを組み合わせて、同じシステムで利用することもできる。

　では、並行処理プログラムを作成するのに役立つ方法論を学ぶことにしよう。それはFoster の方法論である。

13.2　Foster の方法論

　1995 年、Ian Foster によって並行処理システムを設計するための一連の手順が打ち出され、**Foster の設計方法論**（Foster's design methodology）[1] と呼ばれるようになった。Foster の方法論は、4 つのステップからなる設計プロセスである。これらのステップを抽象的なアプローチで順番に説明したあと、具体的な例を示すことにしよう。

　友人とのドライブ旅行を計画しているとしよう。あなたの役目は、楽しい旅行になるように必要な手配を抜かりなく整えることにある。次の 4 つのステップについて考えてみよう。

1. **分割**

　ドライブ旅行は、ルートの計画、宿泊施設の予約、訪れる場所の下調べなど、より小さなタスクに分割できる。このように分割すると、計画が立てやすくなり、必要なタスクがすべて完了することが担保される。

　これを並行処理に当てはめ、作業のどの部分を並行して実行できるかを突き止める。そして、問題を複数のタスクに分解する。この分解には、データ分解アプローチまたはタスク分解アプローチ（第 7 章）を使う。ターゲットコンピュータのプロセッサの数など、実際的な問題は無視して、独立した状態で実行できる機会を識別することに集中する。

※ 1　Ian Foster, "Designing and Building Parallel Programs", https://www.mcs.anl.gov/~itf/dbpp

2. 通信

ドライブ旅行の準備をするときには、タスクを実行するのに必要なデータを手に入れるために、参加者全員とやり取りする必要がある。グループチャットやメールスレッドを作成し、ルート、宿泊施設、訪れる場所に関して、全員が希望を出し合うことができる。

同じように、並行処理でも、タスクの実行に必要なデータを手に入れるためのやり取りを計画する。タスクの実行を調整するのに必要な通信を決定し、適切な通信構造とアルゴリズムを定義する。

3. 凝集化

凝集化とは、タスクと責務を特定の問題領域に分割することで、責務の領域を確立することを表す。タスクは、宿泊施設の予約や訪れる場所の下調べなど、類似性や関連性に基づいてグループ化される。このようにすると、チームメンバー間のコミュニケーションや調整が容易になり、各メンバーが特定の領域を担当できるようになるため、計画が立てやすくなる。

先の2つのステップで定義されたタスクと通信構造は、パフォーマンス要件と実装コストの観点から評価される。通信を減らすために、または（可能であれば）柔軟性を維持しながら実装を単純にするために、タスクをグループ化してより大きなタスクにまとめることがある。

4. マッピング

最後に、ドライブ旅行のメンバーにタスクを割り当てる必要がある。たとえば、ルートの決定と運転にメンバーの1人を割り当て、宿泊施設の予約と入場券の手配に別のメンバーを割り当てる。こうした作業にかかる全体的な時間をできるだけ短くし、メンバー全員がドライブ旅行の成功に貢献できるようにすることが目標となる。

物理的なプロセッサにタスクを割り当てるときには、通常は全体の実行時間をできるだけ短くすることが目標となる。ロードバランシング（負荷分散）やタスクスケジューリングを利用すると、マッピングの質を向上させることができる。それぞれのタスクは、プロセッサ使用率の最大化と通信コストの最小化という相反する目標を達成できるような方法で、プロセッサに割り当てられる。マッピングは静的に指定することもできるし、ロードバランシングアルゴリズムに基づいて実行時に決定することもできる。

NOTE　並行処理システムの設計時によくある間違いは、設計プロセスの早すぎる段階で並行処理の具体的なメカニズムを選択することである。メカニズムにはそれぞれ長所と短所がある。特定のユースケースに最適なメカニズムは、わずかな妥協と譲歩によって決まることが多い。メカニズムの選択が早まるほど、選択の根拠となる情報は少なくなる。

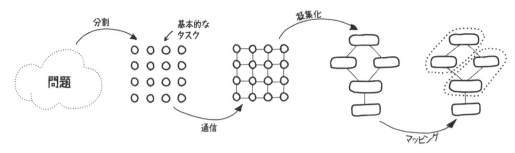

Fosterの方法論

したがって、タスクの独立性など、方法論のマシン非依存の側面は早い段階で考慮され、マシン依存の側面は設計プロセスの最後まで先送りされる。最初の2つのステップでは、並行性とスケーラビリティに焦点を合わせ、これらの品質にかなったアルゴリズムを見つけ出すことが目標となる。3つ目と4つ目のステップでは、効率性とパフォーマンスに焦点が移る。並行処理プログラムの実装は、おそらくマシン固有の機能やアルゴリズム固有の機能を念頭に置いた上で、目的のアルゴリズムを効果的に実装できるようにするための最終ステップである。本章の残りの部分では、応用例を具体的に示しながら、これらのステップを詳しく見ていく。

13.3 行列の乗算

Fosterの方法論を行列の乗算に使ってみよう。それぞれの行列は、2次元配列として表される（配列の中に配列を持つ構造であり、外側の配列は行を表し、内側の配列は列を表す）。2つの行列を乗算できるのは、1つ目の行列Aの列数が2つ目の行列Bの行数と等しい場合である。

AとBの積（行列Cと呼ぶ）は、Aの行数とBの列数に基づく次元を持つ。行列Cの各要素は、Aの対応する行とBの列の積である。

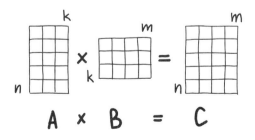

たとえば、要素 $c_{2,3}$ は、行列Aの2行目と行列Bの1列目の積である。式で表すと、$c_{2,3} = a_{2,1} \times b_{1,3} + a_{2,2} \times b_{2,3}$ となる。

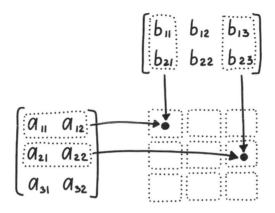

比較の対象として、まず、逐次処理アルゴリズムの例を見てみよう。

```python
# Chapter 13/matmul/matmul_sequential.py
import random
from typing import List

Row = List[int]
Matrix = List[Row]

def matrix_multiply(matrix_a: Matrix, matrix_b: Matrix) -> Matrix:
    num_rows_a = len(matrix_a)
    num_cols_a = len(matrix_a[0])
    num_rows_b = len(matrix_b)
    num_cols_b = len(matrix_b[0])
    if num_cols_a != num_rows_b:
        raise ArithmeticError(
            f"Invalid dimensions; Cannot multiply "
            f"{num_rows_a}x{num_cols_a}*{num_rows_b}x{num_cols_b}"
        )
    solution_matrix = [[0] * num_cols_b for _ in range(num_rows_a)]  # ← 行列 A の行数と行列 B の列数をもとに、ゼロ埋めの新しい行列を作成
    for i in range(num_rows_a):  # ← 行列 A の各行に対して…
        for j in range(num_cols_b):  # ← 行列 B の各列に対して…
            for k in range(num_cols_a):  # ← 行列 A の各列に対して…
                solution_matrix[i][j] += matrix_a[i][k] * matrix_b[k][j]
    return solution_matrix

if __name__ == "__main__":
    cols = 3
    rows = 2
    A = [[random.randint(0, 10) for i in range(cols)]  # ← ランダムな行列を生成
         for j in range(rows)]
    print(f"matrix A: {A}")
```

```
        B = [[random.randint(0, 10) for i in range(rows)]
             for j in range(cols)]
        print(f"matrix B: {B}")
        C = matrix_multiply(A, B)
        print(f"matrix C: {C}")
```

ここでは行列乗算の逐次処理バージョンを実装しており、2つの行列 A、B を受け取り、乗算の結果を表す行列 C を生成している。この関数は、入れ子の for ループを使って、A の行と B の列を順番に処理している。3 つ目の for ループでは、A と B の要素の積を合計し、そのようにして結果行列 C の値を設定している。ここでの目標は、2つの行列の積を計算する並行処理プログラムを設計・構築することである。2つの行列の積は、並列処理が大きく役立つ可能性がある一般的な数学問題である。

13.3.1 分割

Foster の方法論の 1 つ目のステップである分割は、並行処理の機会を識別することを目的として設計されている。したがって、問題を細かく分解するために、多数の小さなタスクを特定することに重点が置かれる（第 7 章）。レンガよりも細かい砂のほうが山にしやすいのと同じように、並列処理アルゴリズムでは、分解が細かいほどアルゴリズムの柔軟性が高くなる。

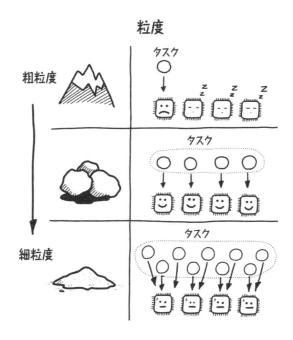

目標

分割の目標は、できるだけ粒度の高いタスクを発見することである。そのためには、分割してみるしかない。他のステップではたいてい並行性が低下するため、このステップでは並行性をできるだけ引き上げることが目標となる。この最初のステップでは、プロセッサのコアの数やターゲットマシンの種類といった実践的な問題のことは考えず、並列実行の機会を識別することに注力する。

> **NOTE** 分割ステップでは、少なくともタスクの数がターゲットマシンのプロセッサの数よりも1桁多くなるようにしなければならない。そうしないと、このあとの設計ステップで選択肢が少なくなってしまう。

データ分解とタスク分解

並行処理アルゴリズムを実装するときには、そのアルゴリズムが複数の処理ユニットで実行されるものと想定する。この想定を満たすには、アルゴリズムにおいて独立した状態で実行できる処理を特定する必要がある —— 要するに、**分解**する。分解には、データ分解とタスク分解の2つのアプローチがある（第7章）。

アルゴリズムが大量のデータの処理に使われる場合は、データを複数の部分に分割して、別々の処理ユニットで実行できるか試してみることができる。これが**データ分解**である。もう1つのアプローチでは、計算をその機能に基づいて分割する。これが**タスク分解**である。

> **NOTE** 分解は常に可能であるとは限らない。アルゴリズムによっては、その実装に複数のエグゼキュータ（スレッドなど）が関与することを許可しない。つまり、そのアルゴリズムはタスクの分割に適していないかもしれない。垂直スケーリングはそうしたアルゴリズムを高速化する手段だが、物理的な制限がある（第1章）。

データ分解とタスク分解は問題にアプローチするための相補的な方法であり、この2つを組み合わせるのは自然なことである。データ分解は多くの並行処理アルゴリズムのベースであるため、開発者はデータ分解から始めることが多い。しかし、場合によっては、タスク分解によって問題に対する異なる視点が得られることもある。たとえば、それなりに経験を積んでいないと、データを調べただけでは見逃してしまうような問題や、よりよい最適化の機会が明らかになるかもしれない。

例

目の前にプログラムがあり、このプログラムをどのように分解するのか、依存関係がどこにあるのかについて考え始めたとしよう。プログラムのさまざまなパーツのうち、独立して実行できるのはどのパーツだろうか。

行列乗算の例に戻ろう。行列乗算の定義から明らかなように、結果行列 C の要素はすべて独立した状態で計算できる。結果として、行列乗算を分割するためのアプローチの 1 つは、基本的な計算サブタスクを、行列 C の 1 つの要素を計算する問題として定義することである。その場合、サブタスクの総数は $n \times m$ に等しくなる（行列 C の要素の数に基づく）。

このアプローチを使って達成できる並列性のレベルは過剰に思えるかもしれない —— サブタスクの数は、利用可能なプロセッサコアの数を大幅に超えるかもしれない。ただし、この段階ではそれで問題ない。具体的なニーズに合わせて計算を凝集化する後続のステップがあるからだ。

13.3.2　通信

設計プロセスの次のステップでは、通信を確立する。通信の確立には、実行を調整し、タスク間の通信チャネルをセットアップする方法を突き止めることが含まれる。

目標

計算がどれも 1 つの逐次処理プログラムである場合は、すべてのデータをプログラムのすべての部分で利用できる。計算が独立したタスクに分割され、それらのタスクが別々のプロセッサ（場合によっては別々のプロセッサコア）で実行される場合は、タスクに必要なデータの一部をローカルメモリに配置され、他の部分が他のタスクのメモリに存在することになるかもしれない。どちらのケースでも、タスク間でデータを交換する必要がある。この通信を効率よく構成するのは難しいことがある。単純な分解であっても、通信構造が複雑になる可能性がある。プログラムでは、このオーバーヘッドを最小限に抑えたいので、タスク間の通信を明確に定義することが重要となる。

> **NOTE**　先に述べたように、並行処理を実装する最もよい方法は、並行処理のタスク間の通信と相互依存性を減らすことである。各タスクが独自のデータセットを使うとしたら、そのデータをロックで保護する必要はない。2 つのタスクがデータセットを共有する場合であっても、そのデータセットを分割するのか、各タスクに独自のコピーを与えるのかを検討できるかもしれない。もちろん、データセットのコピーにもコストがかかるため、決定を下す前に、そうしたコストと同期のコストを比較検討する必要がある。

例

この段階の並行処理アルゴリズムは、一連のタスクとして定式化される。タスクはそれぞれ行列 C の要素の値を計算し、行列 A の 1 行と行列 B の 1 列が入力として渡されることを期待する。

凝集化ステップでは、行列 C の 1 つの要素だけではなく、行列の行全体を計算するために、

タスクを結合することを検討できる。その場合、タスクが必要な計算を実行するには、行列Aの1行と行列Bのすべての列にアクセスできなければならない。単純な解決策は、すべてのタスクで行列Bを複製することだが、そうするとデータストレージによるメモリ消費がかなりの量になるため、この解決策は受け入れられないかもしれない。もう1つの選択肢は、常に共有メモリを使うことである。というのも、アルゴリズムが読み取りアクセスに使うのは行列Aと行列Bだけであり、行列Cの要素は独立した状態で実行されるからだ。後ほど、これらの選択肢を再検討し、このユースケースに最適なソリューションについて考える。

13.3.3　凝集化

　設計プロセスの最初の2つのステップでは、並行性を最大化するために計算を分解し、タスクが必要なデータにアクセスできるようにするためにタスク間に通信を導入する。結果として得られるアルゴリズムは、特定のコンピュータで実行することを目的として設計されたものではなく、まだ抽象的である。この時点で得られる設計は、おそらく現実のマシンにうまくマッピングされない。タスクの数がプロセッサの数を大幅に上回る場合は、タスクがプロセッサにどのように割り当てられるかによってオーバーヘッドが大きく左右される。この3つ目のステップである凝集化では、分割ステップと通信ステップでの意思決定を再検討する。

目標

　このステップの目標はパフォーマンスの向上と開発作業の単純化であり、多くの場合は、一連のタスクをより大きなタスクにまとめるという方法をとる。パフォーマンスの向上と開発作業の単純化は矛盾する目標であることが多く、妥協を余儀なくされる。

　場合によっては、実行時間が大きく異なるタスクを組み合わせると、パフォーマンスの問題につながることがある。たとえば、実行に時間がかかる1つのタスクを、実行にそれほど時間がかからない多くのタスクと組み合わせた場合、前者のタスクが完了するまで、後者のタスクは延々と待たされるかもしれない。一方で、タスクを分割すれば設計は単純になるが、パフォーマンスが低下するかもしれない。そのような場合は、単純さとパフォーマンスという2つの利点の間で妥協点を探る必要があるだろう。

　第7章の雪かきの例について考えてみよう。雪をどかすのは塩をまくのよりも難しく、時間がかかる。そこで、除雪作業の計画を立てるときには、雪かきをする人に先に作業を始めてもらい、その後に塩袋を持った人が塩をまき始めるとよいかもしれない。そして、雪かきに追いついたら、役割を交代する。雪かきをしていた人は塩袋を持ち、雪かきを交代する人が先に作業を始めたら、ひと休みできる。除雪が完了するまで、このパターンを繰り返す。このようにすると、作業する人の間のやり取りが少なくなり、全体的なパフォーマンスがよくなる。

　通信のオーバーヘッドを減らすことは、パフォーマンスを向上させる1つの方法である。デー

タ交換を行う2つのタスクを1つにまとめると、データ通信が1つのタスクの一部になり、その通信とオーバーヘッドがなくなる。これを**局所性の向上**と呼ぶ。

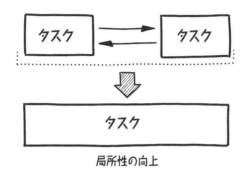

局所性の向上

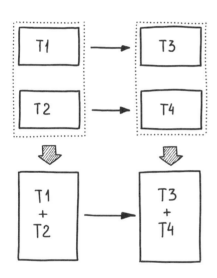

通信のオーバーヘッドを削減するもう1つの方法は、可能であれば、データを送信するタスクとデータを受信するタスクをそれぞれグループにまとめることである。T1、T2、T3、T4の4つのタスクがあり、T1がT3にデータを送信し、T2がT4にデータを送信するとしよう。T1とT2を1つのタスクT1としてマージし、T3とT4を1つのタスクT3としてマージすれば、通信のオーバーヘッドが減少する。送信にかかる時間は変わらないが、全体的な待機時間は半分になる。なお、タスクがデータを待機しているときは計算を行うことができないため、待機にかかる分の時間が消失してしまうことに注意しよう。

例

行列を分割したときには、細粒度のアプローチを使った。結果行列の各要素を計算する必要があり、結果行列の要素ごとに1つの割合で、乗算タスクを別々のサブタスクに分割した。通信を評価したときには、それぞれのサブタスクに行列Aの行と行列Bの列が必要であると判断した。第3章で取り上げたSIMD(Single Instruction, Multiple Data streams)コンピュータの場合は、行列Aと行列Bをスレッド間で共有できると効果的かもしれない。このタイプのマシンでは、多数のスレッドを使う場合にソリューションの効率がよくなる。その場合の自然な選択は、各スレッドで結果行列の1つの要素を計算することである。

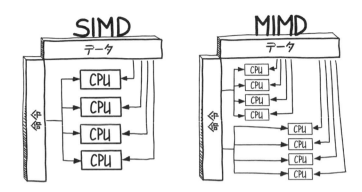

しかし、普通のハードウェア —— つまり、第3章で取り上げた MIMD（Multiple Instruction, Multiple Data streams）コンピュータを使っている場合、タスクの数はプロセッサの数（p）よりも多くなる。行列 $n \times m$ の要素の数が p よりも多い場合、乗算する行列の隣り合った行と列をいくつか組み合わせて1つのサブタスクにすると、タスクを凝集化できる。この場合、元の行列 A はいくつかの水平の帯に分割され、行列 B はいくつかの垂直の帯として表される。n が p の倍数であるとすれば、帯のサイズ（d）が $d = \dfrac{n \times m}{p}$ に等しくなるようにするのが理想である。このようにすると、計算負荷が各プロセッサに均等に分配されるようになるからだ。すべてがタスクの中でローカルに処理されるため、タスク間の通信は最小限に抑えられる。

> **NOTE** 凝集化しすぎるのもよくない。凝集化しすぎると、プログラムのスケーラビリティが制限されるような、近視眼的な決定に走りがちだからだ。うまく設計された並列処理プログラムは、プロセッサの数の変化に適応するはずである。プログラムのタスクの数に不必要に厳しい制限を設けないようにしよう。コアの数が増えたらそれをうまく活用できるようにシステムを設計すべきである。コアの数を入力変数にし、この変数に基づいて設計を行うようにしよう。

13.3.4　マッピング

Foster の方法論の最後のステップでは、各タスクを処理ユニットに割り当てる。当然ながら、シングルプロセッサコンピュータや共有メモリコンピュータでは、タスクのスケジューリングは OS によって自動的に提供されるため、これが問題になることはない。本書で使ってきた例のように、デスクトップコンピュータで実行するプログラムを作成するだけであれば、スケジューリングについて考える必要はない。スケジューリングが判断材料になるのは、大規模なタスクに分散システムや（多数のプロセッサを搭載した）専用ハードウェアを使っている場合である。次の例では、この部分に触れることにする。

目標

アルゴリズムのマッピングには、プログラムの全体的な実行時間を最小限に抑え、リソース使用率を最適化するという2つの目標がある。これらの目標を達成するための基本的な戦略は2つある。1つ目の方法では、並列実行できる複数のタスクを別々のプロセッサに割り当てることで、全体的な並行性を高める。2つ目の方法では、頻繁にやり取りするタスクを同じプロセッサに割り当て、それらの距離を近づけて局所性を高めることに重点を置く。状況によっては、これらのアプローチを両方とも使うことができるが、それらは競合することが多い。つまり、マッピングアルゴリズムを設計する際には、妥協点を探る必要がある。マッピングアルゴリズムをうまく設計できるかどうかは、プログラムの構造とプログラムが実行されるハードウェアに大きく左右される。残念だが、この点については、本書では取り上げない。

例

行列乗算の例では、タスクのマッピングとスケジューリングはOSが行うため、開発者が配慮する必要はない。

13.3.5　実装

設計プロセスの作業はまだいくつか残っている。まず、簡単なパフォーマンス分析を行って複数のアルゴリズムの中からどれかを選択し、その設計が要件とパフォーマンス目標を満たしていることを確認する必要がある。また、アルゴリズムの実装にかかるコスト、アルゴリズムを実装するときに既存のコードを再利用できるかどうか、そして、そのアルゴリズムを大規模なシステムに組み込むとしたらどれくらい適合性があるかといった点についても、真剣に検討する必要がある。これらの質問は実際のユースケースに特化したものである。現実のシステムでは、ケースバイケースで検討しなければならない複雑な問題がさらに増える可能性がある。なお、そうした検討課題についても、本書では説明しない。

並行処理バージョンの行列乗算の実装例は次のようになる。

```python
# Chapter 13/matmul/matmul_concurrent.py
from typing import List
import random
from multiprocessing import Pool

Row = List[int]
Column = List[int]
Matrix = List[Row]

def matrix_multiply(matrix_a: Matrix, matrix_b: Matrix) -> Matrix:
    num_rows_a = len(matrix_a)
```

第13章　並行処理アプリケーションを作成する

```python
    num_cols_a = len(matrix_a[0])
    num_rows_b = len(matrix_b)
    num_cols_b = len(matrix_b[0])
    if num_cols_a != num_rows_b:
        raise ArithmeticError(
            f"Invalid dimensions; Cannot multiply "
            f"{num_rows_a}x{num_cols_a}*{num_rows_b}x{num_cols_b}"
        )

    pool = Pool()
    results = pool.map(
        process_row,
        [(matrix_a, matrix_b, i) for i in range(num_rows_a)]
    )
    pool.close()
    pool.join()
    return results


def process_row(args: tuple) -> Column:
    matrix_a, matrix_b, row_idx = args
    num_cols_a = len(matrix_a[0])
    num_cols_b = len(matrix_b[0])

    result_col = [0] * num_cols_b
    for j in range(num_cols_b):
        for k in range(num_cols_a):
            result_col[j] += matrix_a[row_idx][k] * matrix_b[k][j]
    return result_col


if __name__ == "__main__":
    cols = 4
    rows = 2
    A = [[random.randint(0, 10) for i in range(cols)] for j in range(rows)]
    print(f"matrix A: {A}")
    B = [[random.randint(0, 10) for i in range(rows)] for j in range(cols)]
    print(f"matrix B: {B}")
    C = matrix_multiply(A, B)
    print(f"matrix C: {C}")
```

行列 A、行列 B、現在の行インデックス i を引数として行列の各行に関数を適用し、結果のリストを返す

行列を並行に計算するために新しいプロセスプールを作成

行列 A の行を行列 B の各列と乗算し、結果として得られた列を返す

　このプログラムは関数 matrix_multiply() を定義している。この関数は、2 つの行列を受け取り、それらの積を並行に計算する。また、プロセスプールを使って計算を小さなタスクに分割している。それらのタスクは、結果行列の個々の列を並行に計算する。そして、それらのタスクの結果を収集し、結果行列に格納している。

　なかなかよいが、この手の数学問題は多くのフレームワークやライブラリですでに解決されている。そこで、もう少し現実的な問題を解いてみよう。一部のビッグデータ工学講座では

「Hello world」アプリケーションと位置付けられているものだが、ここでは純粋に Python を使って取り組む。

13.4　分散ワードカウント

　分散ワードカウント問題は、分散コンピューティングを使って解決できる古典的なビッグデータ問題である。この問題では、大規模なデータセット（通常はテキストファイル、またはテキストファイルのコレクション）で各単語の出現回数をカウントする。単純そのものに思えるが、大規模なデータを扱うときには、時間とリソースが大量に費やされる可能性がある。

　この課題にどのような意義があるのかを具体的に示すために、1631 年の欽定訳聖書の重版時に発生した不名誉な事件を振り返ってみよう。組版では、聖書の 783,137 語をすべて組むために、文字（合計 3,116,480 文字）が印刷機のプラテンに慎重に配置されていた。しかし、あろうことか、有名な一節から **not** の語が抜けてしまった。その結果、モーゼの十戒の「汝、姦淫するなかれ」がなんと「汝、姦淫すべし」になってしまい、「姦淫聖書」と呼ばれるようになった。最終的な印刷物に含まれるはずだったすべての単語と文字の数を自動的に調べる手段が印刷機にあったならば、この重大な誤りは避けられたかもしれない。この事件は、特に大規模なデータセットを扱うときには、正確かつ効率的なワードカウントプロセスが重要であることを浮き彫りにしている。

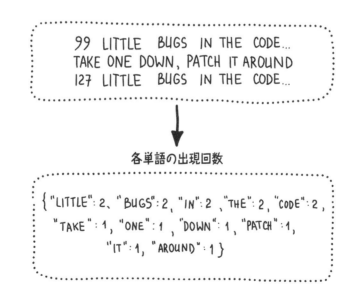

　手始めに、単純な逐次処理プログラムを作成してみよう。

264 | 第13章 並行処理アプリケーションを作成する

```python
# Chapter 13/wordcount/wordcount_seq.py
import re
import os
import glob
import typing as T

Occurrences = T.Dict[str, int]

ENCODING = "ISO-8859-1"

def wordcount(filenames: T.List[str]) -> Occurrences:
    word_counts = {}
    for filename in filenames:
        print(f"Calculating {filename}")
        with open(filename, "r", encoding=ENCODING) as file:
            for line in file:
                words = re.split("\W+", line)
                for word in words:
                    word = word.lower()
                    if word != "":
                        word_counts[word] = 1 + word_counts.get(word, 0)
    return word_counts

if __name__ == "__main__":
    data = list(
        glob.glob(f"{os.path.abspath(os.getcwd())}/input_files/*.txt")
    )
    result = wordcount(data)
    print(result)
```

ファイル名ごとに…

現在のファイルの
各行に対して…

… 単語の文字にのみマッチする
（句読点とはマッチしない）正
規表現パターンを使って、行を
個々の単語に分割

… 単語が空ではない場合、
その単語を数に含める

　このプログラムでは、ファイルごとにテキストを読み取り、そのテキストを単語に分割し（句読点と大文字小文字の区別は無視する）、ディクショナリ（辞書）内の各単語の合計数に追加している。ここでは、各単語からキーバリューペア (word, 1) を作成している。つまり、単語（word）はキーとして扱われる。1の値は、その単語が1回出現したことを意味する。

　ここでの目標は、ギガバイト単位のファイルと分散コンピュータクラスタを使って、各文書で各単語の出現回数を計算する並行処理プログラムを設計・構築することである。先の4つのステップをもう一度確認し、今回は新しい問題に適用してみよう。

NOTE　ワードカウント問題は、数世代にわたって分散データエンジンのデモに使われてきた。MapReduce で使われたのを皮切りに、Pig、Hive、Spark など、多くのエンジンで使われている。

13.4.1 分割

　各単語をデータセットでの出現頻度と関連付けるソリューションを作成するには、テキストファイルを個々の単語に分割し、各単語の出現回数をカウントするという2つの主な課題に取り組まなければならない。テキストが個々の単語に分割されない限り、単語の出現回数のカウントを開始することはできない。したがって、2つ目のタスクでは、1つ目のタスクが完了していることが前提となる。問題をその機能に基づいて小さなタスクに分割できるという、まさにタスク分解の格好の例である。ここで主に着目するのは、計算に必要なデータではなく、実行するタスクの種類である。

　または、第7章で取り上げたMap/Reduceパターンを適用するのにもってこいの例にも思える。この計算は**Map**と**Reduce**の2つのフェーズで表すことができる。

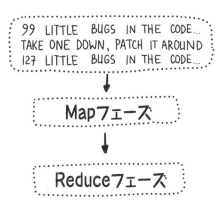

　Mapフェーズは、テキストファイルを読み取り、単語のキーバリューペアに分割するという役割を果たす。このフェーズでは、入力データを複数のチャンクに分割することで、(このフェーズの目的である)並行性を最大限に高めることが可能である。ワーカーが M 個ある場合は、チャンクを M 個用意して、すべてのワーカーが何かを処理している状態にしたいところだ。ワーカーの数は主に利用可能なマシンの数によって決まる。

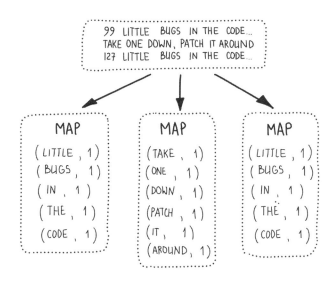

Mapフェーズでは、処理しようとしているデータがどれくらい複雑であるかに関係なく、キーバリューペアのリストが生成される。このキーはReduceフェーズで重要となる。

Reduceフェーズのタスクは、Mapフェーズのタスクの出力（キーバリューペアのリスト）を受け取り、一意なキーごとにすべての値をまとめる。たとえば、Mapフェーズのタスクの出力が[("the", 1), ("take", 1), ("the", 1)]である場合、Reduceフェーズのタスクは、キー"the"に対する値をまとめて出力[("the", 2)]を生成する。これをデータの**集計**または**集約**と呼ぶ。Reduceフェーズの出力は、一意なキーと、そのキーに関連付けられた合計カウントからなるリストである。

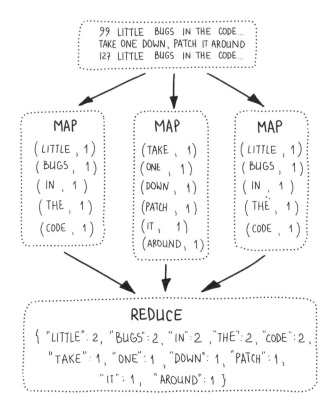

分割ステップでは、Reduceフェーズで複数のタスクを作成し、それぞれのタスクに単語のリストを割り当てて処理させるという方法でも、アルゴリズムを構築できる。最適な実装は、その後のステップで決まる。

どのワーカーがどのファイルを読み取るのかを予測することはできないため、任意のファイルを任意の順序で受け取ることになる。このようにして、プログラムに十分な水平スケーリング能力を持たせる。つまり、クラスタにワーカーノードを追加するだけで、より多くのファイ

ルを同時に読み取れるようになる。ハードウェアが無限にあったとしたら、各ファイルを並列に読み取り、データの読み取りにかかる時間を最も長いテキストにかかる時間に短縮できるはずだ。

13.4.2 通信

　クラスタ内のワーカーノードには、それぞれが読み取るデータチャンクが割り当てられる。このワードカウントの例では、書籍がそれぞれ別々のファイルにまとめられた全集など、膨大な数のテキストファイルを読み取っていると想像してみよう。

　このテキストデータの保存と配布には、**NAS**（Network Attached Storage）を使うことができる。NAS については、大容量のストレージドライブと、このストレージドライブをローカルコンピュータネットワークに接続できる特殊なハードウェアプラットフォームの組み合わせとして考えることができる。このため、複雑な通信プロトコルについて開発者が心配する必要はない。クラスタ内の各ノードは、ローカルディスクにあるかのようにファイルにアクセスできる。

　Map フェーズのタスクと Reduce フェーズのタスクは、クラスタの任意のマシンで実行されることを前提とし、共通のコンテキストはいっさい持たないと想定される。これらのタスクは同じマシンで実行されるかもしれないし、まったく異なるマシンで実行されるかもしれない。つまり、Map フェーズが出力するデータはすべて Reduce フェーズに転送されなければならず、サイズが大きすぎてメモリに収まらない場合はディスクに書き出されなければならない（多くの場合はそうなる）。この状況では、選択肢がいくつかある。1 つ目の選択肢は、第 5 章で説明したメッセージパッシングによるプロセス間通信（IPC）である。また、Map フェーズのタスクが出力した中間データを共有データストレージ（NAS ボリューム）に格納し、この NAS ボリュームを Reduce フェーズのタスクで使うこともできる。ここでは、この方法をとる。

　もう 1 つの検討材料は、同期通信と非同期通信のどちらを使うかである。同期通信では、どのタスクも通信プロセスが完了するまで待ってから他の作業を行わなければならない。このため、タスクが有益な作業を行うのではなく、データ交換を待つことに多くの時間を費やす可能性がある。

　これに対し、非同期通信では、タスクは非同期メッセージを送信したあと、もう一方のタスクがメッセージを受信するタイミングに関係なく、直ちに他の作業を行うことができる。また、特定の通信戦略に伴うオーバーヘッドの量も考慮に入れなければならない。結局のところ、データの送受信に費やされる CPU サイクルは、データの処理に費やされる CPU サイクルではない。

　この問題には、非同期通信を使うのが効果的である。なぜなら、時間のかかるタスクが存在していて、それらがブロッキング実行を必要とせず、それらの間で大量の通信が発生するからだ。

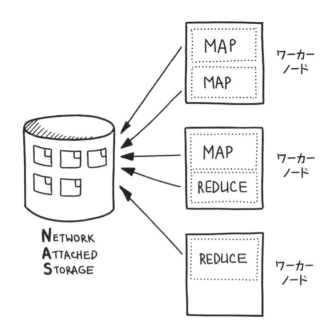

13.4.3 凝集化

　現時点では、Map フェーズのタスクはそれぞれ単語のキーバリューペア (word, 1) を生成する。処理を高速化する非常に簡単な方法は、Map フェーズが終わったら、Reduce フェーズが始まる前に、Map フェーズの各タスクでそれらのペアを事前に（ローカルレベルで）凝集化することである。この **Combine**（結合）と呼ばれるフェーズは、Reduce フェーズに似ている。Combine フェーズでは、キーでグループ化された中間のキーバリューペアのリストを受け取り、（可能であれば）値を凝集化することで、出力されるキーバリューペアの数を減らす。言い換えれば、Map フェーズと Reduce フェーズのタスクどうしが通信するときのオーバーヘッドを減らすために、中間データの一部を日和見的に事前集計する。

　また、アルゴリズムを単純化するための Reduce フェーズのタスクの数に関する先の見解に戻って、Reduce フェーズのタスクを 1 つだけにする。つまり、Reduce フェーズのすべてのタスクを 1 つの大きなタスクに凝集化する。Combine フェーズを追加したので、計算しなければならないデータはそれほど大量ではなく、これでうまくいくはずだ。

13.4.4 マッピング

　凝集化ステップのあとは、交響曲を演奏する準備が万端に整った指揮者のような状態になる。しかし、オーケストラが美しい響きを奏でるのは、個々の演奏者をまとめ、自身の表現方法を演奏に反映させる指揮者がいればこそである。そのとおり、実際の処理リソースでタスクをど

うスケジュールするかという話である。

　タスクスケジューリングアルゴリズムの最も重要（かつ複雑）な側面は、タスクをワーカー間で分配するための戦略である。一般に、選択される戦略は、（通信コストを削減するための）独立した作業と、（負荷分散を改善するための）計算の状態に関する大域的な知識という、相反する要求の妥協案である。

　ここでは、最も単純な戦略である中央スケジューラを実装する。中央スケジューラは、ワーカーにタスクを送信し、タスクの進行状況を追跡して、その結果（ステータス）を管理する。中央スケジューラは、アイドル状態のワーカーを選択し、Map フェーズか Reduce フェーズのどちらかのタスクを割り当てる。すべてのワーカーが Map フェーズのタスクを完了したら、中央スケジューラは Reduce フェーズのタスクを開始するようにワーカーに通知する（この例では、Reduce フェーズのワーカーは 1 つだけ）。

　ワーカーはそれぞれ、中央スケジューラにタスクをリクエストし、タスクを完了し、その結果をスケジューラに返すという操作を繰り返す。この戦略の効率は、ワーカーの数と、タスクの受信と完了にかかる相対的なコストによって決まる。この例では、ファイルの数とサイズは事前にわからないため、タスクを動的に割り当てるというやや複雑な戦略をとる。したがって、作業を開始する前にタスクが最適な方法で割り当てられることは保証できない。

13.4.5　実装

　次の図は、プログラム全体の実行時の流れを示している。サーバーが実行を開始して、中央スケジューラを作成する。中央スケジューラは、Map フェーズの各ワーカーにファイルを割り当てて処理させる。ファイルの数がワーカーの数よりも多い場合は、ワークが処理を完了したら別のファイルを割り当てる。Map フェーズのタスクが完了する前に Combine フェーズ

のタスクが開始され、Map フェーズのタスクの出力が凝集化されるため、通信のオーバーヘッドが削減される。Map フェーズが完了したら、中央スケジューラが Reduce フェーズを開始し、そこで Map フェーズのすべての出力が 1 つにまとめられる。

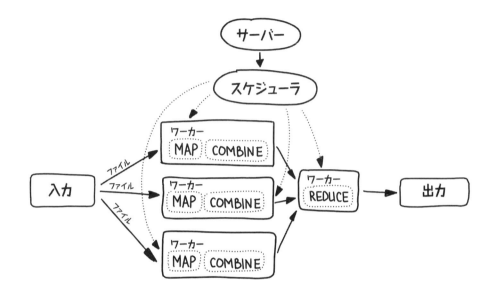

メインサーバーの機能は次のようになる。

```python
# Chapter 13/wordcount/server.py
import os
import glob
import asyncio

from scheduler import Scheduler
from protocol import Protocol, HOST, PORT, FileWithId

class Server(Protocol):
    def __init__(self, scheduler: Scheduler) -> None:
        super().__init__()
        self.scheduler = scheduler

    def connection_made(self, transport: asyncio.Transport) -> None:
        peername = transport.get_extra_info("peername")
        print(f"New worker connection from {peername}")
        self.transport = transport
        self.start_new_task()
```

新しいワーカーがサーバーに接続するときに呼び出されるメソッドを定義

```python
    def start_new_task(self) -> None:
        command, data = self.scheduler.get_next_task()
        self.send_command(command=command, data=data)

    def process_command(self, command: bytes,
                        data: FileWithId = None) -> None:
        if command == b"mapdone":
            self.scheduler.map_done(data)
            self.start_new_task()
        elif command == b"reducedone":
            self.scheduler.reduce_done()
            self.start_new_task()
        else:
            print(f"Unknown command received: {command}")

def main():
    event_loop = asyncio.get_event_loop()

    current_path = os.path.abspath(os.getcwd())
    file_locations = list(
        glob.glob(f"{current_path}/input_files/*.txt")
    )
    scheduler = Scheduler(file_locations)

    server = event_loop.create_server(
        lambda: Server(scheduler), HOST, PORT
    )

    server = event_loop.run_until_complete(server)

    print(f"Serving on {server.sockets[0].getsockname()}")

    try:
        event_loop.run_forever()
    finally:
        server.close()
        event_loop.run_until_complete(server.wait_closed())
        event_loop.close()

if __name__ == "__main__":
    main()
```

スケジューラから次のタスクを取得し、コマンドとデータをワーカーに送信

イベントループを取得

入力ディレクトリ内のファイルのリストを取得

データ内のファイル名のリストを使ってScheduler インスタンスを作成

サーバーを作成

サーバーを実行

イベントループを無限ループとして実行。finally 句でサーバーを終了し、サーバーが実際に終了したら、イベントループを終了

Server クラスはメイン実行プロセスであり、すべてのワーカープロセスとの通信を受け持つ。また、Server は Scheduler を呼び出して各ワーカーの次のタスクを取得し、Map フェーズと Reduce フェーズを調整する。

ワーカーの機能は次のようになる。

第13章　並行処理アプリケーションを作成する

```python
# Chapter 13/wordcount/worker.py
import re
import os
import json
import asyncio
import typing as T
from uuid import uuid4

from protocol import Protocol, HOST, PORT, FileWithId, Occurrences

ENCODING = "ISO-8859-1"
RESULT_FILENAME = "result.json"

class Worker(Protocol):
    def connection_lost(self, exc):
        print("The server closed the connection")
        asyncio.get_running_loop().stop()

    def process_command(self, command: bytes, data: T.Any) -> None:
        if command == b"map":
            self.handle_map_request(data)
        elif command == b"reduce":
            self.handle_reduce_request(data)
        elif command == b"disconnect":
            self.connection_lost(None)
        else:
            print(f"Unknown command received: {command}")

    def mapfn(self, filename: str) -> T.Dict[str, T.List[int]]:
        print(f"Running map for {filename}")
        word_counts: T.Dict[str, T.List[int]] = {}
        with open(filename, "r", encoding=ENCODING) as f:
            for line in f:
                words = re.split("\W+", line)
                for word in words:
                    word = word.lower()
                    if word != "":
                        if word not in word_counts:
                            word_counts[word] = []
                        word_counts[word].append(1)
        return word_counts

    def combinefn(self, results: T.Dict[str, T.List[int]]) -> Occurrences:
        combined_results: Occurrences = {}
        for key in results.keys():
            combined_results[key] = sum(results[key])
        return combined_results
```

サーバーへの接続が
失われたときに実行

Map 関数：入力としてファイル
名を受け取り、そのファイルを
開き、各行を読み取って単語に
分割し、各単語をカウント数 1
で返す

Combine 関数：解析結果を
ディクショナリで受け取り、
各単語のカウントを合計し、
結合した結果をディクショ
ナリで返す

13.4 分散ワードカウント　273

```python
    def reducefn(self, map_files: T.Dict[str, str]) -> Occurrences:
        reduced_result: Occurrences = {}
        for filename in map_files.values():
            with open(filename, "r") as f:
                print(f"Running reduce for {filename}")
                d = json.load(f)
                for k, v in d.items():
                    reduced_result[k] = v + reduced_result.get(k, 0)
        return reduced_result
```

Reduce 関数：ファイル名からなるディクショナリ（キーは ID、値はファイル名）
を受け取り、各ファイルを読み取り、結果を 1 つのディクショナリにまとめる

Map 関数を実行

```python
    def handle_map_request(self, map_file: FileWithId) -> None:
        print(f"Mapping {map_file}")
        temp_results = self.mapfn(map_file[1])
        results = self.combinefn(temp_results)
        temp_file = self.save_map_results(results)
        self.send_command(
            command=b"mapdone", data=(map_file[0], temp_file)
        )
```

Map 関数の中間結果を結合

結合された結果を一時
ファイルに保存し、そ
のファイルパスを返す

Map フェーズが完了したことを示すメッセージをサーバーに送信

```python
    def save_map_results(self, results: Occurrences) -> str:
        temp_dir = self.get_temp_dir()
        temp_file = os.path.join(temp_dir, f"{uuid4()}.json")
        print(f"Saving to {temp_file}")
        with open(temp_file, "w") as f:
            d = json.dumps(results)
            f.write(d)
        print(f"Saved to {temp_file}")
        return temp_file
```

Map フェーズの中間結果を
使って reducefn() を呼び出
す

```python
    def handle_reduce_request(self, data: T.Dict[str, str]) -> None:
        results = self.reducefn(data)
        with open(RESULT_FILENAME, "w") as f:
            d = json.dumps(results)
            f.write(d)
        self.send_command(command=b"reducedone",
                          data=("0", RESULT_FILENAME))
```

Reduce フェーズの結果を
JSON ファイルに保存

Reduce フェーズが完了したことを示すメッセージをサーバーに送信

```python
def main():
    event_loop = asyncio.get_event_loop()
    coro = event_loop.create_connection(Worker, HOST, PORT)
    event_loop.run_until_complete(coro)
    event_loop.run_forever()
    event_loop.close()
```

```
if __name__ == "__main__":
    main()
```

　Mapフェーズのワーカーは、データを解析するためにmapfn()メソッドを呼び出し、解析結果をマージして中間結果（キーバリューペア）を書き出すためにcombinefn()メソッドを呼び出す。Reduceフェーズでは、ワーカーが中間結果を受け取り、一意なキーごとにreducefn()メソッドを1回呼び出し、そのキーに対して生成されたすべての値からなるリストを渡す。そして、最終的な出力を1つのファイルに書き込む。このプログラムが完了したあとは、ユーザーのプログラムからこのファイルにアクセスできる。
　中央スケジューラの実装は次のようになる。

```
# Chapter 13/wordcount/scheduler.py
import asyncio
from enum import Enum
import typing as T

from protocol import FileWithId

class State(Enum):
    START = 0
    MAPPING = 1
    REDUCING = 2
    FINISHED = 3

class Scheduler:
    def __init__(self, file_locations: T.List[str]) -> None:
        self.state = State.START
        self.data_len = len(file_locations)
        self.file_locations: T.Iterator = iter(enumerate(file_locations))
        self.working_maps: T.Dict[str, str] = {}
        self.map_results: T.Dict[str, str] = {}

    def get_next_task(self) -> T.Tuple[bytes, T.Any]:
        if self.state == State.START:
            print("STARTED")
            self.state = State.MAPPING

        if self.state == State.MAPPING:
```

```
            try:
                map_item = next(self.file_locations)
                self.working_maps[map_item[0]] = map_item[1]
                return b"map", map_item
            except StopIteration:
                if len(self.working_maps) > 0:
                    return b"disconnect", None
                self.state = State.REDUCING

        if self.state == State.REDUCING:
            return b"reduce", self.map_results

        if self.state == State.FINISHED:
            print("FINISHED.")
            asyncio.get_running_loop().stop()
            return b"disconnect", None

    def map_done(self, data: FileWithId) -> None:
        if not data[0] in self.working_maps:
            return
        self.map_results[data[0]] = data[1]
        del self.working_maps[data[0]]
        print(f"MAPPING {len(self.map_results)}/{self.data_len}")

    def reduce_done(self) -> None:
        print("REDUCING 1/1")
        self.state = State.FINISHED
```

次のタスクを取得

ファイルの Map フェーズが
完了したときのコールバック

すべてのファイルで Map フェーズと
Reduce フェーズが完了したときの
コールバック

これは中央スケジューラの実装である。この実装では、スケジューラは以下の状態に分かれる。

- 開始状態
  スケジューラが必要なデータ構造を初期化する。

- Map 状態
  スケジューラが Map フェーズのすべてのタスクを分配する。各タスクは別々のファイルであり、サーバーが次のタスクをリクエストすると、スケジューラは次の未処理のファイルを返す。

- Reduce 状態
  Reduce フェーズの 1 つのタスクに対するものを除いて、スケジューラがすべてのワークフローを停止する。

第13章 並行処理アプリケーションを作成する

- **終了状態**
  スケジューラがサーバーを停止し、それによりプログラムも終了する。

NOTE　テストでは、Project Gutenberg の書籍を使った。数ギガバイトのデータでは、システム全体を非常に高速に実行することができた[2]。
https://www.gutenberg.org/help/mirroring.html

13.5　本章のまとめ

- 本書の最初の 12 の章では、**並行処理**というパズルのピース（知識）を並べた。本章では、ここまで学んできたすべてのピースをつなぎ合わせた。

- 並行処理プログラムの作成に取りかかる前の最初のステップでは、解決しようとしている問題を調べて、並行処理プログラムを作成するための労力が手元のタスクに見合っていることを確認する。

- 2 つ目のステップでは、問題を個々のタスクに分割できることを確認し、タスク間の通信と調整を可能にする。

- 3 つ目と 4 つ目のステップでは、タスクを実行する並列コンピュータの種類を考慮することで、抽象的なアルゴリズムの具体化と効率化を図る。それは中央集権型のマルチプロセッサだろうか、それともマルチコンピュータだろうか。どのような通信パスがサポートされるだろうか。タスクをプロセッサ間で効率よく分配するには、どのように組み合わせればよいだろうか。

※2　［訳注］環境によっては、テストに使うディレクトリにあらかじめ temp フォルダを作成しておく必要があるかもしれない。

エピローグ

　本書では、並行処理システムの設計の複雑な細部を具体的に示すために、さまざまな抽象概念を利用してきた。交響楽団から病院の待合室、ファストフードから洗濯の工程まで、複雑なテーマを理解しやすくするために類似点を挙げてきた。本書がこの広大な分野の入口にすぎないことは認めるが、この程度の詳細でも、並行処理アプリケーションを開発するための複数の戦略が浮き彫りになっている。

　13の章を読み終えた今、並行処理の分野をさらに探究するための基礎固めは万全である。発見すべきことはまだ山ほどある。さっそく取りかかろう！（♪♪♪ミュージックスタート！♪♪♪）

索引

◆ 数字・記号

_on_accept() 210, 213
_on_read() 210, 213
_on_write() 210, 213

◆ A

accept() 198-200, 236
acquire() 147
Akka 246
ALU (Arithmetic Logic Unit) 45, 52
Amdahl, Gene 33
Apache Hadoop 133
Apache HTTP Server 65
Apache MPM prefork 190
Apache Spark 133
arcade_machine() 100-101, 104-105
async キーワード 245-246
asyncio モジュール 245, 247
AsyncSocket クラス 237
ATM クラス 140
await キーワード 111, 245-246

◆ B

Blocked (ブロック) 状態 146, 165, 195
BlockingIOError 例外 198

◆ C

C10k 問題 190-191, 196
C# (.NET) 69
C/C++ 69, 153
CAPTCHA (Completely Automated Public Turing test
    to tell Computers and Humans Apar) 17
cashier() 233
check_password() 29
Clojure 246
Combine フェーズ 268-269
compute_game_world() 99, 101, 104
Consumer クラス 75, 171
cook() 233
CPU (Central Processing Unit)
    .... 17-19, 22, 29-31, 41, 45-52, 54,
    56-58, 62, 77, 95-99, 101-103, 106, 109, 118,
    180, 193-196, 200, 203, 217, 220, 240, 248, 249
cpu_waster() 69, 88
CPU クロック 25
CPU コア 57, 61,
    90-91, 103, 106, 109, 127, 190, 195, 222, 225
CPU サイクル 49, 267
CPU 時間 68, 96, 102-104,
    111, 178, 190-191, 195, 203, 209, 219, 230
CPU バウンド 95, 97, 99, 112, 195, 203, 222, 243
crack_chunk() 32, 90

crack_password() 29
crack_password_parallel().....................................32, 90
Created (作成済み) 状態.....................................62-63, 146
CSP (Communicating Sequential Processes) 246
CU (Control Unit) 45, 56

◆ D

Deferred 231
Dela..231
Dijkstra, Edsger................................149, 156
display_threads() 69
DOM (Document Object Model) 204
DoS (Denial of Service) 攻撃 169
Dryer クラス 120-121
dumplings_eaten 変数................................168-169

◆ E

Elixir 228
Erlang 69, 77, 228, 246
ETL (Extract, Transform, Load) 120
Event クラス 206
EventLoop クラス
...................206, 209, 213, 227, 232, 235, 242
EventLoop.run_coroutine() 235-236
EventLoop.run_forever() 210, 235-236
Executor クラス..241

◆ F

Facebook 137
fibonacci()..227-228
FIFO (First In, First Out) 80, 82
Flask...190
Folder クラス 121
fork() 63, 68, 80
Fork/Join パターン 128, 131-133, 136
Fork ステップ 132
for ループ...125-126
Foster の方法論..............................251, 253, 255, 260
FreeBSD...209
Future......................231-234, 236, 238, 240-243, 248
Future クラス 232, 234, 236, 238, 240-243

Future.set_result() 232, 234

◆ G

Garage クラス...150
Garage.enter() 150
Garage.exit() 150
get_chunks()..32
get_combinations() 29
get_crypto_hash()..29
get_user_input() 99, 101, 104
Go..................................69, 77-78, 111, 228, 246
GPU (Graphics Processing Unit) 56-58
Gunicorn..65

◆ H

Handler クラス...188
Haskell...69, 128, 228
Henry's Hi-Life..221

◆ I

I/O (Input/Output) 95-97,
        112, 127, 180, 193-197, 200, 203, 208-210,
        213-215, 217-220, 234, 236, 240, 247-248
I/O イベント 203, 208
I/O サブシステム...96-97
I/O 多重化...208-209, 213
I/O バウンド
    ....95-99, 103, 112, 194-196, 200, 202, 220
Intel Corei9-10940X..56
InterruptService クラス 105
IPC (Inter-Process Communication)
    →プロセス間通信 (IPC)
IP アドレス..182, 185

◆ J

Jakarta EE..190
Java..69, 128, 153
Java NIO...214
Java Swing...205
JavaScript.......................................111, 204-205, 234, 245
Join ステップ..132

◆ K

Kitchen クラス 240
knock() 207
Kotlin 128

◆ L

L1 キャッシュ 47-48, 54
L2 キャッシュ 47-48
L3 キャッシュ 47-48
Libevent 214
Librarian クラス 175-176
libuv 214
Linux.................................... 14, 103, 173, 209, 219
LMbench...108

◆ M

macOS............................. 14, 103, 186, 209, 225
main() 51, 69, 75, 79, 81, 84, 88, 271, 273
Map/Reduce パターン................................132-133, 136
map_done() 275
MapReduce フレームワーク...........................133, 264
Map 状態..275
Map パターン 127-128, 132, 136
Map フェーズ....................132-133, 265-271, 273-275
MATLAB..33
matrix_multiply() 254, 261-262
MESI (Modified, Exclusive, Shared, Invalid) プロトコル
....54
MIMD (Multiple Instruction, Multiple Data streams)
....55-56, 58, 117, 136, 260
MISD (Multiple Instruction, Single Data stream)
.... 55, 117, 136
Moore, Gordon 3
multiprocessing.Process. start()....................................64

◆ N

NAS (Network Attached Storage) 267
NASDAQ (National Association of Securities Dealers
    Automated Quotations) 137
Netcat 186
NGINX.. 65, 214

◆ O

Node.js 204, 214, 245, 247
NVIDIA CUDA 128
NVIDIA GTX 1080..56

◆ O

OpenMP (Open MultiProcessing) 69, 128
order_burger() 233
OS (Operating System) 50-54, 59-63, 65-69,
        72, 73-74, 76-78, 82, 99, 102-103, 107-112,
        135, 137-138, 143, 145-146, 161, 167, 169,
        182, 190-191, 195, 208-210, 213, 215, 218-219,
        222, 224-225, 229, 245, 250-251, 260-261
OS スレッド 200, 225-226, 228-229, 240

◆ P

park_car() 151
Philosopher クラス 157-158, 162, 166, 168
PID (Process ID) →プロセス ID (PID)
Pike, Rob..41
pipe() 80
Pipeline クラス..121
Pipeline パターン.......................................118, 120, 122
POSIX (Portable Operating System Interface)
        ....67, 69, 209
POSIX スレッド 67
process_pile() 131
process_row()..262
process_votes()...129, 131
Producer クラス 75, 171
Project Gutenberg 276
Promise...231, 234
Promise.all()..234
Pthreads 67
Python.............................33, 69, 111, 128, 174, 228

◆ R

R 33
RAG (Resource Allocation Graph) 165
RAM (Random Access Memory) 46-49, 51
React.js 204
Reactor パターン....................................213-215, 219-220

read()..78

Reader クラス...79

Ready (実行可能) 状態
..........62-63, 89, 102, 110-111, 119, 146, 191, 195

Receiver クラス (スレッド) 83-85

recv() 83, 194, 198-200, 236

reduce_done() 275

Reduce 状態...275

Reduce フェーズ 132-133, 265-271, 273-275

release()..147

render_next_screen() 99, 101, 104

Ruby on Rails Phusion Passenger 190

run_child() 64

Running (実行中) 状態.....................62-63, 106, 146, 195

RWLock クラス...174

◆ S

Santa Cruz Operation 184, 187, 234

Scala 33, 69, 128, 228

Scatter-Gather 234

Scheduler クラス..271, 274

search_file() 125-126

search_files_concurrently()......................................126

search_files_sequentially()......................................126

select() 208-210, 212-213, 219, 236

send() 83, 194, 198-199, 236

Sender クラス (スレッド) 83-85

Server クラス
..........185, 189, 198, 211, 238, 243, 245, 270-271

Server._on_accept() 211

Server._on_read()..211

Server._on_write()...212

Server.accept() 185-186

SIMD (Single Instruction, Multiple Data streams)
..............................41, 55-56, 68, 125, 136, 259-260

SISD (Single Instruction, Single Data stream) 55

sleep 演算 144

SMP (Symmetric MultiProcessing) 53-54, 68, 77

socket.create_server() 186

socket.socket クラス...186

socket.socket.setblocking() 199

Solaris 209

spawn()...63

Spring Framework 190

start_parent() 64

State クラス 274

Sutter, Herb 4

SyncedBankAccount クラス..147

SyncedBankAccount.deposit() 147

SyncedBankAccount.withdraw() 147

◆ T

Task クラス...100, 105

TCP/IP ソケット 182

Terminated (終了) 状態...62-63, 146

test_garage() 151

Thread Pool パターン 85-86, 89, 91

ThreadPool クラス 88

◆ U

UI (User Interface) →ユーザーインターフェイス (UI)

UNIX 67, 78, 80, 83, 109, 186

UNIX ドメインソケット 82, 84, 182-183

UnsyncedBankAccount クラス.....................................140

UnsyncedBankAccount.deposit().............................140-143

UnsyncedBankAccount.withdraw() 140-142

User クラス...175-176

◆ V

V8..111

Vert.x 214

◆ W

Waiter クラス..162

Washer クラス...120-121

Web ワーカー 245

who() 207

Windows....................67, 85, 103, 186, 209, 219, 225

wordcount() 264

Worker クラス..81, 87-88, 272

Worker.combinefn()..272, 274

Worker.mapfn()......................................272, 274

Worker.reducefn()...............................273-274

write()..78

Writer クラス 79

◆ Y

yield 命令...228

◆ あ

アイドル状態.................................. 96, 103,
119, 123, 134, 180, 193, 196, 215, 217, 220, 269

アトミック 152-153

アトミック演算 93, 152-154, 177

アプリケーション層.........................9, 11-12, 14

アムダールの法則 33, 37-39, 43, 193

暗号学的ハッシュ値 27-28

アンロック状態..147

◆ い

依存関係...................................21, 31, 114-115, 128, 136

依存関係グラフ→タスク依存関係グラフ

イベント.......................................202-210,
212-217, 220, 222, 224, 228, 236, 241, 244

イベントキュー 205-209, 212

イベントソース 213-214

イベントハンドラ 204, 212-214

イベントベースの並行処理...........................202-204, 220

イベントループ 205-214, 220,
222, 227-229, 235-236, 239-240, 243-244, 246

イミュータブルオブジェクト..........................139

◆ え

エージング 170

エラーやタイマーによる割り込み 102

◆ お

オーバーヘッド 22, 39, 51, 68,
76, 86, 108-111, 115, 134-135, 177, 190-191,
215, 223, 229, 240, 248, 257-259, 267-268, 270

オペレーティングシステム (OS)
→ OS (Operating System)

◆ か

カーネル空間 51-52

開始状態 275

階層化アーキテクチャ 9

開発者 17

仮想メモリ 109

姦淫聖書 263

◆ き

飢餓状態 93, 167-170, 178

擬似コード 32-33

キャッシュ 45-49, 53-54

キャッシュコヒーレンス..............................54, 137

キャッシュメモリ 46-47

競合...54, 76-77, 137-139,
143, 145-146, 152, 154, 156, 163, 165, 174, 177

競合状態
... 93, 137, 139, 143-144, 147, 154, 155, 160, 174

凝集化 (ステップ) 136, 252, 257-258, 260, 268, 270

協調的マルチタスク
............224-226, 228-230, 234, 236, 238-240, 248

共有メモリ 53-54, 74-77, 91, 215

共有メモリによる IPC 74-77

共有リソース
.... 68, 123, 136, 138-139, 143-144, 146-149,
153-154, 167, 169, 172, 174, 177-178, 230, 251

行列の乗算...253, 255, 257, 261

局所性の向上..259

◆ く

グスタフソンの法則 39, 43

クライアント 181, 183-187, 189-190, 194, 200

クライアント／サーバーモデル.........................181, 200

グリーンスレッド 228

クリティカルセクション.........................144-147,
153-154, 157, 160, 162, 171-173, 230

◆ け

継続..226

軽量スレッド 228

軽量プロセス...68

結果の格納 49

◆ こ

コア 52, 55-58, 118
公平性 111, 167
コールバック
............204-205, 207, 209-215, 217, 219-220, 222
コールバック地獄 204
子プロセス 63-64
コルーチン
............226-230, 232-234, 236, 245-246, 248, 250
コンテキスト 106-108, 110, 112
コンテキストの切り替え
.........................106-108, 110, 112, 115, 141,
　　191-192, 195, 198, 200, 215, 224-225, 229-230
コンパイラ 17, 52, 125, 137, 143, 144-145
コンピュータクラスタ 8, 54, 58

◆ さ

サーバー 181, 183-191, 194, 199-200
細粒度 134-135, 255, 259
算術論理演算装置 (ACU) → ALU (Arithmetic Logic Unit)
三目並べゲーム 20, 26

◆ し

シグナル 85
システムコール 50-52, 63, 77-78, 80, 218, 222, 247
システムバス 51-54, 77
システムパフォーマンスの改善 3-7
システムレベルのスレッド 224, 229, 248
実行 49
実行コンテキスト 62, 67, 106
集計 (集約) 266
終了状態 276
重量プロセス 62
純粋関数 139
食事をする哲学者 156
シリアライズ 85

◆ す

垂直スケーリング 7, 14, 22, 256

水平スケーリング 7-8, 14, 24, 125, 132, 266
スケーラビリティ 7, 9, 14, 22, 55, 92, 111, 177,
　　191, 196, 202, 220, 222, 229, 248, 249, 253, 260
スケールアウト 7-8
スケールアップ 7, 22, 31, 77
スケールドレイテンシ 48
スケジューラ 102, 107, 109-112,
　　134-135, 137, 143, 145, 167, 169, 190-191,
　　195, 224-226, 229-230, 236, 269-271, 274-276
スケジューリングアルゴリズム 169-170, 178
スポーニング 63
スループット 5-6,
　　14, 24, 26, 39, 109, 111, 136, 191, 200, 248
スレッド 1, 60, 65-72, 73-75, 77-92,
　　99-101, 103-104, 106, 109-111, 115, 120-121,
　　123, 126-128, 134-135, 139, 141, 143-144,
　　146-154, 158-160, 162-163, 165, 168-170,
　　172, 174-176, 178, 188-192, 196-198, 200-201,
　　202-203, 205, 208-209, 212-213, 215, 219-220,
　　222-226, 228-230, 239-248, 250, 256, 259
スレッドセーフ 138-139, 144, 153, 177
スレッドプール 86-89, 92, 241-243

◆ せ

制御依存関係 115
制御装置 (CU) → CU (Control Unit)
セマフォ 93, 148-151, 154, 156, 172-173, 178
セマンティックバグ 144

◆ そ

総当たり 27-28
相互排他
.... 93, 145-146, 154, 157, 160, 172, 174, 230
ソースコード 17
疎結合コンポーネント 8
疎結合システム 82
疎結合問題 54
ソケット 82-85, 92,
　　182-186, 189-190, 194, 197-199, 203, 208-210,
　　212-213, 219, 236, 238-239, 241-242, 244, 246
　　→ UNIX ドメインソケット、ネットワークソケット

ソフトウェア割り込み 102
粗粒度 134-135, 255

◆ た

対称型マルチプロセッシング (SMP)
　→ SMP (Symmetric MultiProcessing)
タイマー 104-105, 111, 203
タイムシェアリング 102-104
タイムスライス 102-106, 191-192
タスク 19, 42, 59, 70, 74, 250
タスク依存関係グラフ 114-115, 136
タスクの独立性 25-27, 31, 113
タスクの並列化 116
タスク分解 115-118, 133, 135-136, 251, 256

◆ ち

逐次 20
逐次コンピューティング 18, 22, 29, 31, 42
逐次コンピューティングの長所と短所 22
逐次実行 20-22, 35, 130
逐次処理 23, 26, 125,
　　128-129, 137, 184, 196, 249, 254-255, 257, 263
逐次処理プログラミング 21, 23
チャネル 51, 77-78, 83-84
チャンク 124
中央演算処理装置 (CPU)
　→ CPU (Central Processing Unit)
中央スケジューラ 269-270, 274-275
調停者 161, 163
超並列処理 56-58
直列実行 16, 18-19, 23-24, 29, 42, 106

◆ つ

通信 (ステップ) 251-252, 257-260, 267-271, 276

◆ て

データ依存関係 115
データフロー 55
データ分解 115, 123-125, 128, 133, 136, 251, 256
デッドロック
　.............. 93, 159-161, 163, 165-167, 177-178, 250

◆ と

同期 26-27, 42, 54, 68, 72, 78, 85, 91-92,
　　138, 141, 144-145, 148, 152-154, 156, 160, 170,
　　172, 177-178, 194, 196, 200, 215-220, 231, 251
同期型イベントデマルチプレクサ 213-214
同期通信 92, 215-217, 220, 267
同期ノンブロッキングモデル 218
同期プリミティブ 146, 149, 165, 177
同期ブロッキングモデル 218-219
同期ポイント 31, 43, 132, 215, 218, 251
ドライバ 51-52

◆ な

名前付きパイプ 78, 80, 92
名前なしパイプ 78-80

◆ に

入出力演算 (I/O 処理) 95

◆ ね

ネットワークソケット 85, 181-182, 184, 194, 196

◆ の

ノンプリエンプティブマルチタスク 224
ノンブロッキング 153, 196-201, 214, 218-220
ノンブロッキング I/O 196, 198, 200, 213
ノンブロッキングイベントループ 209
ノンブロッキングソケット 197, 199

◆ は

パーク 195
ハードウェアサポート 27, 31
ハードウェア層 10-12, 14, 40
ハードウェア割り込み 102
ハイゼンバグ 144
バイナリセマフォ 149
パイプ 78-80, 92
パイプ演算子 (|) 80
パイプによる IPC 173
パイプライン処理 41, 118-119, 123, 133, 136
バウンド (拘束) 95
バカパラ 27, 31, 39, 128

パスワードの解読 27-32, 90-91, 124

パックマン 98

ハッピーパス 137

◆ ひ

ビジーウェイト 197, 200, 203, 205, 209, 219

ビットレベルの並列処理 52

非同期 82, 92, 179, 184, 215-220,
　　221-224, 226, 228, 234, 238, 240, 244-248, 251

非同期 I/O (AIO) 219

非同期性 247-248

非同期ソケット 236

非同期通信 179, 215-217, 220, 240, 247-248, 267

非同期ノンブロッキングモデル 219

非同期プロシージャ呼び出し (APC) 224

非同期ブロッキングモデル 219

非同期呼び出し 224, 230, 244, 248, 251

◆ ふ

ファイバ 228

ファイルディスクリプタ 78

フィボナッチ数列 227

フォーク 63-65

フリーランチは終わった 4

プリエンプティブマルチタスク
　　...102-103, 112, 225, 230

プリエンプト 102, 107, 230

プリフォーク 65

フリンの分類 55-56, 58

プログラム 17

プロセス 60-72, 73-74, 77-78, 82,
　　90-92, 99, 109-110, 112, 128, 135, 145-146,
　　161, 167, 181-183, 188, 190, 200, 202-203,
　　219, 222, 224, 228-229, 240, 246, 248, 250, 271

プロセス ID (PID) 62, 64

プロセス間通信 (IPC) 1, 27, 68, 73-74, 77-78,
　　80, 82, 85, 91, 154, 173, 177, 180-182, 200, 267

プロセスプール 262

プロセッサ 17, 45-47, 49, 51-54, 56, 58, 180

ブロッキング 102, 165, 179, 191, 194, 196,
　　199-200, 210, 218-219, 222, 230, 240, 244, 267

ブロッキング I/O 193, 198, 200

ブロック 21, 26, 193

プロデューサー／コンシューマー問題 170, 178

分割 (ステップ) 251, 255-258, 265-266

分割統治 8, 41

分散ワードカウント 263

分離 8-9, 14

◆ へ

並行 40-42

並行化 2, 8, 86, 115

並行コンピューティング 2

並行処理 1-3,
　　6-7, 9, 11-15, 16, 21, 34, 40-43, 44, 55, 59-60,
　　63, 68-70, 72, 73, 85-86, 89, 91, 93-94, 101, 106,
　　108, 113-115, 119, 123-125, 128-129, 131-135,
　　137-138, 143, 146, 153, 155-158, 160, 166,
　　170, 173, 177-178, 179-181, 183-184, 187, 190,
　　196, 200, 202-205, 209, 214-215, 224, 226, 234,
　　240, 244, 246, 249-253, 255-257, 261, 264, 276

並行処理アルゴリズム 44, 256-257

並行処理の階層 9-12

並行処理の重要性 3-9

並行処理プログラミング 3, 12, 14, 21, 40,
　　59-60, 93, 110, 113-114, 123, 155, 170, 249-250

並行性 39-41, 123, 134, 152, 163, 187, 191,
　　196, 220, 225, 230, 250, 253, 256, 258, 261, 264

並列 40-42, 250

並列化 26, 33-34, 38-39, 43, 55, 57, 97, 101,
　　106, 110, 116, 123-125, 127-128, 132, 196, 200

並列コンピュータ 54-55, 276

並列コンピューティング 1, 25, 27, 31, 33, 37, 39, 42

並列コンピューティングの要件 25-27

並列実行 23-27, 31-33,
　　35, 42, 58, 63, 101, 109, 130, 136, 256, 261

並列処理
　　........4, 16, 26-27, 32-33, 36, 39-43, 52, 54, 56-57,
　　69, 91, 99, 109, 123, 228, 250-251, 255, 260

並列処理アルゴリズム 33

並列処理プログラミング 33, 40

並列性 26-27, 39-41, 257

並列度 24-25, 57-58, 135
並列ハードウェア 44, 51-52, 63, 91, 127

◆ ほ

ポート 182-183, 185-186
ポーリングループ 199
ボトルネック 54, 77, 95-97, 112, 180

◆ ま

マッピング (ステップ) 252, 260-261, 268
マルチコア危機 4
マルチコアプロセッサ 52, 58
マルチタスク
..........93-94, 98, 101-103, 106-112, 127, 179, 250
マルチプロセッサ 52-55, 58

◆ み

密結合コンポーネント 8
密結合問題 55
ミューテックス
.............146-151, 154, 156-158, 162, 172-173, 178

◆ む

ムーアの法則 3

◆ め

命令 19, 55
命令のデコード 49
命令のフェッチ 49
命令レベルの並列処理 52
メインスレッド 70,
78, 86, 88-89, 91-92, 189, 200, 222, 228, 245
メールスロット 85
メッセージキュー 80-82, 87, 89, 92
メッセージパッシング 74, 77, 80, 82
メッセージパッシングでの同期...........................215
メッセージパッシングによる IPC
...........................77-85, 154, 177, 180-182, 200, 267

◆ ゆ

ユーザーインターフェイス (UI) 204
ユーザー空間 51-52
ユーザーレベルのスレッド...................224-225, 229, 248

◆ ら

ライブロック 165-167, 178
ランタイムシステム 50, 58, 59-60, 98, 104,
106, 108-110, 112, 115, 133-134, 136, 138, 250
ランタイムシステム層 10-12, 14

◆ り

リアクター 213-214
リーダー／ライター問題...........................173, 178
粒度 134-136, 255

◆ る

ループレベルの並列化 125, 127-128

◆ れ

レイテンシ 5-6, 14, 25, 36, 48, 53, 62, 108, 200

◆ ろ

ロードバランシング (負荷分散) 136, 252
ロック 146-148, 152-154,
156-160, 162-163, 165, 167, 174-175, 177, 215
ロック状態...147

◆ わ

ワーカースレッド 86-88, 91-92, 109, 163, 225, 242
ワードカウント 263-264, 267
ワイドベクトル演算 41
割り込み 102, 104

［監訳者プロフィール］

株式会社クイープ

コンピュータシステムの開発、ローカライズ、コンサルティングを手がけている。主な訳書に『爆速Python』（翔泳社）、『Python ライブラリによる因果推論・因果探索 [概念と実践]』（インプレス）、『Python クイックリファレンス　第 4 版』（オライリー・ジャパン）、『犯罪捜査技術を活用したソフトウェア開発手法』（秀和システム）、『Python による時系列予測』（マイナビ出版）などがある。

装丁　山口了児（zuniga）
組版　株式会社クイープ

なっとく！並行処理プログラミング

2024 年 11 月 11 日　　初版第 1 刷発行

著　者　Kirill Bobrov（キリル・ボブロフ）
監　訳　株式会社クイープ
発行人　佐々木幹夫
発行所　株式会社翔泳社（https://www.shoeisha.co.jp）
印刷・製本　三美印刷株式会社

本書は著作権法上の保護を受けています。本書の一部または全部について（ソフトウェアおよびプログラム
を含む）、株式会社翔泳社から文書による許諾を得ずに、いかなる方法においても無断で複写、複製するこ
とは禁じられています。

本書へのお問い合わせについては、ii ページに記載の内容をお読みください。

造本には細心の注意を払っておりますが、万一、乱丁（ページの順序違い）や落丁（ページの抜け）がござい
ましたら、お取り替えいたします。03-5362-3705 までご連絡ください。

ISBN978-4-7981-8690-0　　　　　　　　　　　　　　　　　Printed in Japan